浙江省哲学社会科学重点研究基地
—— 浙江省海洋文化与经济研究中心2014年度省社科规划重点课题
（编号：14JDHY01Z）

浙江省哲学社会科学重点研究基地

海洋资源环境与浙江海洋经济丛书

Marine Economy Development of Zhejiang Province
——Economic Geography Perspective

浙江省海洋经济发展报告

——经济地理学视角

◎ 马仁锋 李加林 杨晓平 著

ZHEJIANG UNIVERSITY PRESS
浙江大学出版社

作者简介

马仁锋，男，湖北省枣阳市人，华东师范大学人文地理学博士，宁波大学副教授、浙江省哲学社会科学重点研究基地-浙江省海洋文化与经济研究中心兼职研究员，研究兴趣为文化创意产业与城市发展、海洋经济与港口城市演化、城镇人居环境等。主持国家自然科学基金、教育部人文社会科学研究项目、浙江省哲学社会科学规划重点项目各1项，参与国家自然科学基金、国家社科基金、教育部人文社会科学研究项目、浙江省哲学社会科学规划项目、浙江省软科学研究重点项目等课题十多项。在《*Journal of Geographical Sciences*》《地理科学》《地理研究》《城市规划学刊》《经济地理》等学术期刊发表论文40余篇，出版《浙江海洋经济转型发展研究》等学术著作2部，合著《港口城市的空间结构及其影响研究》《临港工业集聚与滨海城镇生态文明提升机制》《中国海洋资源环境与海洋经济研究40年发展报告(1975—2014)》等著作6部。

李加林，男，浙江省台州市人，宁波大学建筑工程与环境学院副院长，人文地理学硕士学位点负责人，浙江省哲学社会科学重点研究基地-浙江省海洋文化与经济研究中心执行主任，教授、博士生导师，南京师范大学博士，中国科学院地理科学与资源研究所博士后，美国南佛罗里达大学地理系高级访问学者，主要从事海岸带资源开发与环境保护、遥感与GIS应用、生态经济等方面的研究。主持国家自然科学基金4项，中国博士后科学基金1项，浙江省科技厅公益项目1项，浙江省自然科学基金2项，浙江省哲学社会科学规划项目4项。以第一作者在*Journal of Geographical Sciences*、《地理学报》《地理研究》《地理科学》《水利学报》《经济地理》等SCI期刊及国内权威学

术期刊上发表论文80余篇，出版学术专著4部。

杨晓平，男，浙江绍兴人，本科、硕士分别毕业于华东师范大学地理系地貌与第四纪专业、杭州大学地理系自然地理学专业，宁波大学副教授，主要从事地貌学与海洋资源环境研究。承担国家自然科学基金、浙江省自然科学基金、浙江省哲学社会科学规划项目10余项，在专业期刊发表论文30余篇，出版学术著作3部。

前　言

浙江是中国沿海 11 个省市之中的海洋大省，拥有丰富的海洋资源，拥有海岸线总长 6715km，其中大陆海岸线长 2218km，海岛海岸线长 4497km；拥有面积超过 500m^2 的海岛 2878 个，是我国海岛数量最多的省份；海域面积约 26 万 km^2，其中内水面积 3.09 万 km^2。漫长的海岸线、丰富的海岛及近海资源为发展“海洋经济”提供了得天独厚的条件。

浙江先民利用海洋资源环境的足迹，可追溯到 7000—8000 年前的新石器时代晚期。先秦以后，浙江造船、航海等利用海洋国土的能力迅速提升，海洋捕捞、海上航运主导的对外贸易等得到较快发展。至中华人民共和国成立之前，浙江海洋捕捞、滩涂养殖、海盐和航运等传统海洋产业已经初具规模，并形成了知名的海洋弄潮儿——“宁波帮”。1949—2015 年，浙江海洋经济历经恢复与发展(1949—1965)、曲折发展(1966—1977)、探索与稳定增长(1978—1992)、蓝色崛起(1993—2002)、攻艰升级(2003 至今)等阶段(王颖、阳立军，2009)。海洋经济在浙江省经济总量、在全国海洋经济总量中的地位日益上升，但是学界尚未编著一部较为全面刻画浙江省沿海地市海洋经济的报告。在浙江省哲学社会科学重点研究基地——浙江省海洋文化与经济研究中心的支持下统筹策划，本书以经济地理学的范式为理论指引，运用海洋经济地理学、区域经济地理学和行政区经济等分支学科的思维与工具，初步梳理和总结了浙江省海洋经济发展的规划历程、经济基础；滨海市海洋经济发展企业构成与布局；海洋经济核心区发展状态在全国的竞争力等。

全书共分为五章：第一章导论，阐述了研制省域海洋经济发展报告的相关理论、前沿动态与方法体系；第二、三章较为系统地反思与检视了浙江省海洋经济发展规划的历程与实施成效、浙江省海洋经济成长的经济基础，研究认为历次浙江海洋经济规划都抓住了时代机遇与经济发展规律，有效推动了海洋产业的结构优化与发展方式转型；第四章将公司地理与区域海洋经济地理学有机融合，详细地刻画了浙江省沿海市的涉海企业及其园区的构成与分布，以及存在的问题；第五章将浙江海洋经济核心区——宁波、舟山拎出，与大连、青岛、厦门、深圳进行全方位的比较，客观地评判了浙江海洋经济核心区的海洋经济潜能与走势。全书较为全面、客观地分析和评述了浙江省海洋经济运行的历史过程与现状特征。希望本书能让读者对浙江省海洋经济发展历程、现状与未来有更全面、更深刻的认识，进一步形成关心海洋、认识海洋、经略海洋的氛围，推动形成节约、集约利用海洋资源环境和有效保护海洋生态的海洋经济结构与布局、发展方式，加快推进海洋经济示范区建设，系统践行党的十八届五中全会提出的“创新、协调、绿色、开放、共享”发展理念。

本书在浙江省哲学社会科学重点研究基地——浙江省海洋文化与经济研究中心的支持下统筹策划，主要由宁波大学地理与空间信息技术系科研骨干组成的研究团队完成。本书系浙江省海洋文化与经济研究中心省级重点规划课题《浙江省海洋资源环境与海洋经济发展报告（1993—2014）》（编号：14JDHY01Z）的阶段成果，并由浙江省海洋文化与经济研究中心资助出版。本报告由李加林教授、马仁锋副教授负责提纲拟定、研讨组织、全书统稿等工作，相关章节分工如下：第一、二、四章由马仁锋撰写，第三章由吴丹丹、刘永超、陈鹏、卢雪珠撰写，第五章由李加林、马仁锋、刘永超、杨晓平撰写。

本书能够在较短的时间内完成首先是各位同仁通力合作的结果，但如果没有各方力量的帮助和支持也是不可想象的。在此，感谢本系李伟芳主任对本书写作的鼓励和建议，感谢人文地理专业硕士研究生刘永超、尹昌霞、候勃对书稿的校对，感谢修读区域分析与规划课程的资源环境与城乡规划管理专业2010级、2011级和城市规划与设计专业2012级本科生在采集浙江沿海市涉海单位数据及其制图工作所做的出色工作。本书引用的参考文献除列于书末之外，限于篇幅另有一些篇目尚未标出，在此深表歉意，并向文献作者表示衷心感谢。

作者感谢浙江省测绘与地理信息局地理信息开发利用处（地图管理处）和浙江省测绘质量监督检验站对全书中示意性地图编制审查、修订工作给予的帮助。

海洋经济发展报告是一项庞大的系统工程，由于海洋经济统计数据方面还存在许多盲点，以及课题组采用海洋经济地理学这一新的学科视角，加之我们课题组能力有限，书中仍存在不足之处，敬请从事这一领域的专家、学者和广大读者及时给予指正。

宁波大学地理与空间信息技术系

浙江省海洋文化与经济研究中心

2016年2月28日

目　录

第一章　省域海洋经济发展报告构建逻辑

浙江是海洋大省，海域广阔，岛屿星罗棋布。海岸线总长6715km，居全国第一。海域面积26万km^2，其中，内水面积为3.09万km^2。浙江省是中国海岛最多的省份，面积在500m^2以上的海岛有2878个，占全国海岛总数的2/5以上。浙江沿海具有丰富而又相对集中的港口航道资源，有位于全国前列的海洋渔业资源，丰富多彩的滨海及海岛旅游资源，开发前景良好的东海油气资源，具有多宜性的广阔滩涂土地资源，理论贮量丰富的海洋能资源。浙江海岸带开发有着悠久的历史，发展海洋经济具有得天独厚的条件。

20世纪90年代以来，浙江省海岸带开发和海洋经济发展，经历了"开发蓝色国土"和"建设海洋经济大省"两个阶段，海洋经济综合实力明显增强。进入21世纪，浙江海岸带开发与海洋经济发展面临新的机遇，同时具备建设海洋经济强省的良好基础。随着浙江省陆域经济整体规模的扩大和海洋经济向深度、广度进军，陆海之间资源的互补性、产业的互动性、布局的关联性进一步增强。特别是杭州湾大通道、舟山大陆连岛工程、温州洞头半岛工程的建设，为浙江海岸带地区社会经济的发展注入了新的动力。2011年3月，浙江海洋经济建设示范区规划获得国务院批复，浙江海洋经济上升为国家战略，同年，浙江舟山群岛新区建设规划获得国家批复。

从国家层面到浙江省政府再到地方政府都十分重视与关注浙江的海洋经济发展，浙江的海洋经济发展也取得了很多成就，但是，总体上还缺少在技术层面上的浙江资源环境与海洋经济发展态势展示平台，对于海洋资源环境与海洋经济发展研究还缺乏理论框架，存在不系统、不规范，数据不统一等问题，远不能适应浙江海洋经济的发展要求。而海洋资源环境与海洋经济发展态势的分析预测是海洋经济发展战略制定的前提，因此，浙江省海洋资源环境与海洋经济发展态势研究对浙江海洋经济的持续发展具有十分重要的意义。

省域海洋经济发展的系统梳理，既需要详尽的一手数据，又需要适宜视角。综合比较经济地理学、区域经济学、海洋经济学、产业经济学的相关范式之后，本书选择区域经济地理学研究范式作为主线、旁及行政区经济理论研制浙江海洋经济发展报告。具体而论，运用并发展了区域经济地理学的经济地域或经济区域及其系统的发展机制、条件要素、结构功能、类型体系及其动力系统[1]，探索性地将区域经济地理学的前述分析范式具体化成企业层面解析浙江省海洋经济地域系统。即，在全面分析浙江海洋经济规划历程、浙江海洋经济成长的经济基础等之上，从企业视角全面解析嘉兴、杭州、绍兴、台州、温州的海洋经济构成、布局与态势；将浙江海洋经济核心区——宁波市与舟山市拎出，与大连、青岛、厦门、深圳等沿海海洋经济强市进行全方位的比较，为浙江省海洋经济的持续发展提供决策参考。

第一节　核心概念与统计范畴

一、中国滨海行政单元及其海洋经济特征

（一）中国滨海行政单元层级构成

中国滨海行政单元，由11个省级行政单元、54个沿海城市、236个沿海县（区/市）构成，面积128.09万km²、大陆岸线长度达18000km、常住人口达58462.49万人、国民生产总值为344006.11亿元（见表1-1-1）。

表1-1-1　中国沿海地区与沿海县级单元概况

沿海地区	沿海城市	沿海地带				面积	常住人口	国民生产总值
		合计	县	县级市	区	/万km²	/万人	/亿元
合计	54	236	63	55	118	128.09	58462.49	344006.11
天津	1	1	0	0	1	1.13	1413.15	14370.16
河北	3	11	6	1	4	18.77	7287.51	28301.40
辽宁	6	22	4	7	11	14.59	4389.00	27100.00
上海	1	5	1	0	4	0.63	2380.43	21602.12
江苏	3	15	8	4	3	10.26	7919.98	59161.75
浙江	7	35	11	10	14	10.20	5477.00	37568.50
福建	6	34	11	8	15	12.13	3748.00	21759.64
山东	7	35	6	13	16	15.38	9684.87	54684.30
广东	14	56	10	6	40	18.00	10594.00	62163.97
广西	3	8	1	1	6	23.60	4682.00	14147.81
海南	3	14	5	5	4	3.40	886.55	3146.46

数据源：《中国海洋统计年鉴2014》

(二)滨海行政区海洋经济特征

统计显示,2013年全国海洋生产总值54313亿元,海洋生产总值占国内生产总值的9.5%。其中,海洋产业增加值31969亿元,海洋相关产业增加值22344亿元。海洋第一产业增加值2918亿元,第二产业增加值24908亿元,第三产业增加值26487亿元,海洋第一、第二、第三产业增加值占海洋生产总值的比重分别为5.4%、45.8%和48.8%。2013年全国涉海就业人员3513万人。如表1-1-2所示浙江海洋生产总值为34665.33亿元,占全国海洋生产总值的10.97%,位列第四,可见浙江在中国海洋经济的发展中起了重要作用。

表1-1-2　中国滨海行政区2013年海洋经济构成

地区	地区海洋生产总值/亿元	地区海洋第一产业增加值/亿元	地区海洋第二产业增加值/亿元	地区海洋第三产业增加值/亿元
天津	12893.88	1717.60	6663.82	6058.46
河北	26575.01	3186.66	14003.57	9384.78
辽宁	24846.43	2155.82	13230.49	9460.12
上海	20181.72	127.80	7854.77	12199.15
江苏	54058.22	3418.29	27121.95	23517.98
浙江	34665.33	1667.88	17316.32	15681.13
福建	19701.78	1776.71	10187.94	7737.13
山东	50013.24	4281.70	25735.73	19995.81
广东	57067.92	2847.26	27700.97	26519.69
广西	13035.10	2172.37	6247.43	4615.30
海南	2855.54	711.54	804.47	1339.53
合计	315894.17	22517.63	156867.46	136509.08

数据来源:《中国海洋统计年鉴2014》

二、省域海洋经济的构成

中华人民共和国国家标准委员会发布《中华人民共和国国家标准:海洋及相关产业分类(GB/T 20794—2006)》给出了海洋产业分类体系以及《海洋统计报表制度》、《海洋生产总值核算制度》,却未给出统计操作规范。为此,沿海各省份统计局在核算本省海洋经济时纷纷围绕国家标准制定本省/市/自治区的海洋经济运行监测指标体系或统计方案[2-4]。沿海省份制定的海洋经济核算体系,凸显了"以开发、利用和保护海洋的各类产业活动,以及与之相关联活动的总和",普遍认为海洋产业应该具基本特征:(1)直接从海洋中获取产品的生产和服务活动;(2)直接从海洋中获取的产品的一次加工生产和服务活动;

(3)直接应用于海洋和海洋开发活动的产品的生产和服务活动;(4)利用海水或海洋空间作为生产过程的基本要素所进行的生产和服务活动;(5)与海洋密切相关的科学研究、教育、管理和服务活动。海洋相关产业是以各种投入产出为联系纽带,与海洋产业构成技术经济联系的产业。

多数省份为便于操作,纷纷参照《国民经济行业分类标准(GB/T 4754—2011)》研制本省海洋产业分类体系,如浙江省提出了如表1-1-3的分类方案。具体又可分为:海洋水产业(海洋渔业 、海洋渔业服务 、海洋水产品加工);海洋油气业(海洋石油和天然气开采 、海洋石油和天然气开采服务);海洋矿业(海滨砂矿采选和土砂石开采 、海底地热和煤矿开采 、深海采矿);海洋船舶工业(海洋船舶制造 、海洋固定及浮动装置制造);海洋盐业(海水制盐 、海盐加工);海洋化工业(海盐化工 、海藻化工 、海水化工 、海洋石油化工等制造) ;海洋生物医药业(海洋保健品制造 、海洋药品制造);海洋工程业(海上工程 、海底工程 、海岸工程);海洋电力业(海洋电力生产 、海滨电力生产 、海洋电力供应);海水淡化与综合利用业(海水淡化 、海水直接利用);海洋交通运输业(海洋旅客运输 、海洋货物运输 、海洋港口运输 、海洋管道运输 、海洋运输辅助活动);滨海旅游业(滨海旅游住宿 、滨海旅游经营服务 、滨海旅游与娱乐 、滨海旅游文化服务)等其他相关产业。当然,相关省份采用的海洋产业分类体系基本一致,差异在于海洋产业的统计内容,即目前各省纷纷参照国家海洋局的相关要求仅统计主要海洋产业的产量与产值等基本指标,缺乏对固定资产、投入、产出、贸易、雇员、财务、纳税、科技研发等深层指标的关注[5-8]。

表1-1-3 浙江省海洋产业统计与核算分类

行业划分	亚 类
海洋第一产业	包括海水养殖、海洋捕捞等海洋渔业和海洋渔业服务业,在海涂开展的农、林业种植活动,以及为农、林业生产提供相关服务的活动。
海洋第二产业	包括海洋自然资源的开采、海水产品加工业、海洋生物保健品制造业、海洋原油加工业、海洋化工产品制造业、海洋矿产品加工业、海洋渔具、渔具材料及渔用机械制造业、海洋船舶制造和修理业、其他海洋设备制造业、海洋电力及海水利用业等;沿海码头土木工程建筑、线路及管道安装、跨海桥梁建筑等活动,为滨海旅游等服务的房屋建筑业、装修装饰业等海洋建筑业。
海洋第三产业	包括以海水、海水产品或海洋空间作为生产过程的交通运输仓储业、批发零售贸易餐饮业,为生产生活服务的滨海旅游业,为涉海部门生产和生活服务的金融业、环境保护、海洋气候、海洋地质勘查等服务业,与海洋经济密切相关的科学研究、教育、社会服务和管理等活动。

资料来源:http://www.zj.stats.gov.cn/tjfx_1475/tjfx_sjfx/201307/t20130702_138500.html

值得欣喜的是2015年国家海洋局启动第一次全国海洋经济调查，在调查准备期委托相关单位研制了《全国海洋经济调查区域分类》、《海洋及相关产业分类（调查用）》和《主要海洋产品分类目录（调查用）》等相关标准，规定了调查的基本要求[①]：(1)单位清查内容涉及各类法人单位和产业活动单位的基本属性、从业人员、财务状况、能源和水消费、科技情况、信息化情况和单位定位信息，以及生产的海洋产品名称、提供的海洋服务类别、使用的来源于海洋的原材料名称等。(2)产业调查包括海洋渔业、海洋水产品加工业、海洋油气业、海洋矿业、海洋盐业、海洋船舶工业、海洋工程装备制造业、海洋化工业等。(3)专题调查包括海洋工程项目基本情况调查、围填海规模调查、海洋防灾减灾调查、海洋节能减排调查等。内容涉及海洋工程项目类型和投资额，填海造地项目和围海项目的用海面积和投资额，海岸防护设施、海洋承灾体和海洋防灾减灾机构基本属性及防灾减灾投入情况，产污主体的入海污染物排放情况等。这将确保海洋经济调查数据质量，实现海洋经济基础数据在全国全行业的一致性。

三、省域海洋经济的统计范畴

在非普查年份，国家海洋局战略规划与经济司、国家海洋信息中心承担历年中国海洋统计年鉴的编写工作；2015年国家海洋局启动第一次全国海洋经济调查，采用工作方式如图1-1-1，相关统计指标如表1-1-4。综合非普查年份和普查年份的中国海洋经济数据采集工作程序可知：(1)海洋经济统计数据的收集采取“逐级上报、超级汇总”的方式，下级调查机构将审核后的调查数据报送上

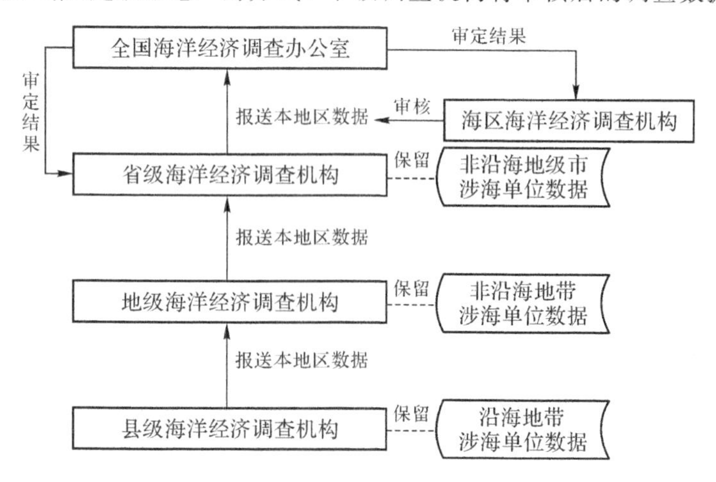

图1-1-1　第一次全国海洋经济调查工作程序

资料来源：国家海洋局．第一次全国海洋经济调查总体方案．2014年11月

① http://www.ce.cn/xwzx/gnsz/gdxw/201502/12/t20150212_4574659.shtml

表 1-1-4 海洋经济统计调查指标与来源

海洋产业代码(大类码)		数据渠道		时间限制		投入产出类型		重要程度	
海洋渔业	A01	教育部	01	年度	1	劳动投入	1	重要	1
海洋油气业	A02	科技部	02	半年度	2	原材料与能源投入	2	一般	2
海洋矿业	A03	国土资源部	03	季度	3	固定资产投入	3	附属	3
海洋盐业	A04	交通运输部	04	月度	4	价值量产出	4		
海洋船舶工业	A05	水利部	05	旬	5	实物量产出	5		
海洋化工业	A06	农业部	06	周	6	其他	9		
海洋生物医药业	A07	环境保护部	07	日	7				
海洋工程建筑业	A08	国家林业局	08	不定期	8				
海洋电力业	A09	国家旅游局	09	其他	9				
海水利用业	A10	中国科学院	10						
海洋交通运输业	A11	中国地震局	11						
滨海旅游业	A12	中国气象局	12						
海洋信息服务业	A13	中国船舶工业集团公司	13						
海洋环境监测预报服务	A14	中国船舶重工集团公司	14						
海洋保险和社会保障业	A15	中国石油天然气集团公司	15						
海洋科学研究	A16	中国石油化工集团公司	16						
海洋技术服务业	A17	中国海洋石油总公司	17						
海洋地质勘查业	A18	中国盐业总公司	18						
海洋环境保护业	A19	中国有色金属工业协会	19						
海洋教育	A20	地方海洋部门	50						
海洋管理	A21	地方统计部门	51						
海洋社会团体与国际组织	A22	涉海企事业单位	52						
海洋设备制造业	A23	其他	99						
海洋批发与零售业	A24								
涉海服务业	A25								

资料来源:郭越.海洋经济统计调查制度编制方法初探.海洋经济,2013,3(3):43—50

级调查机构。(2)地方各级海洋经济调查机构组织人员汇总辖区内分地区、分产业、分专题调查数据。按照有关管理办法要求,地方各级海洋经济调查统计机构编制基础数据资料,由省级海洋经济调查统计机构汇总报送海区海洋经济统计机构审核。(3)海区海洋经济调查统计机构对沿海地区涉海单位基础数据资料进行审核汇总,并将审核后汇总成果报送全国海洋经济调查统计办公室。审核重点是基础数据增加变动资料是否齐全,新增或减少原因是否合理等。(4)经海区海洋经济调查统计机构审核后,全国海洋经济调查办公室与统计、工商、民政等相关部门进行核实审定,并根据审定结果统一对基础数据进行修订。

在省级层面，如表1-1-5和表1-1-6所示海洋经济的实物量、海洋经济的相关值由多个部门协同完成，共同核算省域海洋经济数据。

表1-1-5　省域海洋经济实物量指标与数据源

资料提供单位	指　标　名　称
省海洋与渔业局	海洋捕捞产量、海水养殖产量、海水养殖面积、水产品年实际加工量、海洋机动渔船数量、海洋机动渔船吨位、海水淡化能力、海洋废弃物倾倒量、重点入海排污口污水入海量、海洋保护区数量、海洋保护区面积
省经信委	造船完工量、船舶修理完工量
省交通厅	港口货物吞吐量、标准集装箱吞吐量、水路运输货物周转量、沿海货物周转量、远洋货物周转量、沿海港口数量、沿海港口码头长度、沿海港口泊位数、沿海港口万吨级泊位数
省旅游局	接待国内外游客数
省盐务管理局	盐田总面积、盐田生产面积
省水利厅	滩涂围垦面积
省环保厅	点工业废水直排入海量、工业固体废物倾倒丢弃量、当年竣工污染治理项目数
省国土资源厅	建设用地总面积、新增建设用地面积、批而未供土地面积
省海事局	船舶进出港、登记海船数量、实施安全管理规则的公司数、实施安全管理规则的船舶数、经备案的游船俱乐部数量、登记游艇数量、船员服务机构数量、船员培训机构数量、本籍海员数量、新增船舶建造检验数

资料来源：邓江年. 海洋经济运行监测统计指标体系研究[J]. 广东社会科学，2015(6)：38—44

表1-1-6　省域海洋经济数量值指标与数据源

资料提供单位	指　标　名　称
省统计局	第一产业地区生产总值、第二产业地区生产总值、第三产业地区生产总值、社会消费品零售总额、固定资产投资额
省发改委	涉海基础设施投资额、涉海产业投资额
省财政厅	财政总收入、公共财政预算收入
省国税局、省地税局	税收总收入
海关	进出口总额、出口额
省调查总队	城镇居民家庭人均可支配收入、农村居民家庭人均纯收入
省海洋与渔业局	核定渔民人均纯收入

资料来源：邓江年. 海洋经济运行监测统计指标体系研究[J]. 广东社会科学，2015(6)：38—44

目前，沿海省（自治区、直辖市）海洋统计数据主要有四种渠道，分别是海洋管理部门（包括省级、市级）、省级涉海厅局、省级统计部门、涉海企业，此外还有少量数据是通过文献搜集和数据估算获得。地市级海洋管理部门和省级涉海厅局是主要数据获取渠道，提供半数以上指标；其次是涉海企业，提供指标达一成；省级统计部门提供指标较少，但涉及关键指标[10]。此外，有个别地区少量指标采用数据估算或通过查阅年鉴报刊等文献搜集方法获得，如海洋矿业、海洋化工、海洋生物医药、海洋电力、海水利用和海洋工程等数据。当然，个别行业的主要数据源自行业主管部门、大型国有企业，以及涉海企业直报数据等。

第二节 省域海洋经济研究动向文献计量

一、中国省域海洋经济研究文献的统计分析

当前多学科交叉融合研究成为海洋经济研究的主流，涉及经济学的区域经济学、国际贸易学，管理学的旅游管理、渔业资源管理、区域发展管理，地理学的人文经济地理学、自然地理学和资源科学等。这些文献所呈现三大特征（见表1-2-1）：一是国内学界普遍关注省域海洋经济的发展背景与发展政策、省域海洋经济的发展水平及其格局、省域海洋经济的治理；二是沿海省份被关注的程度与省域海洋科教机构多寡呈现显著关系；三是2010年以来国家海洋战略实施诱发了海洋经济研究的新高潮。

表 1-2-1 中国海洋经济研究的典型文献及其研究领域归属

年份	篇数	尺度/篇	领域/篇	学科/篇
1992	23	国家/8 区域/1 省级/4 市级/6 县级/2 其他/2	经济/10 科技/2 人文/6 生态/5	旅游/2 产业/7 管理/4 科教/9 气象/1
1993	25	国家/4 省级/5 市级/5 其他/11	经济/17 科技/2 人文/1 生态/5	产业/2 资本/2 管理/8 规划/2 医药/1 科教/7 防灾/3

续表

年份	篇数	尺度/篇	领域/篇	学科/篇
1994	44	国家/6 区域/3 省级/14 市级/5 县级/1 其他/15	经济/27 科技/11 人文/4 生态/2	产业/12 管理/8 科教/10 防灾/5 安全/3 土地利用与区划/4 运输/2
1995	44	国家/16 区域/2 省级/8 市级/9 县级/2 其他/7	经济/31 科技/4 人文/5 生态/4	产业/8 管理/15 科教/13 安全/3 规划/5
1996	46	国家/13 区域/2 省级/10 市级/8 其他/13	经济/20 科技/4 人文/14 生态/8	产业/10 管理/9 科教/4 政策/15 环保/8
1997	51	国家/14 区域/3 省级/2 市级/7 其他/25	经济/17 科技/6 人文/19 生态/9	产业/14 管理/11 科教/20 环保/2 土地利用与区划/2 资本/2
1998	45	国家/10 区域/2 省级/5 市级/3 县级/3 其他/22	经济/25 科技/2 人文/13 生态/5	产业/15 管理/18 科教/8 防灾/1 土地利用与区划/3
1999	34	国家/6 区域/1 省级/2 市级/10 县级/1 其他/14	经济/15 科技/3 人文/11 生态/5	产业/17 管理/11 科教/5 土地利用与区划/1
2000	27	国家/4 区域/2 省级/2 市级/5 县级/1 其他/13	经济/13 科技/3 人文/9 生态/2	旅游/1 产业/7 管理/11 科教/7 规划/1

续表

年份	篇数	尺度/篇	领域/篇	学科/篇
2001	31	国家/5	经济/16	旅游/1
		区域/2	科技/3	产业/12
		省级/6	人文/9	管理/11
		市级/4	生态/3	科教/3
		县级/1		防灾/1
		其他/13		医药/1
				资本/2
2002	30	国家/11	经济/12	旅游/2
		区域/1	科技/3	产业/6
		省级/4	人文/11	管理/14
		市级/1	生态/4	科教/5
		其他/13		防灾/2
				土地利用与区划/1
2003	40	国家/14	经济/21	产业/12
		区域/5	科技/3	管理/21
		省级/5	人文/11	科教/3
		市级/6	生态/5	防灾/2
		其他/10		安全/1
				规划/1
2004	19	国家/6	经济/9	产业/1
		省级/4	科技/1	管理/12
		市级/2	人文/7	科教/2
		其他/7	生态/2	安全/3
				人力资本/1
2005	36	国家/16	经济/15	旅游/1
		区域/2	科技/2	产业/5
		省级/3	人文/15	管理/24
		市级/3	生态/4	科教/3
		其他/12		安全/2
				规划/1
2006	44	国家/14	经济/15	旅游/1
		区域/3	科技/4	产业/6
		市级/2	人文/15	管理/30
		其他/25	生态 10	科教/4
				安全/1
				土地利用与区划/2

续表

年份	篇数	尺度/篇	领域/篇	学科/篇
2007	49	国家/13 区域/4 省级/5 市级/2 其他/25	经济/19 科技/2 人文/5 生态/3	旅游/2 产业/9 管理/1 科教/3 生物/1
2008	66	国家/23 区域/7 省级/5 市级/4 其他/27	经济/24 生态/12 人文/27 科技/3	旅游/2 管理/42 产业/9 科教/7 生物/6
2009	83	国家/27 区域/12 省级/8 市级/3 其他/33	经济/41 生态/8 人文/32 科技/2	旅游/4 管理/47 金融/2 产业/22 科教/4 生物/3
2010	90	国家/36 区域/17 省级/9 市级/4 其他/24	经济/42 生态/10 人文/34 科技/4	旅游/5 管理/66 金融/2 产业/22 科教/4 生物/1
2011	143	国家/31 区域/24 省级/18 市级/12 县级/1 其他/57	经济/66 生态/4 人文/63 科技/10	旅游/4 管理/79 金融/2 产业/37 科教/11 规划/3 生物/6 医药/1
2012	129	国家/41 区域/22 省级/9 市级/7 其他/50	经济/61 生态/10 人文/49 科技/9	旅游/1 管理/75 金融/4 产业/32 科教/14 生物/3

续表

年份	篇数	尺度/篇	领域/篇	学科/篇
2013	167	国家/67 区域/27 省级/26 市级/7 其他/40	经济/57 生态/22 人文/13 科技/15	旅游/4 管理/4 金融/5 产业/26 科教/9 规划/3 生物/3
2014	112	国家/46 区域/17 省级/13 市级/8 其他/28	经济/42 生态/12 人文/50 科技/8	管理/63 金融/3 产业/21 科教/12 生物/1 环境治理/10 区划/2
2015	112	国家/43 区域/17 省级/13 市级/8 其他/31	经济/46 生态/15 人文/43 科技/8	旅游/6 管理/68 金融/5 产业/18 科教/2 规划/2 治理/3

注:检索日期 2016-1-30,检索方式——在中国知网期刊全文数据库(中文核心期刊库)高级检索"主题=经济"并且"题目=海洋"。

二、中国省域海洋经济研究的热点

(一)聚焦省域海洋经济发展的背景研究

该热点主要集中在:(1)省域海洋经济发展的自然基础,又可分为海洋资源环境在区域海洋经济运行中的作用、省域海洋资源环境的地理差异、海洋资源环境对省域海洋经济运行的制约影响三个领域;(2)省域海洋经济发展的经济社会基础,主要集中在近现代以来沿海省份海洋经济发展历史与行会作用、沿海省份海洋经济发展的科技资源与人力资源供给结构与分异、沿海省份海洋经济发展过程的就业效应等;(3)省域海洋经济发展的体制与政策,主要集中在计划经济制度下中央与沿海省份海洋商品的分配关系、市场经济制度下中央政府与沿海省份关系的变革及其调整、同一海域相邻省份海洋环境污染/交通事故/自然灾害等类型公共事件应急处置政策等。

(二)刻画省域海洋经济发展水平、格局与新分工

国内海洋经济研究群体对省域海洋经济发展水平、区际发展差异/状态等

进行了定性、定量研究,主要关注:(1)省域海洋经济发展水平及其近年变化趋势,如省际海洋经济发展总体水平或重点海洋产业发展水平的变动及其差异;(2)省域海洋经济发展的内部差异与外部分异,关注了全国沿海12个省级行政单元的海洋经济增长趋势的空间格局与空间分异、探讨三角洲地区多省份的海洋经济联动或协调发展、解析省内滨海城市海洋经济的发展格局与整体趋势等;(3)省域海洋产业结构优化与转型及省际海洋经济分工格局及其态势探索,重点关注了沿海省份(以及部分重点港口城市——大连、青岛、上海、宁波、舟山、厦门、广州等)海洋产业结构的培优与技术进步或海洋产业群集发展机制抑或开发区主导的海洋产业集群打造或升级,也关注到港口物流、船舶与海洋装备工业、海洋科技研发等的价值链与当下中国沿海省份或城市的竞争优势,并由此论及沿海省份或港口城市的全球航运产业或海洋装备制造业的国际与国内分工等。

(三)积极探索快速工业化、城镇化与全球化趋势中的海洋经济发展治理变革

1978年之后,中国沿海省份历经了快速的工业化、城镇化过程,又被动或主动的嵌入经济全球化进程之中。沿海省份海洋经济,既是受益者,如日益繁忙的国际海运航线成为中国制造和中国消费的最经济长途运输方式;又是受害者,如沿海省份的海洋资源环境保护日益受到国际油轮泄露事件、个别沿海城市工业三废直接偷排海域等的危害。在十六大国家实施"海洋开发"战略以来,沿海省份纷纷重视海洋资源环境的利用,推进现代海洋产业体系发展。沿海省份的海洋经济发展规划和各类海洋国土利用规划成为国家、省、地级市、县四级政府推动地方海洋经济发展的抓手,学界围绕该现象进行了广泛的讨论和探索。已有研究主要集中在:(1)滨海地方政府发展海洋经济的工具与政策探索,如海岸带、近海、海岛、无人岛的保护与开发的相关规划或产业政策等;(2)滨海省级政府与中央政府在推动国家海洋战略实施过程中的各类国家级海洋新区建设方案与法规探索,如对省级海洋经济示范区、舟山群岛国家新区、上海浦东与福建自贸区、青岛西海岸新区、大连金普新区等的相关规划、含负面清单在内的法规建设、行政管理探究;(3)滨海行政区海洋经济发展造成的生态环境损坏管制,以及港口城市对外海运业务的相关规制探索等。

三、中国省域海洋经济研究的缺憾

经济学分析逻辑学派纷呈,但都注重对市场规律的把握和解释,尤其侧重理性经济人、成本收益、供需、边际效用等。然而,当前中国区域海洋经济研究的已有文献,相对较少采用主流经济学的这些分析方法论和研究套路,也未能构建符合自身特性的区域海洋经济学研究逻辑。

(一)未重视省域海洋经济运行的主体行为及其绩效研究

中国国家海洋战略与民众海洋意识觉醒较晚,实施过程行政力量浓厚,这势必影响沿海省份海洋经济发展主体——企业、滨海地区居民等角色的定位与充分发挥。因此,在推动海洋经济可持续发展过程中,必须充分考察海洋经济发展主体——企业、居民、政府、非政府组织等的行为,在海洋经济发展中的角色定位与自我规制,以及相互作用诱发的经济空间溢出等。显然,2010 年以来中国推进国家海洋战略落地过程以各种规划为代表的政府角色发挥得淋漓尽致,但是沿海地区居民与企业的积极性尚未得到自由发挥和充分保障。于是,研究中国沿海省域海洋经济良性运行及其主体行为、空间绩效;政府、企业与居民行为的互动机制等便成为理论核心与前沿议题。

(二)未聚焦省域海洋经济发展的空间管理与综合调控

区际海洋经济的协调发展和国家海洋经济总体竞争力的提升,亟待通过对海洋国土的有序管理使之兼顾海洋经济的增长与海洋资源环境的保育。因此,发展海洋经济,需要构建系统化的海洋国土利用方案,既要统筹不同行政区之间的海洋国土的开拓、分配、使用及对外的争夺,又要贯穿中国政府自上而下的多尺度的海洋国土各类规划的管制内容衔接与协同治理。为此,全面聚焦海洋经济发展的国土可持续利用及其相关国际海洋地缘政治研究,将成为中国东海、南海区相关省份海洋科教机构的首要任务。

第三节　诠释省域海洋经济发展的范式

一、省域海洋经济发展常见刻画体系

刻画区域海洋经济发展,要么围绕区域及其下辖单元的海洋经济主要组分进行论述,要么将区域嵌入上一级海洋经济区中进行比较。通常对主要要素进行定性分析与定量综合评价。

国家层面海洋经济发展报告,主要由国家海洋局发布的海洋经济统计公报(围绕总值、主要海洋产业、海区海洋经济发展态势等论述)以及知名机构或学者按照研究范式编著中国海洋经济发展报告。如国家发展和改革委员会与国家海洋局编《中国海洋经济发展报告 2015》由总报告(发展情况、趋势展望)、试点地区分报告(建设情况、下一步重点工作)、试点地区阶段性评估构成;殷克东等编著《中国海洋经济发展报告(2014)》按照传统海洋产业、新兴海洋产业、海洋科研教育管理服务业的现状、发展回顾、制约因素、展望,北部、东部、南部等

海洋经济圈的现状、发展特征、预测展望等篇章分析；张耀光著《中国海洋经济地理学》在第四编中按照海洋水产、海盐、海洋油气、海洋矿产、沿海造船、港口、海运、旅游等产业全国布局与重点区域阐述。此外，中国学者覃丽芳著《越南海洋经济发展研究》按照发展历程与总体战略演进、主要海洋产业的现状、发展机遇与挑战分析等撰写。可见，国家层面海洋经济发展报告，注重区域海洋经济总量与主要行业总量，以及重点海区海洋经济发展历程、现状与未来；所采用指标和数据均是剥离了空间属性的统计值。

省级层面海洋经济发展报告，多由相关省份重点海洋经济研究机构随机性完成。如谭前进等著《辽宁省海洋经济运行监测评估研究》围绕辽宁主要海洋产业现状及发展对策、政策、发展潜力、预测预警逐一展开；赵全民等著《辽宁省沿海经济带海洋经济发展研究》按照资源环境条件、发展现状与目标、调控政策展开；李辉著《河北省海洋渔业发展研究》以渔业生产—加工—流通的产业链为视角总结了河北省海洋渔业发展的现状、特征、存在问题；韩立民编《山东海洋经济发展研究》围绕海洋资源开发模式、海洋高新技术产业、海洋主导产业培育、科技创新支撑研究等展开；唐庆宁等编《江苏海洋经济发展研究》围绕产业、港口等的发展，滩涂资源利用，面临机遇与挑战及发展战略展开；程刚主编《浙江海洋经济核心区发展战略研究》按照港口服务、产业选择、都市生态、社会建设、政策研究论述了宁波—舟山的海洋经济发展；马仁锋等著《浙江海洋经济转型发展研究》围绕海洋经济示范区建设进程、区际比较、海洋产业演化、转型思路与举措论证浙江海洋经济转型发展之路；苏文金主编《福建海洋产业发展研究》围绕发展战略、主要海洋产业发展概况—现状—对策等展开；朱坚真等编《雷州半岛暨广东海洋经济发展研究》围绕定位、产业转型、周边合作机制展开；李洁琼等主编《海南省海洋经济可持续发展战略与海洋管理研究》围绕海南省沿海地区社会、海洋经济、生态环境 3 大子系统的发展现状特征及演变规律与趋势，及相互关联程度论证海南海洋经济可持续性。可见，中国沿海省级单元的海洋经济发展报告，内容体系均围绕海洋产业的过去、现在、未来展开；数据体系主要沿用国家海洋局发布的中国海洋统计年鉴及沿海省份的相关海洋产业统计数据等。

二、海洋经济地理学视域的诠释范式

纵览现有省域海洋经济发展报告编撰视角与思路，存在如下特征：一是现有海洋经济发展报告学科视角日益模糊和综合化趋势明显，二是现有海洋经济发展报告紧扣本省海洋经济的重点行业与重点区域，三是现有海洋经济发展报告编撰过程普遍受制于统计数据不足或没有相应统计数据支撑。为此，本书引入海洋经济地理学与公司地理学相关思想，采用区域涉海企业的构成与分布诠释省域海洋经济发展态势与地级市之间的异同,以引领省域海洋经济发展报告研制的新思维。

(一)核心论题

省域海洋经济发展报告旨在解决:一是省域海洋经济总体结构与布局是否表征了省域海洋资源环境特色,是否具有国内与国际竞争力,是否可持续?二是省域内各滨海市如何协调发展海洋经济,以促使省域海洋经济规模提升与结构优化?三是省域海洋经济是否符合投入—产出、供给—需求等经济学基本要求等问题。海洋经济地理学是研究区域海洋产业布局,以及海洋经济体系的形成过程、结构特点和发展规律的经济地理学分支学科[11]。显然,海洋经济地理学并不能回答前述所有问题,但是它能解决第一和第二个问题,这既是本书引入海洋经济地理学思路与方法研制浙江海洋经济发展报告的缘起,又期许将公司地理学深度融入海洋经济地理学之中能够化解当前国家与地方相关海洋产业统计数据支撑不足等困境。

(二)基本思路

本书从国家海洋战略背景下浙江沿海各市海洋经济发展历程及近期主要学术动态的基础出发,将公司地理学与海洋经济地理学深度融合,挖掘浙江沿海各地级市涉海企业的时空属性数据,总结浙江省沿海地区涉海企业的构成与布局。在这其中,重点对浙江省海洋经济发展示范区核心区——宁波、舟山的海洋经济与大连、青岛、厦门、深圳进行综合对比。通过浙江省沿海地区的嘉兴市、杭州市、绍兴市、台州市、温州市的涉海企业构成与布局深度解析,以及宁波、舟山与兄弟城市的综合比较,全面诊断浙江海洋经济发展的现状、特色与竞争优势,进而提出浙江海洋经济发展示范区的各市功能定位与发展策略。

(三)方法体系

报告研制过程遵循逻辑实证主义经济地理学研究范式,综合野外实地调查与百度地图企业数据,运用 GIS 空间分析与经济地理学定性、定量综合分析方法刻画国家海洋经济战略下的浙江省海洋经济发展现状、特征与态势。当然研制过程,还注重汲取区域经济学、城乡规划学等学科相关理论,采用规范的理论分析与实证研究相结合、微观特征与宏观背景相结合、定性分析与定量研究相结合的研究方法,进行全面而系统研究。

具体研制路径:

(1)在全面梳理中国海洋经济研究文献的基础上,指出中国区域海洋经济发展报告涉及的主要论题及现有研究套路的优缺点,提出了海洋经济地理学视角的省域海洋经济发展报告研究范式。

(2)全面回顾浙江省历次海洋经济发展规划基础上,分析浙江海洋经济发展规划得失，评估浙江海洋经济规划实施成效，提出浙江海洋经济规划的演进趋势。

(3)界定涉海企业及其数据源基础上，分析了嘉兴、杭州、绍兴、台州、温州的涉海企业发展的区域背景与综合条件，刻画了各市涉海企业的构成与布局特征，诊断企业视角浙江沿海各市海洋经济发展的问题。

(4)围绕浙江海洋经济发展示范区核心区——宁波、舟山，重点比较宁波、舟山与大连、青岛、厦门、深圳等兄弟城市的海洋经济发展的资源环境条件、科教支撑、政策创新支撑，全面分析了宁波、舟山与兄弟城市海洋经济增长前景，提出宁波、舟山海洋经济发展的政策创新。

(四)数据源及相关说明

本书所采用数据可归为三类：第一类是国家海洋局发布的历年中国海洋经济统计公报、中国海洋统计年鉴，以及浙江省海洋与渔业局、浙江省统计局，及浙江沿海市统计局、海洋局发布的各类公报、年鉴与普查数据；第二类是1993年至今的浙江省政府编制的历次浙江海洋经济发展规划文本和2011年以来浙江省沿海地级市编制的浙江省海洋经济发展示范区嘉兴/杭州/绍兴/宁波/舟山/台州/温州市实施方案等文本；第三类是项目组整理的浙江沿海地级市涉海企业数据，涉海企业数据主要采用查询各市统计局数据中心和各市工商管理局信息中心公开的企业名录，并在信用浙江(http://www.zjcredit.gov.cn)省内企业查询与省内非企业法人查询系统进行数据核校与完善，并对涉海企业集中分布地(滨海县市区、港口地区、地级市中心城区等)进行实地调查核对空间属性数据。

需要说明的是，书中的相关地图原始属性均源自浙江省测绘与地理信息局提供天地图·浙江(www.zjditu.cn)的电子地图，书中将每个企业看作空间上的一个点，利用地址信息并借助Google Earth对每个企业进行空间匹配，以便于分析企业分布特征。

参考文献

[1]陈才. 区域经济地理学(第二版)[M]. 北京：科学出版社，2009.

[2]翟仁祥，李敏瑞. 江苏省建设海洋经济强省的测度与评价[J]. 江苏农业科学，2011(5)：541—543.

[3]孙莹. 区域海洋经济可持续发展指标体系的构建及应用——以浙江省为例[J]. 浙江学刊，2011(6)：167—170.

[4]国家统计局浦东调查队和上海市海洋局联合课题组. 上海海洋经济统计监测指标体系研究[J]. 统计科学与实践，2012(12)：24—26.

[5]郭越，王晓惠. 海洋经济统计基本指标辨析[J]. 海洋信息，2007(2)：10—12.

[6]徐丛春，董伟.海洋经济统计指标体系研究[J].海洋经济，2012(4)：13—19.

[7]赵锐.我国海洋经济统计存在的问题及完善途径分析[J].中国统计，2013(2)：48—50.

[8]邓江年.海洋经济运行监测统计指标体系研究[J].广东社会科学，2015(6)：38—44.

[9]郭越.海洋经济统计调查制度编制方法初探[J].海洋经济，2013，3(3)：43-50.

[10]宋维玲，王晓惠，郭越.浅析统计渠道对数据质量的影响——基于海洋经济统计渠道的调研分析[J].中国统计，2011(2)：52-54.

[11]张耀光.试论海洋经济地理学[J].云南地理环境研究，1991，3(1)：38-45.

第二章　浙江省海洋经济规划实施反思

海洋经济发展，既有沿海地区居民自发的日常经济活动，又有政府政策引导。海洋经济规划是政府政策引导主流工具之一，为此本章将重点阐释20世纪末以来浙江省实施的有关海洋经济规划，评估相关规划实施总体成效，解析浙江海洋经济发展宏观背景。

第一节　浙江省海洋经济规划历程及其转变

中国自上而下的国家治理体制，使地方政府在经济发展政策等方面创新空间高度局限于中央政府的相关政令。浙江省海洋经济发展规划及其演变，便是其中典型之一。受中央政府先后于1992、2001、2013年发布开发海洋战略、海洋经济发展规划、建设海洋强国战略等的指导，浙江省海洋经济规划总体历经了类似的三个发展阶段。

早在1993年浙江省就提出要“开发蓝色国土”，1998年提出“建设海洋经济大省”，2003年提出“建设海洋经济强省”，2007年进一步提出“大力发展海洋经济，加快建设港航强省”的战略部署。2011年2月25日，国务院正式批复了《浙江海洋经济发展示范区规划》(国函〔2011〕19号)，同年6月30日国务院又批复同意设立浙江舟山群岛新区(国函〔2011〕77号)，这使浙江省海洋经济发展和舟山群岛新区建设上升为国家战略。根据党的十八大提出“建设海洋强国”的战略部署，2013年浙江省明确提出了要“建设海洋强省”。可见，中共浙江省委、省政府历来十分重视发展海洋经济。

一、1964—1992 年的海洋经济规划起步阶段

新中国成立初期，浙江海洋渔业生产开始恢复。首先成立农林厅水产局，在第一次水产会议中提出“当破海上封锁，争取全面出海”的方针，着重发展海洋渔业。1956 年农林厅水产局改为直接受省委领导的水产局，强调了浙江海洋开发的部门引导。随后成立了对水产科学的技术研究委员会、海洋水产资源繁殖保护领导小组、浙江成立盐务管理局等协调机构或行政机构，推动浙江海洋渔业、海洋盐业、海运的恢复[1,2]。随后，海洋经济逐步拓展到石化、电力、船舶等临港工业和以海洋旅游为代表的海洋第三产业，建立了浙江现代海洋经济的产业体系[3]。

1978 年前后，国家将“海岸带和海洋资源开发利用规划设想”纳入《全国国土总体规划纲要》中，全国开展海岸带和海涂资源得调查。1981 年浙江省政府成立浙江省海岸带和海涂资源调查小组对浙江海岸带进行综合调查研究工作，并于 1985 年总结编写了《浙江省海岸带和海涂资源综合调查报告》及 20 个专业/专题报告，系统掌握了浙江省海岸带和海涂的基本状况。

该阶段浙江省总体注重海洋经济传统产业的恢复与做大，确保国家计划经济的海洋渔业、海洋盐业、海洋航运等的物质需求；此外，在全国环保系统率先设立唯一的专业海洋生态环境监测站，开始关注海洋生态环境变化。这一时期，海洋经济规划与新中国其他行业的成长一样，处于起步阶段。虽然国家开始关注海岸带及近海国土的利用。但是，对于浙江省而言，尽管浙江省海洋经济尚未形成总体开发谋划，人民群众的海洋经济实践活动远快于国家主导的海洋经济规划。

二、1993—2001 年的海洋经济规划探索阶段

为促进海洋事业发展，1988 年国务院明确了国家海洋局管理海洋事务，中国海洋事业开启统一管理阶段。随后，于 1994 年世界范围内生效的《联合国海洋法公约》，触动中国开始将海洋管理的内容从过去的组织科研调查拓展到海域使用、环境保护和海洋权益维护等领域。浙江省 1996 年成立海洋局，海洋综合管理机构正式列入省级行政机构序列；随后在 2000 年浙江省政府将水产厅、海洋局合并为海洋与渔业局，列入省政府直属机构主管全省海洋与渔业。浙江省海洋与渔业局的职责：拟订和实施海洋与渔业产业政策，规范协调海洋资源的开发利用，实行对海洋的综合管理，监督保护海洋环境，进行海监渔政综合执法，加强渔业行业管理，负责海岛生态保护和无居民海岛合法使用、海洋与渔业领域节能减排和应对气候变化等。

1991年，国家计委和国家海洋局组织有关部委和沿海省市开展了《全国海洋开发规划》的编制工作，并于1994年发布了第一个全国性、系统性的海洋经济规划——《全国海洋开发规划》。但是，浙江省早在1980年代初就有了“大念山海经”的设想[3]，《全国海洋开发规划》编制工作促使浙江省更加重视和全面思考本省海洋总体开发思路。在中央政府的领导下，浙江省于1993年召开全省第一次海洋经济工作会议，提出了建设“海洋经济大省”的战略目标，随后于1994年发布《浙江省海洋开发规划纲要》(1993—2010)，标志着浙江海洋经济规划步入正轨。1998年省政府召开了第二次全省海洋经济工作会议，提出要加快发展海洋产业，制定了全省第一部综合管理海洋的法规——《浙江省海域使用管理办法》(1998)；率先在全国建立了省市县三级比例尺海洋功能区划体系《浙江省海洋功能区划》，标志着浙江海洋经济规划落地过程有了法律准则。其间，伴随中国高等教育改革大潮，浙江省于1998年调整省属相关院校设立了全国第三所海洋类综合性高等院校——浙江海洋学院，以促进海洋高等人才的开发。

该阶段，政府提高了对海洋事业以及海洋经济的关注度，编制了第一部海洋总体开发战略。政府不单单注重海洋经济的提升，在海洋事业的多个领域都有开始发展。

三、2002年至今的海洋经济规划加速阶段

2002年习近平出任浙江省副省长，2003年浙江省委举行第十一届四次全体(扩大)会议上习近平总结了浙江省发展的八个优势、提出了面向未来发展的“八八战略”，其中一项就是进一步发挥浙江的山海资源优势，大力发展海洋经济，推动欠发达地区跨越式发展，努力使海洋经济和欠发达地区的发展成为全省新增长点[4]。此后，第三次全省海洋经济会议提出浙江建设“海洋经济强省”战略。其间，正值第一个国家正式批准《全国海洋经济发展规划纲要》(2003)开始实施，浙江省顺势制定了《浙江海洋经济强省建设规划纲要》(2005—2010)，统领全省海洋经济发展。2004年浙江省出台了《浙江省海洋环境保护条例》，成为全国第二个出台环境保护的海洋大省；2004年、2011年相继修编了旧版《浙江海洋功能区划》，并获得国务院批准实施，协调和规范各类涉海活动，增强对海洋资源和生态环境的保护。至此，海洋功能区划制度正式确立，浙江省海洋空间规划工作开始陆海统筹。2009年为更好地推进海洋综合开发、加快海洋经济发展、促进全省经济转型升级，浙江省开始推动浙江海洋经济上升为国家战略。《浙江海洋经济发展示范区规划》(2011—2015)的获批实施，将浙江海洋经济规划从省内建设上升为国家战略。此后，浙江省编制了数项专项海洋经济规划，如《浙江省海洋事业发展“十二五”规划》、《浙江省无居民海岛保护与利用规

划》(2011)、《浙江省科学技术"十二五"发展规划》、《浙江省高校海洋学科专业建设与发展规划》(2011—2015)、《浙江舟山群岛新区发展规划》等，强化了浙江省海洋经济发展的程序性、可持续性与系统性等。

第二节 历次浙江省海洋经济规划实施成效

浙江省先后编制了《浙江省海洋开发规划纲要》(1993—2010)、《浙江省海洋经济强省建设规划纲要》(2005—2010)、《浙江海洋经济发展示范区规划》(2011—2015)，本节就三版规划预计目标实现情况、浙江省海洋经济核心要素的发展现状与态势等方面检视浙江海洋经济规划实施效果。

一、浙江海洋经济规划实施成效的目标完成分析

(一)《浙江省海洋开发规划纲要》(1993—2010)实施成效

《浙江省海洋开发规划纲要》(1993—2010)是浙江省的第一个海洋经济规划，指导浙江海洋经济的发展，落实国家的发展战略。该《纲要》确定了浙江省2010年之前海洋经济发展的战略目标、原则、海洋主要产业发展重点及基础设施建设和海洋开发方面的发展方向和主要措施，对于浙江省加快海洋资源的开发利用，促进海洋经济增长和产业结构调整，使海洋经济成为浙江经济发展新的增长点。

该《纲要》实施18年，浙江省海洋经济实力显著提升，海洋主要产业的实施基本完成，海洋资源利用趋于合理，海洋基础设施建设显著改善，海洋事业各项工作成效显著。从海洋产业发展重点指标来看，港口海运业、海洋旅游业、临海型工业等的主要指标部分达到预期目标，但是海洋水产业的实施尚未完成预期目标；海岛基础设施建设得到大幅度提升，海岛淡水匮乏、能源紧张、通信不畅等问题得到破解(见表2-2-1)。

表 2-2-1 《浙江省海洋开发规划纲要》(1993—2010 年)实施效果

预计目标	实际情况	比 较
基本确立宁波—舟山港在我国中部沿海地区的国际深水枢纽港地位。(港口海运业)	2010 年,宁波港集装箱吞吐量达 1300.2 万标准箱,同比增长 24.7%,增幅位居全球 30 大港口首位,宁波—舟山港跻身全球第二大综合港、第八大集装箱港。	在此期间中国经济的迅速发展,尤其是对外贸易的发展,为宁波—舟山港提供了良好的发展环境,而宁波城市的迅速发展,也为港口的发展提供了经济支持。此外宁波—舟山港口的一体化的模式和管理体制也是其发挥自身优越条件的关键之一。诸多条件相结合,让宁波—舟山港跻身全球第二综合港、第八大集装箱港。
大力发展以“玩海水、观海景、吃海鲜、买海货、住海滨”为特色的海洋旅游业,并进一步带动旅游产品生产和相关第三产业的发展。(海洋旅游业)	2010 年,接待国内旅游者 17564 万人次,接待入境游客 238 万人次;滨海旅游业总产出 1203 亿元,增加值 480 亿元,分别比上年增长 89.6%和 85.3%;滨海旅游业增加值占海洋生产总值的比重为 12.7%,在海洋主要产业中居于首位,对整个海洋经济增长的贡献率高达 28.6%,对推动浙江省海洋经济发展起到了举足轻重的作用。但是旅游产品比较单一,对创造性海洋旅游产品和延展性产品开发显得苍白,开发的旅游资源缺乏特色。	2010 年高数量的旅游者人数和旅游总产出,表明政府在努力促进滨海旅游业。随着收入的提升,人们对高品质生活的追求也促进旅游业的发展。但是很多当地政府对旅游业的开发深度不够,只单注重收益,在打造滨海旅游业的时候千篇一律,没有挖掘当地特色文化。
到 2010 年,全省海洋水产品产量力争比 1992 年翻一番,达到 255 万 t 以上;海洋渔业总产值实现翻三番,达到 520 亿元。(海洋水产业)	2010 年,海洋渔业产量 415 万 t,海洋渔业实现总产出 366 亿元	海洋渔业是海洋经济发展的重要支柱之一,大力发展渔业有利于海洋经济的增长,但经济的迅速发展,经济结构逐渐向第二、第三产业转移,渔业的发展在一定程度上受到影响,1993 年预计实现的海洋渔业总产出为 520 亿元,而 2010 年的海洋渔业总产出却只有 366 亿元,可见浙江经济发展对于第一产业重视程度已越来越小。

续表

预计目标	实际情况	比　较
把宁波滨海地区建设成为长江三角洲重化工基地。其中石化企业，以镇海石化总厂为基础，扩大炼油加工能力，使之成为世界上规模较大的炼油企业之一。(临海型工业)	2010年乙烯装置建成投产后，镇海炼化真正做到了“宜油则油、宜烯则烯、宜芳则芳”，显著提高了炼油和化工生产的灵活性，最大限度地实现了原油资源的综合利用。炼化一体化率(化工轻油占原油加工量的比率)已由6%提高到25%，高于全国平均水平15个百分点以上，与世界先进水平相当。	镇海石化企业炼化一体化率从6%达到25%，与世界先进水平相当，达到了预期使之成为世界上规模较大的炼油厂之一的目标。由此发现石化企业发展迅速，在浙江海洋产业中起极为重要的地位。
改善陆岛、岛岛交通、促进海陆经济一体化，是加快海岛经济发展的重要措施。(交通建设)	海洋交通运输业实现增加值311亿元，比上年增长25.3%，占海洋主要产业的比重为17%。海运运力规模快速增长的同时，运力结构也在不断优化，船型向大型化、标准化发展，经营航线逐渐增多，经营范围不断扩大。2010年末，全省海上货物运输船舶3654艘，运力1272万载重吨。	浙江海岛与陆地之间的联系，海岛与海岛之间的联系，影响着浙江省的海洋经济发展，因此大力发展浙江海洋交通业尤为重要。1993年预计改善陆岛、岛岛交通、促进海陆经济一体化，2010年海洋交通业的发展完成情况良好，大量海上运输船舶，都迎合了1993年的预计目标。
要积极发展风力发电，抓好太阳能、潮汐能等新能源的开发利。(电力建设)	海洋电力业发展很快，2005年以来增加值年均增长35.3%。海洋能发电和利用临海地域优势建设火电项目快速增长，2010年底，我省拥有海洋风力、潮汐发电机容量14.38kW，年发电量2.98亿kW·h，分别比上年增长62%和183%。	浙江省资源丰富，但是多年以来的资源过度浪费，不利于可持续发展，发展风力发电、太阳能、潮汐能等新型能源可以给浙江省带来更好的效益，2010年风力发电、潮汐能、太阳能灯能源发展迅速，其中海洋风力发电与潮汐发电分别为前一年的62%和183%。可见新型能源的发展在浙江省中的地位日趋提高。

续表

预计目标	实际情况	比　较
解决我省海岛地区供水紧张矛盾，应根据海岛特点，采取多种方式开发水源，实行开源与节流并重的方针。	2010年底，浙江全省共建立海水淡化工程项目22个，总产水能力达到11.02万t/d，位居全国第二。海水淡化已成为舟山市边远小岛解决民居生活、生活用水的重要水源，为解决海岛缺水问题开辟了一条创新之路。	我省海岛地区供水从供水紧张矛盾，发展到2010年底的海水淡化工程项目22个，总产水11万t/d。这个发展是巨大的，可见我省在这一方面下足了功夫，海水淡化的科学技术显著提高，进而使得海岛缺水问题得到解决。
盐业及盐化工业，要有计划地调整盐田面积，适当向条件相对优越的舟山和台州地区集中布局；同时稳步发展盐化工业，使之在局部地区成为优势产业。	2010年全省产盐10.6万t；购进各类盐产品118.28万t，其中省内盐出场14.38万t；销售各类盐产品114.53万t，其中销售食盐74.9万t。全省盐业实现销售收入15.82亿元，盐业经济和盐区社会继续呈现健康稳定发展的良好势头。	民以食为天，作为海洋资源丰富的浙江省，盐业的发展应该也成为浙江省的发展产业之一，有计划地调整盐田面积，适当向条件相对优越的地区例如舟山、宁波等沿海城市集中布局，这些城市发展盐业具有一定的优势，良好的利用海洋资源可以促使沿海城市的经济发展。

（二）《浙江海洋经济强省建设规划纲要》（2005—2010）实施效果

《浙江海洋经济强省建设规划纲要》（2005—2010）是在进入新世纪后浙江省审视海洋经济发展新机会与产业已有基础，提出的新目标。该《纲要》确定了海洋经济总体目标，提出了海洋主要产业发展重点、海洋经济区域布局及基础设施建设及其相关措施。与上一轮规划相比，本轮规划开始注重海洋生态环境的保护。

该《纲要》实施的六年，海洋经济占全省经济比重超额完成，但是海洋经济总目标未达到预期目标，政府、市场对海洋经济配置作用仍然不足；海洋产业结构调整，初步完成目标且形成较为合理的产业结构；主要海洋产业基本上实现了预定目标，但是海洋生态环境保护压力日益增大（见表2-2-2）。

表 2-2-2 《浙江海洋经济强省建设规划纲要》(2005—2010)实施效果

预计目标	实际情况	比较分析
海洋经济总产出超过 5400 亿元，海洋经济增加值占全省 GDP 的比重达到 10%。	海洋经济总产出超过 3774.7 亿元，海洋经济增加值占全省 GDP 的比重达到 13.6%。	实际海洋经济总支出仅 3774.7 亿元，远远小于预计海洋经济总支出超过 5400 亿元的目标，但是海洋经济在全省的比重却不断增强。
优化海洋产业结构和布局。调整海洋捕养结构，大力发展临港工业等海洋第二产业，积极拓展海洋服务业，重要海洋产业主要经济技术指标高于全国平均水平。(产业结构调整)	海洋经济二、三产业比重上升，第三产业发展较快。2010 年，我省海洋经济第一、第二、第三产业增加值分别为 287 亿元、1599 亿元和 1889 亿元，三次产业结构为 7.6∶42.4∶50.0。与 2004 年海洋经济三次产业结构对比海洋第一产业增加值所占比重下降 4.8 个百分点；第二产业增加值比重上升 0.1 个百分点；第三产业增加值比重上升 4.7 个百分点。2005—2010 年，海洋经济第一、二、三产业增加值年均分别增长 7.8%、17.0% 和 18.9%，第三产业增加值年均增速比全部海洋经济年均增速高 1.9 个百分点，因此比重上升较快。2010 年，海洋经济二、三产业增加值所占比重合计达 92.4%，地位日趋突出，在海洋经济中占据主导地位。	传统劳动密集型产业依旧是海洋产业中的主要门类，对海洋资源、环境、生态等带来巨大压力，所以优化海洋产业结构布局仍需大力推进，因此资金密集型、技术密集型和资源节约型的现代化海洋产业是未来必须大力发展的产业。海洋第二产业和第三产业所占比重越来越突出，逐渐占据海洋产业的主导地位。重点海洋产业主要经济技术指标高于全国平均水平第二产业在不断发展，捕养结构也在逐渐完善。
基础设施进一步完善。“三大对接工程”建成，陆海基础设施互通共享，宁波、温州等中心城市对海岛的经济辐射能力显著提高，陆海经济联动初显成效。(基础设施)	海洋交通运输业实现增加值 311 亿元，比 2009 年增长 25.3%，占海洋主要产业的比重为 17%。海运运力规模快速增长的同时，运力结构也在不断优化，船型向大型化、标准化发展，经营航线逐渐增多，经营范围不断扩大。2010 年末，全省海上货物运输船舶 3654 艘，运力 1272 万载重吨。	海洋基础设施在不断完善中，海洋交通运输业所占比值也在逐渐提高，海运运力规模和运力结构也在不断完善和优化，海洋运输航线也在逐渐增多和完善，加强了和海岛的联系，陆海经济联系逐显成效，陆海基础设施也在互通共享。由于海洋交通的发展，各大中心城市对海岛经济的辐射也在大幅度增强。总体来说，基础设施在进一步完善。

续表

预计目标	实际情况	比较分析
以恢复和改善近岸海域水质与生态环境为目标，以控制入海污染物和海洋生态修复为重点，组织实施“碧海行动计划”。逐步实行重点海域污染物排海总量控制，严格控制陆源污染物排放。(生态环境保护方面)	2010 年，全省近岸海域环境质量总体趋差，未达到清洁、较清洁海域面积较上年有较大增加，严重污染和中度污染海域占 3/5。 海洋倾倒区环境质量基本满足环境保护目标要求。杭州湾和乐清湾生态系统健康状况未见好转。排污口污染物入海量增加，91%的入海排污口超标排放污染物。海洋环境形势依然严峻。2010 年，91%的排污口存在不同程度的超标排放现象。33 个排污口全年排放入海的污水总量约为 4.08 亿 t，入海污染物总量约 7.0 万 t。	为了改善海洋生态环境，政府关停海洋区域不达标排放企业，采取建污水处理厂等环保设施，大力消减陆源污染物排入海但是效果不明显。原因有很多，一方面，海洋污染治理不能仅仅关注受污染的海洋区域，陆地上的排放也是污染的最根本的来源，这涉及面太广。其次，治理非常困难，而污染也一直存在。治理虽然一直进行，但未必能赶上污染的速度。再者，关于众多的涉海企业，牵扯到区域的经济发展，人们的就业等。虽然没达到原来的预期效果，但不可否认，环保部门的规划思路。但问题是，在中国现行体制下，控制陆源污染并非是环保部门一己之力可以完成的。
海洋旅游业要着力抓好旅游资源的整合、旅游功能的拓展和旅游网络的完善，逐步形成“一核、一带、多板块”的海洋旅游新格局。(海洋旅游业)	2010 年全省滨海旅游业围绕建设海洋经济强省、旅游经济强省目标，把滨海旅游业作为海洋经济强省建设的五大重点产业之一加以扶持，全年接待入境旅游者 685 万人次，实现旅游外汇收入 39.3 亿美元，同比增长 20%. 全省 37 个沿海县市接待滨海旅游游客达到 1.78 亿人次，接待入境旅游者 238 万人次，同比增长 10%，旅游创汇 12.11 亿美元，同比增长 10.2%。全年实现滨海旅游总收入超过 776.21 亿元，同比增长 24.2%。2010 年，舟山市被国家旅游局列为首批旅游综合改革试点城市，成为全国 5 个试点城市之一。浙江省政府专门出台《关于推进舟山群岛海洋旅游综合改革实验区建设的意见》，加快推进海洋旅游综合改革实验区建设。	发展旅游业是对环境资源一种很好的利用方式。我们现在很多旅游都是以自然资源为基础的，以海洋资源的旅游方式也是一样。一是在建立旅游区的过程中，现在很多规划者都是本着可持续发展的观念，其实在这个过程中也是对自然的保护。其次，在发展旅游的同时，可以带动当地的经济发展，提高人们的生活水平，是一个一举两得的举措。

续表

预计目标	实际情况	比较分析
加强规划协调和政策引导，合理分工，优化布局，重点把舟山和宁波建设成为全国重要的船舶工业基地，支持温台沿海等有条件的地区发展船舶修造业。（临港工业）	2010年浙江省船舶工业完成工业总产值841.3亿元，同比增长14.1%，占全国比重为12.4%。其中船舶制造业产值685亿元，同比增长15.2%；船舶配套产业产值63亿元，同比增长25.3%；船舶修理产值58.7亿元，同比增长0.7%；船舶工业主营业务收入679.6亿元，同比增长25.4%；实现利润39.8亿元，同比增长56.7%。全省实现造船完工量1033.8万载重吨，同比增长39.7%，占全国的比重为15.8%。全年完成出口船舶制造产值454.4亿元，同比增长27.1%；出口船舶完工量774.8万载重吨，同比增长91.3%，占全部造船完工量的75.0%。	船舶工业作为海洋经济的中心支柱，在浙江省的海洋经济发展中发挥着极大的作用。但对于浙江省众多的中小型造船企业来说，企业各方面的现状与新标准新规范的要求差距都较大，这需引起浙江省相关政府部门和造船企业的高度重视，同时，我们也要大力培养相关人才，积极研发海洋船舶项目，优化产品结构，提高我们的创新能力。此外，我们还可以通过积极鼓励、扶持具有制造海洋工程装备条件、能力和经验的企业，使浙江省的船舶产业得到发展。当然加强企业管理，加强企业内部管理也是船舶产业发展的一大重点。这些可以使我省的船舶产业发展越来越好。
合理开发利用滩涂资源，是解决建设用地短缺的重要途径，也是推进陆海经济联动的有效措施。（滩涂利用）	浙江省共围垦滩涂262140 hm^2，占浙江面积2.0%，滩涂的利用，极大地拓展了浙江省经济社会发展空间，新增了宝贵的土地资源，培育了区域经济增长点，推进了产业转型升级。推动了临港产业转型，促进了海洋经济发展；提高了防台御潮能力，保障了社会稳定。注重了环境保护，维护了生态系统。	滩涂作为我们重要的后备土地资源，具有面积大、分布集中、区位条件好、农牧渔业综合开发潜力大的特点。浙江省在开发利用滩涂资源方面，做的还是比较合理的。滩涂的利用不仅解决了土地资源匮乏的问题，而且滩涂的围垦对浙江省经济的快速发展做出了巨大的贡献，给东部沿海经济发展开发了新的领域。

（三）《浙江海洋经济发展示范区规划》（2011—2015）实施效果

《浙江海洋经济发展示范区规划》（2011—2015）的实施，反映了国家层面对浙江海洋经济发展的定位与区域分工。规划提出发挥浙江海洋资源和区位优势，加快培育海洋战略性新兴产业，积极推进海岛开发开放，努力建设海洋生态文明，探索实施海洋综合管理，提高海洋开发、控制、综合管理能力带动浙江省经济的发展。

1. 实施浙江海洋经济发展示范区规划的主要抓手①

(1)编制与实施专项规划。2010年7月,省委批准在省发改委设立浙江省海洋经济工作办公室[省发改委(省海经办)],沿海各市也成立了海经办。同期,浙江省政府组织省发改委等省级部门先后编制并印发了海洋新兴产业、海岛开发利用、无居民海岛保护、科技兴海规划、海洋科技"十二五"发展规划、高校海洋学科专业建设与发展规划、海洋科技人才中长期、海洋环境保护等一批专项规划,沿海各市县组织编制了示范区规划实施方案和重要海岛开发利用与保护实施方案。

(2)申报、建设国家级舟山群岛新区。2011年6月,国务院批复同意设立浙江舟山群岛新区;2012年7月,国务院同意舟山港口岸扩大开放5个港区,新增开放面积109平方公里;2012年9月,国务院批复同意设立舟山港综合保税区;2013年1月,国务院批复同意《浙江舟山群岛新区发展规划》。省委省政府出台《关于推进舟山群岛新区建设的若干意见》和《关于创新浙江舟山群岛新区行政体制的意见》,印发《浙江舟山群岛新区建设三年行动计划》,省政府先后分下放舟山市400项和116项省级行政审批管理权限。舟山港综合保税区一期于2013年年底通过了国家级验收并按期封关运作。2014年年初浙江省向商务部报送了舟山自由贸易港区建设方案,舟山海洋产业集聚区、舟山海洋科技城等重大功能平台和一批重大项目有序推进。

(3)推进重大项目落实各涉海专项规划。2011年1月,省政府印发了《浙江省海洋新兴产业发展规划》。之后,省发改委组织编制并经省政府同意印发了海洋工程装备与高端船舶、海洋医药与生物制品、海水淡化与综合利用、海洋清洁能源、海洋勘探开发服务等海洋新兴产业5个专项实施方案。2011年,省发改委(省海经办)组织编制并印发了《浙江省"十二五"海洋经济发展重大建设项目规划》,在沿海与海岛基础设施、港航物流服务体系、现代海洋产业、海洋科教与生态保护等领域安排海洋经济重点建设项目。随后,省发改委(省海经办)每年组织编制印发年度浙江海洋经济发展重大建设项目实施计划,督促沿海各市推进重大项目建设。2013年7月,省发改委研究制定并由省政府办公厅正式印发了《浙江海洋经济发展"822"行动计划(2013—2017)》明确2013—2017年全省重点扶持发展海洋工程装备与高端船舶制造业、港航物流服务业、临港先进制造业、滨海旅游业、海水淡化与综合利用业、海洋医药与生物制品业、海洋清洁能源产业、现代海洋渔业等8大现代海洋产业,培育建设25个海洋特色产业基地,每年滚动实施200个左右的海洋经济重大项目。推进了金海重工、万泰

① 根据 http://zjnews.zjol.com.cn/system—08/11/020192318.shtml 修改、完善,2015-12-30 进入查询。

海洋工程、普陀朱家尖邮轮母港、宁波杭州湾大众汽车、宁波奉化阳光海湾、杭州市水处理中心海水淡化装备制造基地、浙江金壳海洋医药、海力生海洋生物、三门核电等一批海洋新兴产业项目。

(3)提升科教支撑和生态保护。根据省级有关专项规划，推进涉海院校和学科建设，建成浙江海洋学院长峙新校区、浙江大学海洋学院舟山校区；加速舟山海洋科学城、中科院宁波生物产业创新中心、温州海洋科技创业园、宁波海洋生态科技城、梅山岛海洋高教园等一批创新平台建设。实施了"碧海生态建设行动计划"，实现了对钱塘江、甬江等六大主要入海河流、33个入海排污口和省级以上海洋保护区的环境监测。开展海洋工程与污染防治设施的"三同时"验收，建立了长三角近海海洋环境保护、防灾合作机制和全省海洋环境监测观测网。

2.浙江海洋经济发展示范区规划实施的成效

如表2-2-3详细比较了2011—2013年浙江海洋经济示范区建设成效，可见浙江省海洋集聚实力明显增强，舟山群岛新区建设顺利，海洋优势产业与港航强省目标逐步接近，涉海科技平台与海洋生态环境保护举措初成体系。

表2-2-3 浙江省海洋经济发展示范区规划(2011—2013)实施效果

预计目标	实际情况	比较分析
2013年，海洋生产总值达5200亿元，占地区生产总值比重14.5%，占全国海洋经济比重达13%。	2013年浙江省海洋生产总值达到5500亿元，占全省地区生产总值的比重上升为15%左右。	2013年，浙江省的海洋生产总值完成了预计目标，且增加了300亿元左右，地区生产总值的比重有所提升，在全国的海洋经济占据越来越重要的地位。浙江省作为海洋经济发展示范区，将目光越来越多的投注到海洋生产中，对整个浙江省的经济发展起到了越来越重要的作用。
到2013年，海洋三次产业结构为7∶41∶52，新兴产业占海洋经济比重达28%。	到2013年，海洋三次产业结构为7.5∶40.7∶51.8，新兴产业占海洋经济比重达26.06%。	从海洋三次产业结构的比例来看，整个浙江省海洋三次产业结构正朝着一个合理的方向发展，整体呈现出"三、二、一"的结构类型，但第一产业的比重仍比较多，政府在极力促进第二、三海洋产业的发展力度不够。海洋科技人才的短缺，使新兴产业的发展未达到预计效果，新兴海洋产业尚未形成规模。现有海洋产业技术含量不高，使新兴产业的比重没有达到预计目标要求的28%。

续表

预计目标	实际情况	比较分析
涉海院校和学科建设取得显著成效，海洋自主创新能力明显提高，建成一批海洋科研、海洋教育、海洋文化基地，海洋科技创新体系基本建成。到2013年，研发投入占海洋生产总值比重达2.3%。	2013年全社会研究与试验发展（以下简称研发或R&D）经费继续保持增长，R&D经费投入强度（R&D经费投入与国内生产总值之比）首次突破2%。到2013年，研发投入占海洋生产总值比重达2.18%。	2013年，社会研究与试验发展经费保持增长，投入强度更是首次突破了2%，说明整个社会对海洋科研、文化、教育、科技创新体系的重视度越来越高，整个体系在建成初期，结构还没有特别完善，研究和学习还没有特别深入，以至于到2013年研发投入占海洋生产总值的比重没有完成预计目标。
海洋生态环境明显改善，陆源污染物入海排放得到有效控制，海洋生态环境监测与预警体系逐步健全，海洋资源得到科学开发和利用，典型海洋生态系统得到有效保护与修复，生态功能不断改善。到2013年，清洁海域面积达12%。	2013年，全省70%以上的近岸海域呈现出富营养化的状态，在秋冬季节更为显著，甚至达到了96%，全年18次发生赤潮，同比增加21.3%，陆源污染物入海排放没有得到有效控制，在全国位居前列。	到2013年为止，海洋生态环境虽有所改善，但问题仍十分严峻。政府虽然开始重视海洋环境的保护，但是在海洋经济与海洋环境之间选择了促进经济发展，对于海洋环境的重视度不够而对于海洋资源的开发和利用，生态功能的保护与修复需要投入更多的重视。
浙江海洋新能源以潮汐能、波浪能、海上风能等海洋能资源的开发利用在浙江沿海地区蓬勃发展，取得积极进展。（基础设施建设）	2013年江厦潮汐电站发电量继续增长，创建站20多年来最高水平。潮汐能源不仅环保，还能带动当地围垦、水产养殖及旅游业的发展。国电龙源集团与浙江三门县签订了《浙江省三门县健跳港潮汐电站开发投资协议书》，该电站规划容量2万kW，建成后年发电小时数有望达到2550小时，年发电量约为5100万kW·h。其他各项新能源也在逐步发展中。	到2013年为止，全省的新能源开发都在稳定发展中，其中潮汐能发展尤为显著，我们仍需积极推进海洋可再生能源开发与海水综合利用。加强沿海地区潮汐能、风能的开发利用，合理布局发电站，缓解滨海地区的用电矛盾。

续表

预计目标	实际情况	比较分析
到2013年，沿海港口完成货物吞吐量8.4亿t，其中完成集装箱吞吐量1500TEU。(港口运输方面)	2013年沿海港口累计完成10.06亿t，其中累计完成集装箱吞吐量1933.2万TEU。	浙江省作为沿海大省，发挥沿海港口的作用，可以为城市带来收益，所以沿海港口的发展一定程度上反映了沿海城市的发展和浙江省对外发展的力度，做好沿海港口的发展计划对于浙江省整体的发展无疑有着巨大的好处。政府努力推动海港经济建设，力争成为港口大省，对港口发展有政策倾斜，对港口的开发重视度提升。
滨海旅游业将会成为整个旅游业中最具有发展潜力的市场。普陀和舟山新区应抓住这一发展的极好机遇，通过政府和市场整合资源的渠道，让普陀成为全省滨海旅游业发展的核心龙头。目前普陀滨海旅游业在整个经济中所占比例达30%。	到2013年，普陀滨海旅游业在整个经济中所占比例达30%。近三年来，普陀滨海旅游收入增幅持续高于制造业2到3个百分点。同时对海洋产业、生态保护、劳动就业、收入增长等方面，滨海旅游业比制造业贡献更大。对滨海旅游资源的开发，应当经过充分地、科学地研究和论证，分阶段分层次地进行。	海洋旅游业一直是浙江海洋经济的发展重点，政府对其的重视度也在逐年增长，努力形成特色产业。而且完善的交通网络，以公路为基础，铁路、水路、航空多种旅游出行方式促进了对滨海旅游业的发展，便于人们出行。

二、浙江海洋经济规划实施成效的核心要素目标分析

(一)海域使用管理

2014年各级政府确权登记用海面积4895.57hm^2，同比去年新增用面积7261.94hm^2，增加了32.58%。基础设施建设用海1394.62hm^2，同比去年基础设施用海面积458.90hm^{2}增加204.36%。第一产业用海面积961.16hm^2(1.44万亩)，占新增产业用海的27%；第二产业用海面积629.41hm^2(0.94万亩)，占新增产业用海的18%；第三产业用海面积1910.38hm^2(2.86万亩)，占新增产业用海的55%。第一、二、三产业用海比例分别为3∶2∶5。同比去年第一、二、三产业新增面积分别为3144.57hm^2、2340.45hm^2、1776.90hm^2。第一、二、三产业新增用海比例约为4∶3∶3，更加注重第三产业的投入。

2013年浙江省重新颁布《浙江省海域使用管理条例》、《浙江省海域使用权基准价格》、《浙江省海域使用申请审批管理暂行办法》、《浙江省海域使用权登记管理暂行办法》、《浙江省招标拍卖挂牌出让海域使用权管理暂行办法》、《浙江省人民政府办公厅关于做好填海项目土地使用权登记发证工作的通知》等条例，完善了海域审批和管理制度。各级海监队伍，深入开展海域使用执法检查，加强与海域管理部门、海域动态监管中心的工作联动，充分发挥海域动态监视监测系统的作用，全面了解掌握全省海洋功能区划及海域使用现状，强化工业用海区、城镇用海区、港口航运区、农业围垦区内用海项目监管。

(二)海洋生态环境保护

2015年，浙江省近海海域只有19%的海域水质符合第一、二类海水水质标准，全省近岸70%以上的海域全年呈现富营养化状态。在入海排污口监测到污染物超标排放现象与去年相比并未减少，达标排放率仍然较低，入海污染物总量并未下降，有毒有害赤潮发生次数和面积有所增加。

率先在全国开展“渔场修复振兴”暨“一打三整治”专项行动，减转海洋捕捞渔船功率指标，新建海洋保护区，产卵保护区，海洋牧场，增殖放流各类渔业苗种，实现压减捕捞产能，修复海洋生态。在陆源污染控制方面，全省出台了杭州湾等6个重点区域的综合整治规划，7个沿海市制定了相应实施方案。在海洋污染防治方面，完成9个围海工程建设环保设施，设置生态环境损害补偿款，加大废弃物海洋倾倒管理。全省完成了10个海洋保护区、10个水生生物增殖放流区、11个省级以上水产种质资源保护区以及杭州湾南岸等滨海湿地保护区建设，国家级保护区数量和面积居全国前列。

建立的省、市、县三级海洋环境监测体系在全国名列前茅，实现海域全覆盖；率先实行海洋环境监测属地负责制，首次实现逐季开展全海域海水质量监测，全省海洋环境监测水质站位较上年增幅150%以上，新增检测指标10余项。积极实施“321”环境监督工程，落实海洋工程的后续任务，监督工程后期处理情况。积极推动海洋工程生态损害补偿的进行，增加公共的参与力度。海洋工程完善“三同时”验收规程，对海洋工程起到了较好的监督作用。

(三)海洋公共服务

充分利用国家908专项等有利条件，初步建立了覆盖省、市、县三级的海域管理信息系统，实现了海域使用权审批和项目申报的网上办理，为海域使用管理、海洋开发与保护等海洋管理工作提供了有效手段，提高了海域管理效率和海洋综合管理水平。渔业信息化方面取得了明显进步，海洋渔船数据库建设逐步完善，海洋渔船安全救助信息系统、海洋灾害视频会商系统正常运行。

海洋灾害综合观测网、预警网、信息服务网、应急指挥平台和风险评估与区划为主的海洋防灾减灾“311工程”的相继实施，推进主要海洋灾害预警体系的成型。为加大投入相继进行了标准海塘建设、标准渔港建设、海洋环境监测点与海洋垃圾监测点建设、港区油污应急处理设施建设，推进标准渔港工程建设。

通过自主建设以及与国家海洋局共建共享海洋观测设施，逐步构建海岸带、海岛、近海、外海和远洋综合观测系统[3]。推动建设10个海洋观测站、6个测波雷达站，配备100个水文气象观测设备，以及建设一座综合性海洋观测平台。同时实时与国家海洋局在浙江沿海海洋观测的数据实现共享。

（四）海洋经济实力与产业结构

2014年在全省的海洋生产总值中第一产业406.12亿元，第二产业2198.45亿元，第三产业2801.39亿元，分别比2010年增长41.7%、37.5%、48.3%。海洋产业结构日趋合理，海洋经济三大产业结构比例从2010年的8∶42∶50调整为8∶40∶52，第三产业的比重加强。

海洋产业体系相对完整，海运、石化、船舶、海水综合利用等行业的成就显著。2013年，全省沿海港口货物吞吐量突破10亿t大关，集装箱吞吐量为1910TEU，比上年分别增长8.4%和8.6%，比2009年分别增长40.8%和70.8%。其中宁波—舟山港于2013年完成8.1亿t货物吞吐量，连续五年在全球海港中排名首位。而集装箱远洋干线数量达到130条，在2013年集装箱吞吐量达1735万TEU，居全国第三、全球第六位，港口一体化进程持续推进，国际枢纽港地位进一步确立。截至2013年年底，全省已建成万吨级以上深水泊位196个（其中2010—2013年新建成51个），总吞吐量达8.9亿t。

（五）海洋科教平台

围绕浙江省涉海院校，优化涉海专业与学科，做强海洋科技协同创新平台，扶持浙江海洋学院、浙江大学、宁波大学、浙江工业大学、浙江工商大学、杭州电子科技大学、温州医学院等高校涉海领域学科专业；加强国家海洋局第二海洋研究所、中船重工715所、中科院宁波材料所以及浙江省海洋科学院、浙江省海洋开发研究院、浙江省海洋水产研究所、浙江省海洋水产养殖研究所、浙江省水利河口研究院等公益科研机构的涉海研发能力。截至2014年末，全省已拥有涉海科研院所13家、国家级海洋研发中心（重点实验室）4家、海洋科技创新平台15家。加快提升海洋科技自主创新能力，膜法海水淡化技术和产业化、海产品育苗和养殖技术、海产品超低温加工技术、分段精度造船技术等全国领先。

三、历次浙江海洋经济规划实施启示

1993年以来，浙江海洋经济经历了“山海协作”、“海洋经济大省”、“海洋经济强省”的规划战略思路转变，规划目标总体实施成效较好。三次海洋经济规划编制与实施存在如下启示：

(一)坚持顶层设计与上下联动形成合力

海洋经济规划编制与实施，既要得到国家有关部委加强工作指导和政策支持，又需浙江省委省政府高度重视，以及滨海市的认同与参与。为此，三次规划编制与实施过程都非常关注海洋经济工作的专题部署，出台了专门的政策意见，成立领导小组及其办公室。各级各部门协调一致、共同推进，形成了全省上下共同推进海洋经济规划实施的良好氛围。

(二)坚持服务国家战略需求与发挥浙江特色优势耦合推进重点任务

坚持将国家实施海洋强国等战略需求与浙江海岸线较长、海岛数量较多等特色优势相结合，通过积极发挥浙江特色优势主动服务国家发展战略的实施和保障。对此，历次海洋经济规划中浙江省始终坚持突出核心任务：舟山群岛建设海岛开发开放、“三位一体”港航物流服务体系、海洋新兴产业等，作为浙江海洋经济发展的要务。

(三)实施全面推进与重点突破加快实施重大涉海工程项目建设

历次海洋经济规划实施，既坚持统筹推进海洋经济相关领域全面发展，又结合浙江实际在重点区块、重点领域大胆创新，谋求试点工作突破。省政府先后在沿海及海岛重点地区批准设立了海洋综合开发与保护、海岛开发与保护、海岛统筹发展、滨海港产城统筹发展等试验区，确定扶持特色产业基地和重点区块建设，促进海洋产业集聚，带动全省海洋经济全面加快发展。与此同时，每年安排重大涉海基础设施和产业项目建设，不断夯实海洋经济发展的基础的支撑作用。

(四)综合运用各种工具调控海洋资源开发与生态环境保护

历次海洋经济规划都重视海洋生态保护，在推进浙江海洋经济项目实施过程中，坚持海洋经济发展和海洋生态环境保护相统一，海洋资源开发利用与资源环境承载力相适应。采取了一系列法规、行政和经济手段相结合的办法，促进人海和谐。

第三节　海洋经济规划实施成效的反思

一、全国视域浙江海洋经济规划体系再思考

2010 年以来，中国国家战略中提出“推进海洋经济发展”[1]，各沿海省、市或自治区也相应制定了海洋经济发展规划(表 2-3-1)。

表 2-3-1 沿海各省海洋规划内容比较[2]

省/市/自治区	现 状	定位	发展目标	布局
河北	2010年，全省海洋生产总值达到1100亿元，海洋生产总值占全省GDP的比重达到5.45%。海洋交通运输业、滨海旅游业、海洋工程建筑业、海洋渔业、海洋盐业及盐化工业等海洋支柱产业快速发展。完成货物吞吐量6亿t，逐步形成沧州临港化工业、唐山临港重化工业、秦皇岛滨海旅游业为特色的区域经济布局。	提高海洋经济综合实力和区域竞争力为核心，加快打造具有河北特色的海陆一体型经济隆起带，将河北海洋经济区建设成为环渤海经济圈的重要增长极。	2015年全省海洋生产总值达到2520亿元；形成以传统海洋产业、临港产业和海洋新兴产业为支撑的产业发展新格局；吞吐能力达到8亿t，连接三大港城的立体交通体系基本形成；研发资金投入占海洋生产总值比重达到1.5%以上。	按照陆海统筹、海陆互动、梯次推进的总体要求，以“区”为区域分工导向，以“带”为产业布局导向，以“核”为企业集聚和重点产业突破导向，构建布局合理、功能明确、竞争有序、科学高效的“三区、三带、三核”海洋经济发展新格局。
山东	2009年海洋生产总值占全国海洋生产总值的18.9%，居第二位；海洋渔业、盐业、工程业、电力业增加值均居全国首位，海洋生物医药、新能源等新兴产业和滨海旅游等服务业发展迅速。科技进步对海洋经济的贡献率超过60%，总吞吐量占全国沿海港口的15%。	建设成为具有国际先进水平的海洋经济改革发展示范区（现代海洋产业集聚区、海洋科技教育核心区、改革开放先行区，海洋生态文明示范区）、东部沿海地区重要的经济增长极	2015年基本建立现代海洋产业体系；海洋科技创新体系基本形成；作为东北亚国际航运综合枢纽和国际物流中心的地位显著提升；海洋生产总值年均增长15%以上，海洋科技进步贡献率提高到65%左右。到2020年建成人与自然和谐的蓝色经济区，率先基本实现现代化。	提升半岛高端产业集聚区，壮大黄河三角洲高效生态产业集聚区和鲁南临港产业集聚区，形成“一核、两极、三带、三组团”。
海南	2010年海洋生产总值占全国海洋生产总值的25%。海洋产业形成了以海洋渔业、滨海旅游业、海洋交通运输业、海洋油气业等海洋产业全面发展。三次产业结构为22∶23∶55。	建设成为我国海洋旅游业改革创新的试验区，成为世界一流的海岛休闲度假旅游目的地、南海资源开发和服务基地、国家现代海洋渔业示范基地和国际海洋文化交流的重要平台。	到2015年，全省海洋生产总值达1098亿元，三次海洋产业比重为20∶30∶50，到2020年，全省海洋生产总值为2306亿元，比2010年翻2番，占全省生产总值超过35%，三次海洋产业比重为18∶34∶48。初步建成以海洋旅游业为龙头，海洋油气化工业、海洋交通业、传播制造业、海洋渔业为支撑，海洋新兴产业为补充的特色海洋产业体系。	构建起“一区三带九重点”，“一环四带三区二岛”的海洋总体发展格局。

续表

省/市/自治区	现 状	定位	发展目标	布局
辽宁	2010年，全省海洋经济总产值达3008.69亿元，约占全国海洋经济总量的9%。全省已形成海洋渔业、海洋交通运输业、滨海旅游业、船舶修造业、海洋化工业和海洋油气业等六大海洋产业。完成货物吞吐量6.8亿t，完成了国家海洋局“908”专项。	提升海洋经济总量为目标，倾力建设现代海洋产业基地，加快海洋新兴产业体系和基础设施体系建设，集中力量打造具有区域特色的海洋产业园区，加强陆域经济与海洋经济的协调互动，实现由海洋大省向海洋经济强省的跨越。	2015年全省海洋生产总值达到6000亿元；完成港口货物吞吐量11亿t，渔业经济总产值1700亿元，造船完工达到1100万综合吨；完善具有辽宁特色的十大海洋产业基地，沿海市建成具有区域特色的海洋产业园区。	全省海洋经济将按照围绕一带发展、壮大二海建设、统筹双区功能、建设十大海洋产业基地的基本思路。
天津	2010年全市海洋生产总值达到2380亿元，单位公里岸线海洋生产总值高达15.5亿元，在全国沿海省市自治区中名列前茅。海洋油气、海洋交通运输、滨海旅游等优势海洋产业发展壮大，海洋盐业、海洋渔业等传统海洋产业得到提升改造，海洋生物医药、海洋装备制造等战略性新兴海洋产业迅速发展，海水综合利用走在全国前列。	高水平建设天津海洋经济科学发展示范区，促进海洋经济又好又快发展，对深入实施国家区域发展总体战略、推进实现海洋强国战略目标立足天津海洋经济发展的综合优势，服务国家整体发展战略需要。	2015年实现海洋事业全面协调发展，实现海洋经济发展方式实质转变，海洋自主创新能力明显提高，海洋文化建设有效加强。海洋环境保护和生态、海域科学利用、海洋防灾减灾、海洋法制建设和海洋管理业务支撑等综合管理水平有较大提高，基本建成国家海洋科技研发与转化基地、国家战略性新兴海洋产业基地和国家海洋事业发展基地。	按照天津市“双城双港、相向拓展、一轴两带、南北生态”和滨海新区“一核双港三片区”的布局要求，形成“一带五区两场三点”的海洋空间发展布局。
江苏	2010年，全省海洋生产总值占全省地区生产总值比重约为7.9%。浙江省海洋船舶修造、滨海旅游、海洋渔业、海洋交通运输等优势产业实力进一步提升，海洋风电、海洋工程装备、海洋生物医药等新兴产业发展迅猛。海陆基础设施建设成效突出。海洋资源丰富，综合指数位居全国第四位，在全国海洋经济发展中具有重要地位。	建设具有国际影响的现代服务业和先进制造业基地，全国重要的创新基地；亚太地区的重要国际门户；具有较强竞争力的世界级城市群；江苏率先基本实现现代化、推进新型城镇化和城乡发展一体化、实现基本公共服务均等化的先行区。	2015年，海洋经济总体实力显著增强，海洋产业结构和空间布局显著优化，现代海洋产业体系基本形成；海洋科技进步贡献率显著提高，科教创新体系逐步完善；环保监管能力显著提升，海洋环境恶化趋势得到有效控制；初步建成全国重要的海洋产业示范区、海洋科技人才集聚区和海洋生态宜居区。至2020年，基本实现海洋经济强省目标。	构建江苏“L”型特色海洋经济带，培育以沿海港口和沿江港口为依托的产业集群，形成“一带三区多节点”的海洋经济空间布局。

续表

省/市/自治区	现　状	定位	发展目标	布局
福建	2009年实现海洋生产总值2989亿元，总量居全国第四位，海洋三次产业比例为9.5∶41.1∶49.4。海洋渔业、海洋交通运输、滨海旅游、船舶修造、海洋工程建筑五个海洋传统产业增加值占主要海洋产业增加值的75.1%。	建立成为全国陆海统筹协调发展模范区，国家现代海洋产业开发重要基地，两岸海洋经济深度合作先行区，全国海洋生态文明建设示范区，区域海洋综合管理创新试验区。	2013年，现代化海洋产业开发基地初具规模，两岸海洋开发深度合作格局初步形成；海洋科技创新体系建设初见成效，科技进步综合指数保持居全国前列。到2015年，两岸海洋经济深度合作先行区基本形成；海洋科技创新体系基本建立，科技创新能力明显提升，基本建成全国"科技兴海"的示范基地。到2020年，海洋开发空间布局进一步优化；闽台海洋经济融合不断加强，形成两岸共同发展的新格局；海洋科技创新能力和教育水平、人才实力居全国前列。	构建"一带一圈六湾十岛"的海洋开发新格局。
广西	海洋产业总体保持稳步增长态势，传统优势产业不断巩固壮大，新兴产业加快发展。2010年，全区海洋经济生产总值(不含临海工业)年均增长21.10%，占广西地区生产总值比重为6%，海洋经济正逐渐成为国民经济新的增长点。海洋经济结构不断优化，2010年的海洋三次结构为18.8∶41.0∶40.2。基础设施建设加强，港口综合年吞吐能力达1.2亿t以上。	建设成为中国—东盟国际物流中心、现代海洋产业集聚区、中国—东盟国际滨海旅游胜地、大西南地区重要的海上门户、海洋海岛开发开放改革试验区、我国海洋生态文明示范区和全国最优滨海宜居地。	到2015年海洋经济总量进一步壮大，海洋经济成为广西新的经济增长点；海洋产业结构进一步优化，海洋传统产业升级加快，海洋新兴产业突破性发展，海洋服务业发展壮大，临海工业做大做强，海洋产业成为广西北部湾经济区重要支柱产业，海洋科技创新能力进一步增强，实现海洋生态系统良性循环与海洋资源持续高效利用，海洋生态文明示范区初具规模。到2020年，实现"海洋经济强区"。	科学统筹海岸带、近海、深海海域的开发，着力构建北海、钦州、防城港三大海洋经济主体区域，努力打造各具特色的海洋产业集聚区、形成以三市为中心的三角形海洋经济空间布局。
浙江	2009年实现海洋生产总值3002亿元，三次产业结构为7.9∶41.4∶50.7。海运业发达，货物吞吐量7.15亿t、集装箱吞吐量1118 TEU，宁波—舟山港跻身全球第二大综合港、第八大集装箱港。浙江省船舶工业产值738亿元，居全国第三位；海水淡化运行规模居全国首位。	提升对我国海洋经济发展的引领示范作用，具体为一个大宗商品国际物流中心＋五大示范区(海洋海岛开发开放改革、现代海洋产业发展、海陆协调发展、海洋生态文明和清洁能源)。	2015年综合实力明显增强、港航服务水平大幅提高、海洋经济转型升级成效显著、海洋科教文化全国领先、海洋生态环境明显改善，到2020年，全面建成海洋经济强省。大宗商品储运与贸易、海洋油气开采与加工、海洋装备制造、海洋生物医药、海洋清洁能源等产业在全国地位巩固提升，建成现代海洋产业体系。	构建"一核两翼三圈九区多岛"的海洋经济总体发展格局。

续表

省/市/自治区	现状	定位	发展目标	布局
广东	2010年海洋生产总值占全国海洋生产总值的21.6%,连续16年居全国首位。海洋产业形成了以海洋交通运输业、渔业、滨海旅游和油气业为主体,海洋船舶制造、海洋电力、海洋生物制药等全面发展。初步形成了珠江三角洲、粤东、粤西三大海洋经济区。	建设成为我国提升海洋经济国际竞争力的核心区、促进海洋科技和成果高效转化的集聚区、加强海洋生态文明建设的示范区和推进海洋综合管理的先行区。	2015年建立现代海洋产业体系,初步建成布局科学、结构合理、人海和谐,具有较强综合实力和竞争力的海洋经济强省。海洋生产总值占全省生产总值的比达20%以上,海洋三次产业结构调整为3∶44∶53,基本形成"一核二极三带"的新格局,海洋科技贡献率提高至60%,海洋综合管理技术支撑体系形成。	建设珠三角优化发展区和粤东、粤西重点发展区,构建"粤港澳、粤闽、粤桂琼"海洋经济合作圈,推进形成"三区、三圈、三带"。

注:资料来源:由《河北省海洋经济发展"十二五"规划》、《山东半岛蓝色经济区发展规划》、《海南省"十二五"海洋经济发展规划》、《辽宁省海洋经济发展"十二五"规划》、《天津市海洋经济和海洋事业"十二五"规划》、《江苏省"十二五"海洋经济发展规划》、《福建省海洋经济发展规划》、《广西壮族自治区海洋经济发展"十二五"规划》、《浙江海洋经济发展示范区规划》、《广东海洋经济综合试验区发展规划》归纳整理

(一)沿海各省海洋经济规划内容体系

比较河北、山东、海南、辽宁、福建、广东、江苏、天津、广西和浙江的海洋经济规划的发展现状、战略定位、发展目标、空间布局和重点领域可知:①强调重点海洋产业的示范作用:河北是海洋交通运输业、海洋工程建筑业,山东为海洋船业与海洋科技进步等,海南侧重海洋旅游业、现代海洋渔业,辽宁建设现代海洋产业基地,福建关注两岸海洋经济深度合作先行区,广东侧重海洋科技和成果的高效转化;江苏致力于构建"L"型特色海洋经济带;天津侧重海洋经济科学发展;广西重点建设中国—东盟国际物流中心、国际滨海旅游业等。②都强调建立现代海洋产业。③都强调推进海洋经济格局形成"核—带—圈",河北、山东、福建、天津、广东强调海岸—近海—远海之间形成的核带联系,浙江和海南强调海岛的综合开发。④都强调海洋综合开发创新体制的形成。

(二)沿海各省海洋经济规划内容的问题

1.重视省际差异忽视省内产业同构

中国沿海各省市的海洋资源环境禀赋都不一样,省域海洋经济规划非常注重对上衔接国家层面的相关规划,却对省内不同地市间的海洋产业分工与产业体系、园区建设之间如何协调发展不够重视,导致沿海省份之间海洋经济竞争优势差异显著,省内地市间出现海洋产业同构现象。

2.竞相开发港口优势忽略港口群协同

港口是一地海洋经济发展的重要载体和海洋经济繁荣度的标志,各地非常注重本土港口的开发与扶持,却理不清港口腹地之间交叉,导致大河三角洲入

海口港口数量众多却无暇分工与合作，存在基础设施浪费严重等现象。近年，为控制腹地，沿海大港纷纷与内地城市签订“干港”协议分抢腹地，但是与腹地城市的经济没联系并没有十分密切；与此同时，港口还存在与其他运输方式发展不协调的问题，没有形成协调发展的有效体系，也没有形成货物的加工、配送服务等产业链。

3. 对海洋科技与教育的关注力度不够

沿海省份海洋经济规划注重经济增长，相对忽视经济增长的原动力培育，尤其是不够重视海洋科技教育的投入与区域协作。中国沿海省份中海洋经济大省——山东、广东、江苏、浙江等的海洋科技机构及其从业人员、科研创新平台等与欧美海洋强国存在诸多差距，尤其是海洋工程装备与造船业等方面技术落差显著。

（三）海洋经济规划编制与实施的理念亟待创新

1. 提高海洋规划能力

海洋经济规划，既要适当加强政府调控能力，使海洋经济有序进行，又要重视基层民意和禁止盲目发展。首先要做好统一综合规划，规定固定的部门负责进行港口规划、岸线规划、资源开发利用规划等；同时要严控粗放用海，坚持科技用海；建立健全用海政策，另外要利用比较优势实现错位发展，促进海洋产业在不同区位的集聚。

2. 整体调控与地方衔接不够

沿海各省海洋经济规划都存在没有理顺与各涉海部门之间的关系，导致无法落实一些海洋管理职能。如《海洋环境保护法》规定海洋行政主管部门虽然拥有“海洋环境的监督管理”职能，但因为没有建立有效的海洋环境保护总体规划和完善的海洋环境监督管理制度，因此无法对各涉海部分的开发规划进行实质性的管理。所以，为了追求各部门利益的最大化，在不考虑海洋环境保护因素下，制定出本部门系统的海洋开发规划。并且，由于没有从根本上分清管理范围和职责，使得各部门开发规划之间缺乏有效的协调，使得各类海洋开发活动呈现一种各自为政的状态。

3. 规划编制与实施过程的陆海统筹不细致

当前海洋经济发展显示出一种“工业滨海化、滨海重化工化”趋势，给海洋带来资源环境都带来了压力。

(1)海洋资源开发利用不合理，资源利用率很低。目前区位条件较好的近岸海域已基本使用完，全省已开发利用海域约占近岸海域的 60% 左右，快速消耗最具现实开发价值的优质海域资源，且不合理的项目设置或比较粗放的引进项目，存在资源浪费的现象很严重。一些海区的功能利用冲突越发明显，用海项目大批产生。围海造田对相关海域的水产业和港口等造成不良影响。

(2)陆地污染物超标排放入海,环境形势持续恶化。在沿海地区人口增长和经济快速发展的基础上,入海带进的农业、生活和工业污染物等高于浙江海洋环境容量。全省重点入海排污口普遍查出重金属污染。

(3)监测管理投入不够。相较于浙江省拥有的众多海域面积以及快速发展的涉海经济,我省的海洋法制建设相对落后,缺乏足够的生态环境监测、执法建设资金和海洋环境监测机构。同时,相应的专业人员、硬件设施等存在明显不足。当然,海洋环境及资源监测评价的人才相对紧缺,各涉海政府行政管理部门之间的协调机制需要补充加强,整体监测管理投入不够深入。

二、时代对浙江海洋经济规划编制与实施的诉求

围绕建设"海洋强省"战略部署,"紧扣一二三、实现六突破"总体思路,注重规划的落地需求和市际统筹、陆海统筹,推进海洋经济规划编制向海洋经济行动指南转型。

(一)宏观目标转向微观公益性项目

围绕"海洋强省"、"舟山群岛新区"两大国家战略和沿海"产业集群"、"港口集群"、"城市集群"的融合,构建海洋产业示范基地、海洋科教创新平台、海洋生态保护试点、体制机制创新的公益性、基础性和全局性的项目库,按照项目逐一论证其用海要求与项目评价及实施。

(二)全产业体系培育转向优势海洋产业提质

1993—2011 年间三版浙江海洋经济发展规划都强调培优与做全,未来应加快提升浙江竞争优势显著的海洋产业,如海洋工程装备与高端船舶制造业、港航物流服务业、临港先进制造业、滨海旅游业、海水淡化与综合利用业、海洋医药与生物制品业、海洋清洁能源产业、现代海洋渔业等,以及它们的分区发展策略(表 2-3-2)。

表 2-3-2 未来 30 年浙江省海洋产业规划的重要行业

海洋产业名称	重要行动方向
港航物流服务业	宁波舟山港一体化机制,舟山国际粮油集散中心;舟山大宗商品交易所、宁波大宗商品交易所以及宁波航运交易所
临港先进制造业	杭州大江东临港装备制造基地、台州临港装备制造基地、绍兴滨海新材料产业基地等 3 个基地
滨海旅游业	舟山海洋旅游基地、宁波南部滨海旅游休闲基地、温州滨海休闲旅游产业基地等
海洋工程装备与高端船舶制造业	宁波海工装备与高端船舶基地、舟山海工装备与高端船舶基地等

续表

海洋产业名称	重要行动方向
海洋医药与生物制品业	舟山海洋生物医药基地、绍兴滨海海洋生物医药基地等
海洋清洁能源产业	温州海洋清洁能源及装备产业基地、台州海洋清洁能源产业基地、嘉兴海盐核电及关联产业基地
海水淡化与综合利用业	杭州海水淡化技术与装备制造基地
现代海洋渔业	宁波象山现代海洋渔业基地、舟山国家远洋渔业基地

(三)全面提升海洋科技与海洋生态环境保护的空间治理

围绕浙江海洋经济发展方式转向创新驱动,加快推进海洋科教与生态保护工程。首先,海洋产业人才与公民海洋意识教育,注重浙江大学、浙江海洋学院、宁波大学等一批高等院校涉海学科建设、海洋科普教育和宣传培训能力建设;其次,海洋科技创新平台,打造舟山海洋科技城、宁波梅山海洋生态科技城、温州海洋科技创业园,协调院所—企业—市场共建海洋工程装备与高端船舶制造技术、海水淡化和综合利用技术、海洋可再生能源技术的共性关键技术研发协同创新中心;再次,海洋资源管控与海洋生态保护,建立省级层面海岸线、滩涂、海岛等海洋资源的储备、交易和使用制度,以海洋国土利用的空间治理转型提升杭州湾、乐清湾、三门湾、象山港的近岸海域环境治理与生态修复。

三、浙江海洋经济规划编制与实施的重点

(一)系统化与具体化海洋生态文明建设路径

建设海洋生态文明需要全方位、立体化推进。核心要务在于建立海洋生态经济体系,建立陆海统筹环境监管体系;研发海洋污染治理技术,提升居民的海洋主体意识。

(二)创新浙江海洋经济规划实施的抓手

1. 建立省级海洋经济投融资平台。依托浙江省海洋开发投资集团有限公司,组建浙江省海洋资源收储中心,承担有序管控全省海洋战略性资源特别是重要岸线资源,推动和参与重大涉海项目的开发投资建设等。

2. 深化宁波—舟山港一体化的市场进程。依托两港统一规划、统一建设、统一管理、统一品牌等"四个统一",构建"统一营运"的市场机制;围绕长三角港口群,提升浙江省港口联盟建设格局与跨区域港口经营管理体制。

3. 建立杭州湾、三门湾、象山港、乐清湾等湾区统筹协调机制。全面提升各湾区的生态环境统筹保护、基础设施统筹建设、资源要素统筹利用和产业发展统筹引导,促进沿海城市集群发展。

(三)构建具有全球竞争力的浙江海洋科教中心

全面协调省内浙江大学、浙江海洋学院、宁波大学、浙江工业大学、杭州电子科技大学、中科院材料所、国家海洋局第二研究所、中船705研究所等院所,以及数以百家浙江省级涉海企业研究院,形成协同创新机制,瞄准国际海洋经济发展共性关键技术难题进行研发,提升浙江海洋科教在膜法海水淡化技术和产业化、海产品育苗和养殖技术、海产品超低温加工技术、分段精度造船技术等领域的全球影响力与控制力。

参考文献

[1]张立修,毕定邦. 当代浙江渔业史[M]. 杭州:浙江科学技术出版社,1990:51-52.

[2]丁长清,唐仁粤. 中国盐业史[M]. 北京:人民出版社,1997:42-55.

[3]王颖,阳立军. 新中国60年浙江海洋经济发展与未来展望[J]. 经济地理,2009,29(12):1957—1962.

[4]刘亭. 习近平"经略海洋"思想在浙江的实践与发展[J]. 浙江经济,2015(6):47.

第三章　浙江省海洋经济成长的经济基础

省域海洋经济的发展，既需要丰富的海洋资源与优越的海洋区位，又需要适宜的陆域经济条件。为此，本章重点评估了浙江省海洋经济成长的省内县际综合发展质量、省内地级市间产业结构演进、省内滨海地区经济增长路径和典型海岛县产业结构的时空格局与总体态势，并剖析了已有经济结构及其空间分异对海洋经济发展的影响。

第一节　浙江省县域综合发展质量时空分异

"郡县治，天下安"，县域一直以来都是我国最基本的行政治理单元。在新时期，县域是城与乡的重要结合点，是工业化、城镇化、信息化与农业现代化的主战场，是国家全面治理的首要平台[1]。自改革开放30多年来，中国经济进入持续高速发展时期，县域综合实力也在不断增强，县域经济在我国社会经济发展中的作用日益突出[2]。然而，县域综合发展不平衡问题逐渐暴露出来，且呈现不断扩大的趋势[3]。适度、可控的区域发展差距能够在一定程度上促进区域的发展，但是，当县域发展水平差距超过一定范围，将对经济发展产生负面影响，对解决"三农"问题、统筹城乡发展、促进经济体制改革和构建和谐社会具有严重的阻碍作用[3-6]。因此，对县域综合发展水平进行研究，具有重要的理论与实践意义。

县域发展问题属于中观层面的区域发展问题，国外有关县域发展水平的研究主要是借助于对区域经济的研究。大多是分析工业化进程、产业转移与区域的空间重构以及经济全球化等因素对区域经济差异的影响和冲击[7-11]。近年来，随着国家对小城镇建设的推进，国内学者开始逐渐意识到县域经济均衡发展问题的重要性。目前，国内学者对县域发展的研究主要集中在对县域经济和产业结构发展等方面，多采用单一经济指标或构建综合经济指标体系，运用锡尔系数、变异系数、基尼系数、NICH 指数、空间自相关、地理加权回归等研究方法进行研究[12-16]。而对县域综合发展水平的研究成果较少。研究尺度以大型城镇群和欠发达地区居多，而对浙江省的县域综合研究较少。鉴于此，本研究着重对浙江省县域综合发展水平进行评价，构建浙江省县域发展水平的综合评价指标体系，利用主成分分析法提取县域发展格局变化的主要因素。在综合评价的基础之上，划分县域发展动态类型并分析其时空变化特征。在此基础上，提出增强浙江省县域发展水平的对策，以期为相关地区实现县域综合发展提供科学参考。

一、研究数据源与研究方法

浙江省地处长江三角洲地区南翼，是江浙沪经济圈三大核心之一，经济实力雄厚。浙江是中国经济发展最活跃的省份之一，形成具有特色的“浙江经济”。2013 年，全年生产总值(GDP)37568 亿元，全年财政总收入 6908 亿元，比上年增长 7.8%。至 2013 年年底，人均居民可支配收入连续 21 年位居全国第一。是长三角地区乃至我国华东地区重要的经济空间单元之一。

(一)研究数据源与研究单元

本节选择 2005 年和 2013 年作为研究年份，所有数据皆来源于相关年份的浙江省统计年鉴官方公布的数据。为达到指标的精准性，特将此次空间分析尺度定位为县域空间尺度，包括浙江省的 11 个地级市区、21 个县级市、34 个县、1 个自治县，共计 67 个研究单元。其间的相关行政区划的变动，均以 2013 年为基准进行区域数据的整合，以便更好地进行比较分析。

(二)研究方法

1.评价指标体系

根据综合评价指标选取的标准，在整理、分析、借鉴国内已有研究成果的基础上，构建县域综合发展指标体系[17-19]。本书结合浙江省县域的实际情况，在遵循系统性、科学性、可操作性原则的基础之上，从经济发展规模水平、产业结构发展水平、社会发展水平和居民生活质量这四个方面，选取 17 个单项指标构建浙江省县域发展水平综合指标体系(表 3-1-1)。

经济发展规模水平。经济发展的水平是县域综合发展水平的重要标志之一。对经济发展的评价既要注重其整体规模，亦要重视其发展质量和速度。而经济发展的最终目的是提高国民整体的生活水平。因此，选取人均国内生产总值、经济增长活力、人均固定资产投资总额占 GDP 比重、人均财政收入和人均零售消费额共 5 项指标，测度县域经济发展水平。其中经济增长速度用年度国民经济生产总值增长速度来衡量。

产业结构发展方面。产业发展是县域发展的发动机。产业的先进性主要体现在产业结构、产业规模和产业效率等方面。本书选取了人均农林牧渔产值、人均工业总产值、第三产业占 GDP 比重和城镇单位就业人口占总人口比重 4 项指标来衡量县域产业发展水平。

表 3-1-1 浙江省县域综合发展水平指标体系

准则层	代码	指标层(单位)
经济发展规模	X_1	人均国内生产总值/元
	X_2	经济增长活力/%
	X_3	人均固定资产投资总额占 GDP 比重/%
	X_4	人均财政收入/元
	X_5	人均零售消费额/元
产业结构发展	X_6	人均农林牧渔产值/元
	X_7	人均工业总产值/元
	X_8	第三产业占 GDP 比重/%
	X_9	城镇单位就业人口占总人口比重/%
社会发展	X_{10}	城镇化水平/%
	X_{11}	万人社会福利院床位数/张
	X_{12}	教育支出占 GDP 比重/%
	X_{13}	社会基本医疗覆盖率/%
居民生活质量	X_{14}	万户拥有汽车数/辆
	X_{15}	人均商品房面积/m^2
	X_{16}	人均年末储蓄余额/元
	X_{17}	人均移动电话数/部

社会发展方面。经济发展是社会发展的前提,社会发展是经济发展的根本出发点和落脚点。考虑城市发展程度、基础设施建设、教育发展、社会保障等方面,选取城镇化水平、万人社会福利院床位数、教育支出占 GDP 比重和社会基本医疗覆盖率等 4 项指标来衡量。

居民生活质量。居民生活质量的提高是社会经济发展的最终目的,主要从万户拥有汽车数、人均商品房面积、人均年末储蓄余额和人均移动电话数等4 项指标来测度。

2.评估模型

采用主成分分析(PCA)方法作为主体评价模型,通过降维的方式将原始变量进行线性组合后提取主因子,然后计算各个样本中每一个主因子的得分以及综合得分,按照一定的标准对样本进行类型划分。最后利用 Arc-GIS10.2 进行处理,直观展现浙江省县域综合发展变化的时空特征。

设原始变量为 $X_1,X_2,\cdots,X_n$,主成分分析后得到新变量为 $F_1,F_2,\cdots,F_m$,这些是 $X_1,X_2,\cdots,X_n$ 的线性组合(其中 $m<n$),新变量 $F_1,F_2,\cdots,F_m$ 构成的坐标系是原始坐标系经过平移和正交旋转后得到的,把 $F_1,F_2,\cdots,F_m$ 构成的空间

称为 m 维主超平面。在主超平面上，第一主成分 F_1 对应于数据变异（贡献率 e_1）最大的方向，对于 $F_2, \cdots, F_m$，依次有 $e_2 \geqslant \cdots \geqslant e_m$。因此，$F_1$ 是拥有原始数据信息最多的一维变量，同时 m 维主超平面是保留原始数据信息量最大的 m 维子空间。主成分分析法的具体计算步骤如下：

（1）为了排除数量级和量纲不同所带来的影响差异，首先需要对原始数据进行标准化处理：

$$X_{ij}^{*} = (X_{ij} - \overline{X_i})\sigma_i \quad (i = 1,2,\cdots,n; j = 1,2,\cdots,p)$$

式中：X_{ij} 为第 i 个指标第 j 个分区的原始数据，X_i 和 σ_i，分别为第 i 个指标的样本均值和标准差。

（2）根据标准化数据表 $(X_{ij}^{*})n \times p$，计算相关系数矩阵 $R = (r_{ij})n \times n$，其中：

$$r_{ij} = \frac{1}{n}\sum_{k=1}^{n}(X_{ki} - \overline{X_i})(X_{kj} - \overline{X_j})/\sigma_i\sigma_j$$

（3）计算 R 的特征值和特征向量。根据特征方程 $|R - \lambda I| = 0$，计算特征根 λ_i，并使其从大到小排列：$\lambda_1 \geqslant \lambda_2 \geqslant \cdots \geqslant \lambda_n$，同时可得对应的特征向量 $u_1, u_2, \cdots, u_n$。它们标准正交，$u_1, u_2, \cdots, u_n$ 称为主轴。

（4）计算贡献率 $e_i = \lambda_i / \sum_{j=1}^{n}\lambda_i$ 和累计贡献率 $E_j = \sum_{j=1}^{m}\lambda_j / \sum_{i=1}^{n}\lambda_i$。

（5）在此基础之上计算主成分 $F_j = \sum_{j=1}^{p}\sum_{i=1}^{n}u_{ii}x_{ij}$[20-22]。

表 3-1-2　旋转后的因子载荷、特征值和累计方差贡献率

变量	2005 年				2013 年			
	主因子 1	主因子 2	主因子 3	主因子 4	主因子 1	主因子 2	主因子 3	主因子 4
X_1	0.938	0.093	−0.238	0.008	0.927	−0.235	−0.007	0.197
X_2	0.011	0.544	−0.383	0.277	−0.176	0.641	0.105	0.195
X_3	0.034	0.798	0.181	−0.042	−0.286	0.728	0.318	0.095
X_4	0.939	−0.004	−0.027	0.069	0.896	−0.124	0.091	0.082
X_5	0.933	−0.004	0.006	0.073	0.937	−0.036	−0.063	−0.063
X_6	0.052	0.751	−0.173	−0.069	−0.012	0.116	−0.017	0.901
X_7	0.866	−0.063	−0.336	0.014	0.736	−0.458	0.089	0.146
X_8	0.106	−0.072	0.894	0.090	0.388	0.790	−0.174	−0.070
X_9	0.687	0.157	−0.099	−0.161	0.736	−0.100	−0.003	0.115
X_{10}	0.855	0.320	0.026	0.038	0.823	−0.090	0.081	0.288
X_{11}	0.085	−0.012	0.044	0.949	0.204	−0.026	0.853	0.090
X_{12}	−0.625	−0.039	0.652	−0.056	−0.540	0.558	−0.079	−0.126
X_{13}	0.827	0.264	0.021	0.093	0.375	−0.318	−0.618	0.266
X_{14}	0.840	−0.304	−0.027	0.084	0.877	−0.102	−0.108	−0.341

续表

变量	2005 年				2013 年			
	主因子 1	主因子 2	主因子 3	主因子 4	主因子 1	主因子 2	主因子 3	主因子 4
X_{15}	0.916	0.059	0.094	0.051	0.915	−0.020	0.066	−0.089
X_{16}	0.954	−0.081	0.024	0.014	0.921	−0.078	−0.147	−0.190
X_{17}	0.858	−0.033	0.068	0.065	0.848	−0.062	−0.300	−0.228
特征值	8.875	1.817	1.630	1.055	8.212	2.311	1.414	1.337
贡献率/%	52.207	10.688	9.590	6.206	48.307	13.596	8.317	7.865
累计贡献率/%	52.207	62.896	72.486	78.691	48.307	61.902	70.219	78.084

二、评价结果与分析

(一)浙江省县域综合发展的时空特征分析

首先利用 excel 软件对原始数据进行标准化处理,然后导入统计分析软件 SPSS 19.0 对标准化后的变量进行进一步处理,求出主成分特征根、方差贡献率和累计方差贡献率。按照特征值大于 1 的原则,选取主因子。浙江省县域综合发展水平指标体系共提取 4 个主因子,累计贡献率均在为 75%以上,能反映原始变量的绝大部分信息,具有显著的代表性。本书将这 4 个主因子作为评价浙江省县域发展水平的综合变量,并计算综合评价体系中各指标在主成分中的载荷[23]。

从表 3-1-2 中可以看出,2005 年第一主因子对总方差贡献率为 52.207%,X_5、X_1、X_{16}、X_{15}、X_4、X_{14}、X_{17}、X_{10}、X_9、X_7、X_8 等在第一个主因子上具有较大的载荷。这些指标主要描述地区经济发展的指标,因此把第一主因子命名为经济规模发展指标,记为 F_1。X_3、X_2、X_{12} 在第二主因子上具有较大的载荷,方差贡献率为 10.688%,主要反映产业发展的水平,因此命名为产业结构发展指标,记为 F_2。X_{11}、X_{13} 在第三主因子上具有较大的载荷,方差贡献率为 9.590%,主要反映社会福利发展水平,因此命名为社会医疗福利指标,记为 F_3。X_6 的方差贡献率为 6.206%,主要反映地产资源的发展水平,因此命名为资源禀赋指标,记为 F_4。

2013 年第一主因子对总方差的贡献率为 48.307%,X_5、X_1、X_{16}、X_{15}、X_4、X_{14}、X_{17}、X_{10}、X_9,X_7 在第一主因子上具有较大的载荷,主要反映经济的发展水平和居民的生活质量。因此,把第一主因子命名为经济规模发展指标,记为 F_1。X_8、X_3、X_2、X_{12} 在第二主因子上的方差贡献率为 13.596%,主要反映产业发展的水平,因此命名为产业结构发展指标,记为 F_2。X_{11}、X_{13} 在第三主因子上的方差贡献率为 8.317%,主要反映社会福利发展水平,因此命名为社会医疗福利指标,记为 F_3。X_6 的方差贡献率为 7.865%,主要反映地产资源的发展水平,因此命名为资源禀赋指标，记为 F_4。

2005 和 2013 年各个主因子所代表的变量基本没变，究其原因，是浙江省经济发展并没有经历大起大落，一直是稳中有升地向前发展。

根据综合得分计算公式，得出浙江省县域综合发展水平得分值（表 3-1-3）。

表 3-1-3　浙江省县域综合发展水平

县域	综合发展水平		县域	综合发展水平		县域	综合发展水平	
	2005 年	2013 年		2005 年	2013 年		2005 年	2013 年
杭州市	0.614	0.600	海宁市	0.278	0.298	常山县	0.136	0.182
富阳市	0.217	0.214	桐乡市	0.253	0.313	开化县	0.109	0.143
临安市	0.202	0.205	嘉善县	0.305	0.340	龙游县	0.166	0.149
建德市	0.149	0.159	海盐县	0.219	0.312	舟山市	0.339	0.381
桐庐县	0.195	0.219	湖州市	0.288	0.290	岱山县	0.218	0.211
淳安县	0.151	0.164	德清县	0.239	0.266	嵊泗县	0.333	0.335
宁波市	0.621	0.568	长兴县	0.207	0.243	台州市	0.303	0.330
余姚市	0.262	0.276	安吉县	0.185	0.213	温岭市	0.189	0.234
慈溪市	0.236	0.289	绍兴市	0.324	0.351	临海市	0.135	0.161
奉化市	0.210	0.237	诸暨市	0.187	0.219	玉环县	0.298	0.255
象山县	0.234	0.288	嵊州市	0.155	0.141	三门县	0.129	0.194
宁海县	0.166	0.192	新昌县	0.176	0.170	天台县	0.150	0.212
温州市	0.526	0.462	金华市	0.304	0.282	仙居县	0.128	0.214
瑞安市	0.228	0.283	兰溪市	0.138	0.098	丽水市	0.335	0.313
乐清市	0.142	0.167	东阳市	0.180	0.205	龙泉市	0.152	0.153
洞头县	0.209	0.319	义乌市	0.422	0.401	青田县	0.163	0.115
永嘉县	0.102	0.144	永康市	0.201	0.180	云和县	0.209	0.159
平阳县	0.129	0.201	武义县	0.161	0.151	庆元县	0.140	0.122
苍南县	0.133	0.210	浦江县	0.154	0.114	缙云县	0.113	0.105
文成县	0.133	0.175	磐安县	0.102	0.135	遂昌县	0.172	0.141
泰顺县	0.133	0.193	衢州市	0.230	0.231	松阳县	0.145	0.112
嘉兴市	0.415	0.418	江山市	0.134	0.138	景宁	0.139	0.172
平湖市	0.300	0.302						

1. 南北分异、东西分异且高值东北集聚、低值西南集中

县域综合发展水平具有南北分异、东西分异和高值东北集聚、低值西南集中的特征。高水平、较高水平和一般水平县域绝大部分位于浙中和浙北地区，

且高值区在浙东北地区集聚效应明显，省会杭州、副省级城市宁波作为两大发展引擎地区，带动浙北地区全面发展。较低水平和低水平县域主要分布在浙西南地区，以丽水、衢州所辖县域为主。浙西南地区作为浙江山区最多的行政辖区，基础设施不完善，其发展一直较为缓慢(图 3-1-1)。

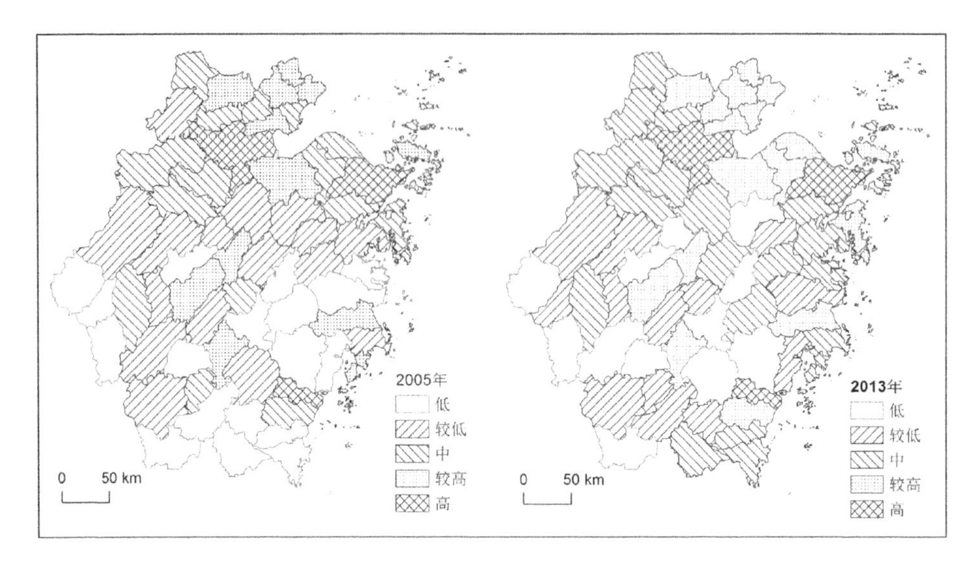

图 3-1-1 2005—2013 年浙江省县域综合发展水平

2.“核心-边缘”模式，差距逐渐扩大

综合发展水平呈现“核心-边缘”模式，从核心到边缘逐渐下降，且随着时间推移差距逐渐扩大。浙江县域综合发展水平存在四大核心区——杭州、宁波、金华-义乌、温台地区。四大核心区的发展水平值最高，基本上从核心到边缘呈现逐渐下降的趋势。以 2013 年杭州市核心区为例，从临近的绍兴(0.351)和桐乡(0.313)到桐庐(0.219)、临安(0.205)再到淳安(0.164)、建德(0.159)，发展综合指数下降了 0.192。而 2005 年杭州市周边发展综合水平值从绍兴(0.324)到建德(0.149)，下降了 0.176，说明这 9 年中“核心-边缘”模式的影响效果仍是处于第一阶段，即前期核心与边缘的差距逐渐扩大。

3.综合发展水平较高的县域集聚空间范围扩大

从图 3-1-1 可以发现浙东北嘉兴市辖区县域由中等水平上升为一般水平，与杭州临近的南部县域以及浙东南地区由较低水平晋升成为中等水平，使得较高水平的县域覆盖面积越来越大。近 10 年间浙江省整体的县域综合发展水平呈现较为显著的上升趋势。

(二)浙江省县域综合发展水平的动态类型划分

依据相关的标准，将浙江省 2013 年的县域综合发展水平划分为高水平、较高水平、一般水平、较低水平和低水平这 5 种类型，利用 Arc GIS10.2 绘制成图 3-1-1；同时依据 2005—2013 年县域水平得分位次的变化将其划分为增长型、缓增型、平稳型、缓降型和下降型 5 种类型（表 3-1-4）

表 3-1-4　浙江县域发展水平动态类型划分（2005—2013 年）

类型	高水平	较高水平		一般水平		较低水平		低水平	
	$Z>0.425$	$0.425\geqslant Z>0.30$		$0.300\geqslant Z>0.20$		$0.2\geqslant Z>0.15$		$Z\leqslant 0.15$	
增长型		洞头县	海盐县	瑞安市	长兴县	三门县	常山县	开化县	磐安县
			桐乡市	温岭市	诸暨市	泰顺县	文成县	永嘉县	庆元县
				桐庐县	仙居县	景宁县	乐清市		
				安吉县	天台县	临海市			
				苍南县	平阳县				
缓增型	杭州市区	嘉兴市区	嘉善县	慈溪市	象山县				
		台州市区	绍兴市区	奉化市					
平稳型	温州市区	舟山市区		海宁市	东阳市				
缓降型	宁波市区	义乌市	平湖市	湖州市区		宁海县	淳安县		
		嵊泗县				建德市			
下降型			丽水市区	金华市区	玉环县	永康市	新昌县	武义县	龙游县
				余姚市	衢州市	云和县	龙泉市	嵊州市	遂昌县
				德清县	富阳市	武义县		江山市	青田县
				临安市	岱山县			松阳县	浦江县
								缙云县	兰溪市

高水平县域包括杭州市区、宁波市区和温州市区。杭州市区作为浙江省的省会城市，依托沪杭铁路等便利的交通以及上海在进出口贸易方面的带动，轻工业发展迅速；同时依托其自然地理优势大力发展旅游业，近几年服务业得到了较大的发展，因此，杭州市区发展稳中有增。宁波市区凭借其得天独厚的港口优势，大力发展海洋产业，产业布局合理，在经济上与杭州一直不相上下，县域发展的综合水平值大有超越后者之势。温州市区的县域发展较平稳，一直是浙南地区的核心城市。温州模式是著名的学习案例。同时，温州市区于 2013 年被建设部列为第一批国家智慧城市试点，是浙江省大力发展的重点市。

较高水平县域包括嘉兴市区、义乌市、舟山市区、绍兴市区等。金华-义乌是浙江省重要的经济带，金华市是交通枢纽型城市，且其自身产业基础较好，具有国家级经济开发区；义乌作为世界知名的小商品市场，国际贸易往来促进其经济的增长活力。海盐县、桐乡市、平湖市、嘉兴市区、嘉善县、舟山市区、绍兴市区、嵊泗县是浙北地区发展较好的县市，一方面与省会杭州相互促进，另一方面，借助与长三角其他地区的交通贸易的往来，实现自身的发展。其中海盐县和桐乡市在近十年间的综合发展水平呈现增长态势。台州市区和丽水市区的经济优势不明显，但是前者是创新研究型城市试点城市，后者的生态环境质量居浙江省第一，故其县域的综合发展水平较高。

一般水平县域包括海宁市、慈溪市、诸暨市、桐庐县、仙居县、富阳市、安吉县、东阳市、临安市、平阳县等 24 个县，占了浙江省县级行政单元的 1/3 还要多。诸暨市、安吉县、桐庐县等属于增长型，诸暨市和东阳市比邻义乌，在经济上借助义乌市的商业优势，发展较好，从较低水平上升为一般水平。桐庐县经济总量长年位居浙西地区各县市首位，是浙西地区经济实力第一强县(市)。慈溪市属于缓增型，慈溪是长三角地区大上海经济圈南翼重要的工商业名城，杭州湾大桥的建成使得慈溪成为长三角南翼黄金节点城市。近年通过招商引资政策，成为宁波产业布局的重点。富阳市作为杭州市近郊，自身旅游资源丰富，同时作为西湖景区西进的门户，近年来服务业发展较为显著。

较低水平县域包括三门县、泰顺县、宁海县、常山县、永康市等，集中分布在浙中南地区。其中常山、景宁、泰顺、临海和三门县等县市在 9 年间发展水平跃升一级，这既是中国新时代下改革开放所带来的经济的快速发展效应，也是浙江省积极谋求县域发展的结果。

低水平县域包括开化县、磐安县、永嘉县、青田县、江山市、龙游县、遂昌县等，位于浙西南和浙东南地区，远离浙江省社会经济发展的中心，缺乏特色产业，并且资源优势难以转化为产业优势，是上述县域发展水平较低的原因。其中开化、磐安、永嘉和庆元属于增长型，其余均处于下降型。

(三)浙江省县域综合发展水平主要影响因素分析

通过主成分分析法，探究出影响浙江省县域综合发展的主要因子是 F_1 经济发展规模水平，F_2 产业结构发展水平，F_3 社会医疗福利发展水平，F_4 资源禀赋。

将 2005—2013 年 67 个县域的 4 个主成分得分 F_1、F_2、F_3、F_4 值输入 Arc GIS10.2，最终得到浙江省 2005—2013 年的县域各个主成分值的空间分布情况(图 3-1-2)。

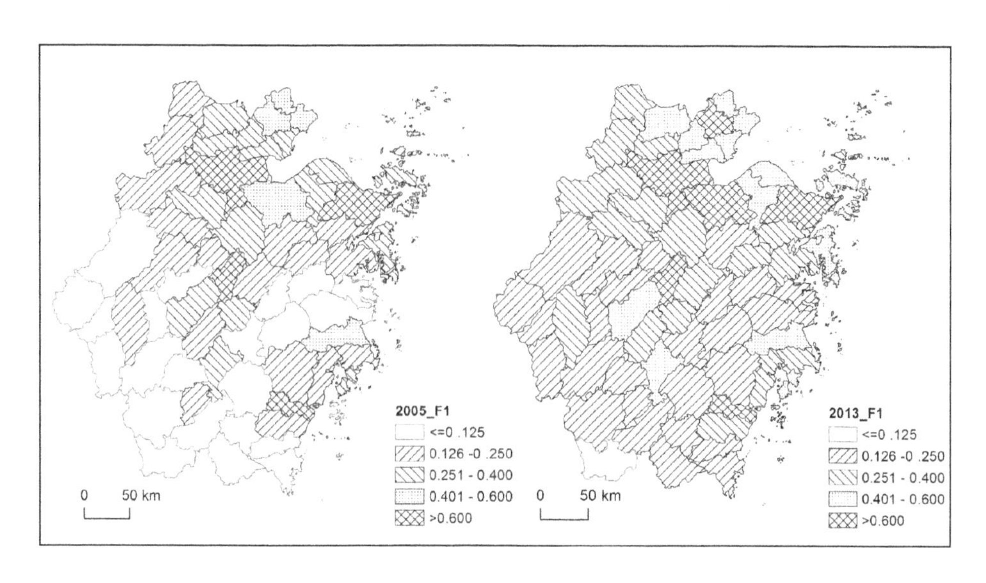

图 3-1-2　2005—2013 年浙江省县域经济发展规模水平时空分异

1. 经济发展规模水平北高南低、差异显著

F_1 主要反映县域的经济发展状况，经济发展水平往往是县域综合发展的基础和前提，因此 F_1 空间分布图与浙江省县域综合发展水平分布图(图 3-1-1)具有极高的相似度。浙江县域经济发展大致表现为北高南低，F_1 得分较高的区域主要分布在经济较为发达的三大地区，以杭州市和宁波市为中心的浙北地区，金华-义乌经济带以及温、台两市城区。而得分较低的地区主要分布在浙西南地区，主要包括衢州和丽水所辖县域。其中杭州市与宁波市城区 F_1 得分分别为 1.05 和 1.01，而开化县和庆元县得分值仅为 0.13 和 0.12，县域之间经济发展差距显著。

2. 产业结构发展与经济发展规模水平呈现一定程度正相关关系

F_2 主要反映县域的产业结构发展水平，得分较高的区域除了反映经济发展水平较高的 F_1 地区以外，还包括嵊泗县和舟山市，同时温台地区的大部分辖区得分也比较高。这一方面反映了产业结构的升级是促进地区社会经济发展的重要推动力，另一方面也反映了舟山沿海的海洋经济和温台地区的国际贸易对县域经济综合发展起到了重要的作用。得分较低的区域主要包括岱山县，杭州市西南辖县。岱山县海域面积广阔而陆地较少，产业和教育相应发展程度不够。杭州市西南辖县，山区所占面积较大，产业发展特色不突出(图 3-1-3)。

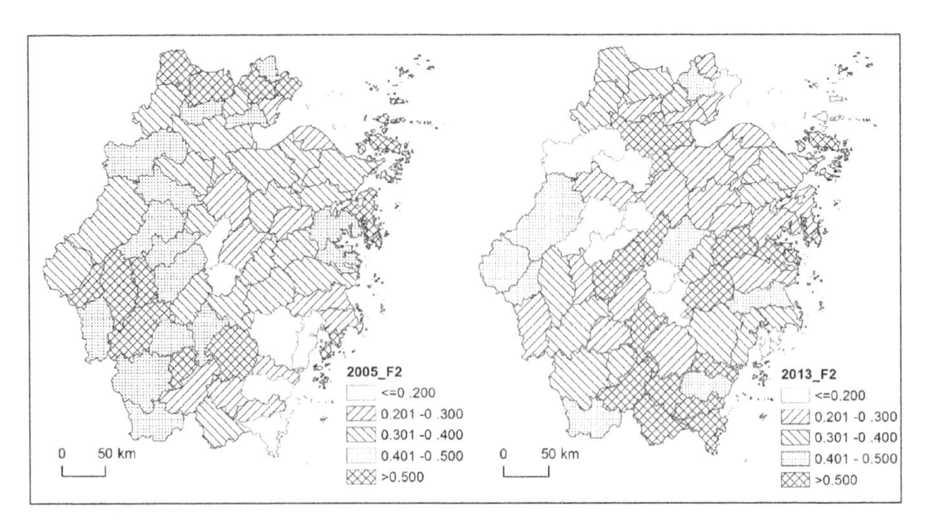

图 3-1-3 2005—2013 年浙江省县域产业结构发展水平时空分异

3. 社会医疗福利、资源禀赋与经济发展空间分布不一致

F_3 主要反映社会医疗福利发展水平。得分较高的区域主要分布在人口密度相对较低的浙西南和浙南沿海地区以及嘉兴、湖州地区。社会医疗福利发展分布情况与浙江县域综合发展水平空间分布状况并不一致，即经济基础和产业发展较好的地区 F_3 得分值反而不高。究其原因，一方面是由于外来人口的大量涌入杭州、宁波和温台等经济富饶地区，使得这些地区人均社会医疗福利水平相对下降；另一方面，可能是由于统计年鉴数据记载出现误差，偏离现实情况，需进一步考究(图 3-1-4)。

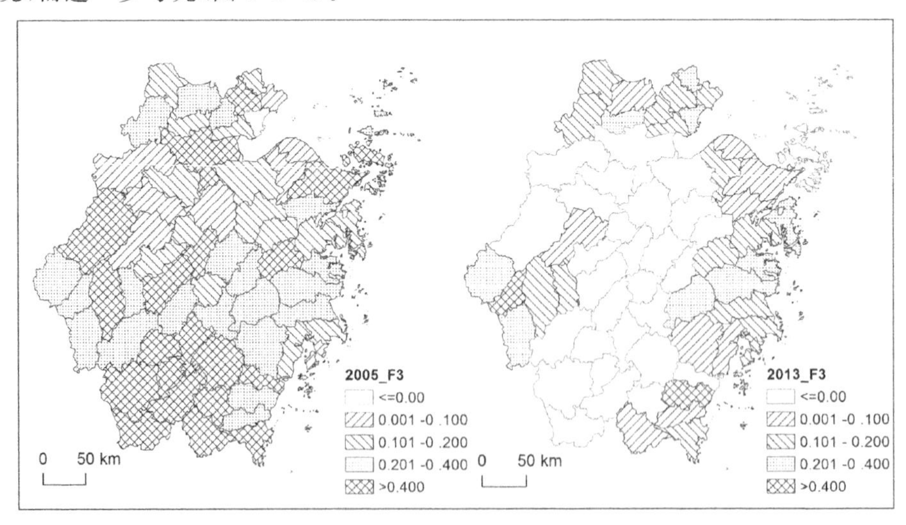

图 3-1-4 2005—2013 年浙江省县域社会医疗发展水平时空分异

F_4 主要反映地区农林牧渔业发展水平，浙东北沿海地区和浙西地区由于具有丰富的地产资源，得分较高；而浙东南的温台地区并无具有优势的地产资源，得分相应较低。可见，浙江县域农林牧渔水平的综合发展在一些地区呈正相关性，但是在大部分地区却呈现负相关性（图 3-1-5）。例如衢州和丽水辖区县域 F_4 得分值较高，而在温台地区得分值却最低。有学者认为在以服务业为主的第三产业开始成为推动经济发展的重要引擎，而农业的发展会“抢占”可以用于二、三产业的资源和条件，故在一定程度上阻碍了经济的发展[13]。

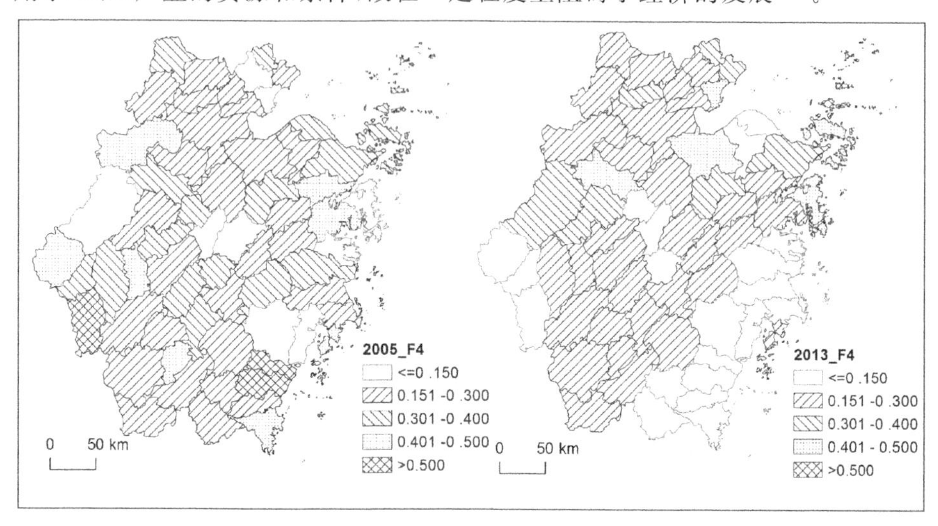

图 3-1-5　2005—2013 年浙江省县域资源禀赋发展水平时空分异

三、结论及对浙江海洋经济成长影响

（一）结论

浙江省县域综合发展质量的时空变化明显。县域综合发展水平具有南北分异、东西分异和高值东北集聚、低值西南集中的特征；综合发展水平呈现“核心-边缘”模式，从核心到边缘逐渐下降，且随着时间推移差距逐渐扩大；综合发展水平较高的县域集聚的空间范围扩大。

经济发展规模水平、产业结构水平、社会医疗福利水平和资源禀赋是影响县域发展水平变化的主要因素。经济发展规模水平呈现北高南低、差异显著的特点；产业结构发展与经济发展规模水平呈现一定程度正相关关系；社会医疗福利水平、资源禀赋与经济产业发展水平的空间分布呈现明显的不一致。

（二）对浙江省海洋经济成长影响

1. 日益增强的滨海核心城市奠定了沿海海洋产业增长门类和着力点

县域综合发展质量实证表明，杭州、宁波、金华-义乌和温台地区等是浙江县域发展核心区，奠定了杭、甬、台、温的海洋经济发展综合基础，尤其是对新兴海洋产业发展的配套条件提供了较高的综合支撑条件。杭、甬、台、温作为滨海县域经济增长中心，具有较强的带动势能，成为浙江滨海县域海洋经济的辐射源和增长核。

2.浙江滨海县域经济增长态势造就了海陆互动的经济基础与产业关联动力

浙江省滨海地区海洋资源较为丰富，区位条件优越，在国家大力发展21世纪海上丝绸之路背景下，应充分挖掘沿海地区丰富的海洋生产力，这需要依托滨海县域陆域产业衍生与支撑。当前，浙江沿海县市较高的发展质量既为浙江港航物流产业做大做强提供了货源与装备制造基础，又可为发展海洋产业提供充裕的金融资本和技术创新基底。核心产业关联优势在于：一是可利用已有大型商贸交易平台、海陆联动集疏运网络、金融和信息支撑系统推进浙江海洋经济的核心产业快速发展；二是充分统筹沿海已有海洋资源开发模式与产业发展公共基础设施、科教资源，扶持培育一批海洋战略性新兴产业，提升浙江海洋产业层次。

第二节　浙江省21世纪以来产业结构演进特征

产业结构是指产业与产业之间的比例关系与组合形式[24]，直接关系到地区生产力水平、经济发展质量及资源环境消耗[25-26]。产业结构理论20世纪20年代由西方学者提出，到70年代末，在中国改革开放政策影响下地方政府才认识到产业结构对地区经济发展的重要性[27]，并逐渐受到学界关注[28]。目前，国内外学者对产业结构的演进开展了深入研究，主要涉及产业结构演进与经济增长关系[29-31]、城市和产业结构演变互动[32-33]、产业结构调整与低碳经济发展[34-35]等方面内容，可以看出，已有研究较多关注产业结构演进的“描述”层面，缺乏系统、深入的演进特征探究，尤其是研究发达地区产业结构演进特征的论著较少。另外，在研究方法上，运用SSM-Esteban模型进行实证研究的文献也不多见[36]。

浙江作为中国经济活跃的前沿省份之一，如何促进经济发展从量的扩张到质的提高，因势利导把握产业结构的演变态势，积极推进产业结构的转优升级是下一步发展“块状经济”转型的关键。通过构建产业结构演进评价指标，运用SSM-Esteban模型分析法，分别对2001—2013年产业结构水平与特征进行测度，以此探索中国经济发达省份产业结构演进的空间格局分异及态势，既可呈现浙江省经济社会发展未来格局，又能为制定市域经济发展政策和规划提供理论支持。

一、研究区概况与数据来源

浙江省地处中国东南沿海长江三角洲南翼，东临东海，南接福建，西与江西、安徽相连，北与上海、江苏接壤，辖 11 个地级市。浙江省陆域面积 10.18 万 km^2，为全国的 1.06%；全省常住人口为 5498 万人(2013 年底)，GDP 37568.5 亿元，位居全国第四，在国有经济为主导的前提下，民营经济带动经济起飞发展，市域经济实力从浙东北向浙西南“层级递减”，表现出鲜明的地带性特征，形成浙东北环杭州湾经济区、温台沿海和浙中城市群三大经济核心区以及浙西南欠发达地区的空间格局[37]。近年来，随着国务院《长江三角洲地区区域规划》的实施，进一步推动了浙江拓展新的发展空间、培育新增长极、探索“块状经济”发展转型的速度。

文中数据主要来自《新中国六十年统计资料汇编》、《中国城市统计年鉴》和《浙江统计年鉴》等，部分指标经过复合计算而得。以 2001—2013 年为研究时限，浙江省的 11 个地级市为分析单元，行政区划以 2013 年为准，GIS 底图为中国科学院地理科学与资源研究所资源环境数据中心 1∶400 万浙江分市、县(区)底图源于天地图浙江官网。

二、研究方法

(一)产业结构演进评价指标构建

结合产业经济学相关指标与本研究实际，选取产业结构熵、产业结构相似指数、就业产业结构偏离度和偏差系数来作为浙江省产业结构演进的评价指标(表 3-2-1)。

表 3-2-1　产业结构评价指标

序号	指标	含　义	计算公式	来源
1	产业结构熵	熵在信息经济学中被借以衡量不确定性、事件无序程度或指标离散程度等，在此用来描述产业结构系统演进状态。	$H=\sum_{i=1}^{n} p_i \times \ln p_i$	杨燕红. 城市化进程与产业结构的演进关系分析[J]. 科技情报开发与经济,2006,16(18):117-118
2	产业结构相似指数	由联合国工业发展组织国际工业研究中心提出，以某一经济区域产业结构为标准，通过计算相似指数，将两地区产业结构进行比较，以确定被比较区域产业结构同构化程度，其值愈大，产业结构愈趋同。	$S_{ij}=\sum_{k=1}^{n}(X_{ik}\times X_{jk})/(\sqrt{\sum_{k=1}^{n}X_{ik}^2}\times\sqrt{\sum_{k=1}^{n}X_{jk}^2})$	王文森. 产业结构相似系数在统计分析中的应用[J]. 中国统计,2007(10):47-48

续表

序号	指标	含　义	计算公式	来源
3	就业产业结构偏离度和偏差系数	运用就业产业结构偏离度 φ_1 衡量区域三次产业的就业产业结构均衡程度，运用就业产业结构偏差系数 φ_2 衡量区域就业产业结构整体偏离程度。φ_1 为正值表明产值比重大于就业比重，其绝对值越小产业结构和就业结构发展越平衡，为零时两者均衡；φ_2 越大，产业结构和就业结构差距越大。	$\varphi_1 = \frac{GDP_i/GDP}{Y_i/Y} - 1$ $\varphi_2 = \sum_{i=1}^{n} \left\| \frac{GDP_i}{GDP} - \frac{Y_i}{Y} \right\|$	王春枝．内蒙古产业结构与就业结构关系的实证分析[J]．内蒙古财经学院学报，2005(2):44-47

注：P_i 为第 i 种产业的权重，n 表示有 n 种产业；k 表示产业部门，x_{ik} 和 x_{jk} 分别表示区域 i 和区域 j 各产业所占比重；GDP_i/GDP 为第 i 产业产值所占比重；Y_i/Y 为第 i 产业就业人员所占比重。

(二)分析方法

偏离-份额分析法(shift-share method)是20世纪40年代初美国经济学家Daniel[38]提出，用来解释区域与城市部门结构变化原因、确定未来发展主导方向的方法。1972年，Esteban[39]进行改进，提出了四因素SSM模型即SSM-Esteban模型来避免变量之间的相关性[40]，其基本原理是：将区域经济发展看作是一个动态的变化过程，以所在背景区域经济发展为参照系，将区域自身经济总量在某一时期的变动分解为共享份额分量、结构偏离分量和竞争力偏离分量，其中竞争力偏离分量又分为同位竞争分量和配置分量，来确定市域具有相对竞争优势与专业化的产业部门。具体模型如下：

假设在经历了$[0,t]$年后，市域和全省的经济总量均已发生变化。设初始期市域经济总规模为b_0，末期为b_t。同时，依照一定的规则，把市域经济划分为n个产业部门，分别以$b_{j,0}$、$b_{j,t}(j=1,2,3,\cdots,n)$表示市域第$j$个产业部门在初期、末期的规模；并以$B_0$，$B_t$分别表示全省在$[0,t]$年初期、末期经济总规模，以$B_{j,0}$与$B_{j,t}$分别表示全省初期、末期第$j$个产业部门的规模。则市域和全省的产业部门$j$在$[0,t]$年的变化率为：

$$r_j = \frac{b_{j,t} - b_{j,0}}{b_{j,0}}, R_j = \frac{B_{j,t} - B_{j,0}}{B_{j,0}} (j = 1,2,3,\cdots,n)$$

以全省各产业部门所占的份额对市域各产业部门规模进行标准化：

$$b_j' = \frac{b_{j,0} - B_{j,0}}{B_0} (j = 1,2,3,\cdots,n)$$

在$[0,t]$年内市域第j产业部门的增长量G_j可以分解为份额分量N_j、结构偏离分量P_j以及区域竞争力偏离分量D_j，表达为：

$$G_j = N_j + P_j + D_j = b_j' \times R_j + (b_{j,0} - b_j') \times R_j + b_{j,0} \times (r_j - R_j)$$

区域总的增长量可表示为：

$$G = N + P + D = \sum_{j=1}^{n} b_j' \times R_j + \sum_{j=1}^{n} (b_{j,0} - b_j') \times R_j + \sum_{j=1}^{n} b_{j,0} \times (r_j - R_j)$$

区域竞争力偏离分量D_j可表示为：

$$D_j = S_j + H_j, \text{其中} S_j = \sum_{j=1}^{n} \frac{b_0 B_{j,0}}{B_0}(r_j - R_j) H_j = \sum_{j=1}^{n} (b_{j,0} - \frac{b_0 B_{j,0}}{B_0})(r_j - R_j)$$

三、浙江省产业结构演进分析

(一)产业结构演进总体态势

从总体来看(图 3-2-1)，21 世纪以来浙江省国内生产总值从 2001 年到 2013 年增加了 27884.57 亿元，尤其是 2004 年以后增加较快，逐渐形成了农业为辅、工业特色明显以及第三产业快速发展的现代产业结构。从产业结构内部来看，第一产业占较低比重，并不断下降；第二产业比重在三次产业中持续较高，但发展缓慢；第三产业随着升级转型、有效投资与鼓励浙商回归政策出台、个转企工作开展等措施的实施而平稳上升。从图 3-2-2 可以看出，浙江省各地市三次产业产值增加幅度存在显著的空间差异，其中第一产业产值增量浙东北大于浙西南各市，排在前五位的依次为宁波市、杭州市、台州市、绍兴市、嘉兴市，其中宁波市增加最多，达到 174 亿元；第二产业中产值增量最少的是舟山市，排在前五位的是宁波市、杭州市、绍兴市、温州市、嘉兴市；第三产业产值增量仍是浙东北各市变化较大，其中杭州市增加最多，达 3405 亿元，宁波市、温州市、绍兴市、台

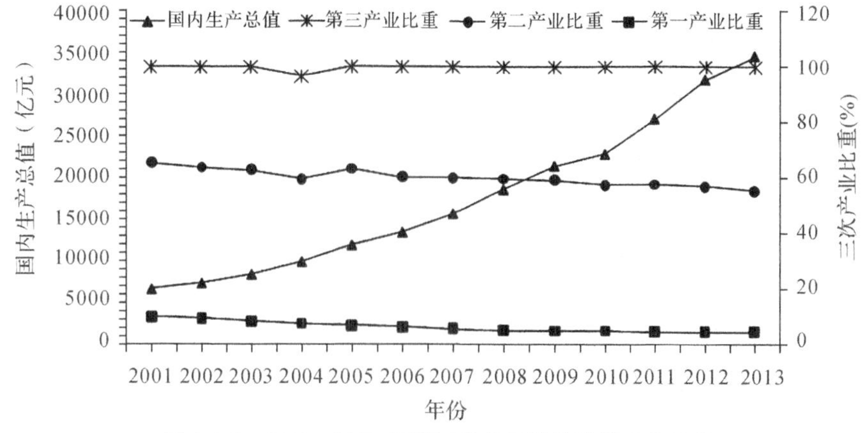

图 3-2-1 2001—2013 年浙江省产业结构演进动态过程

州市次之，但均高于1000亿元。

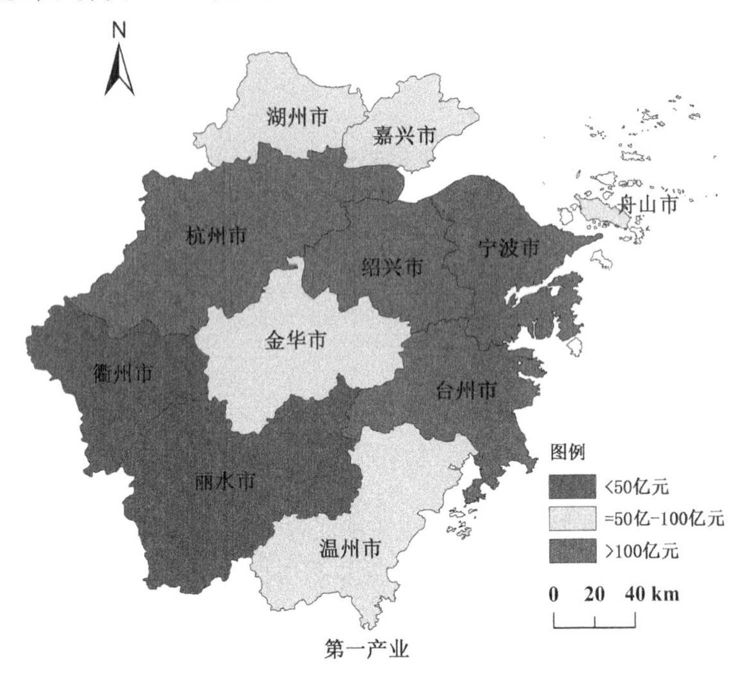

第一产业

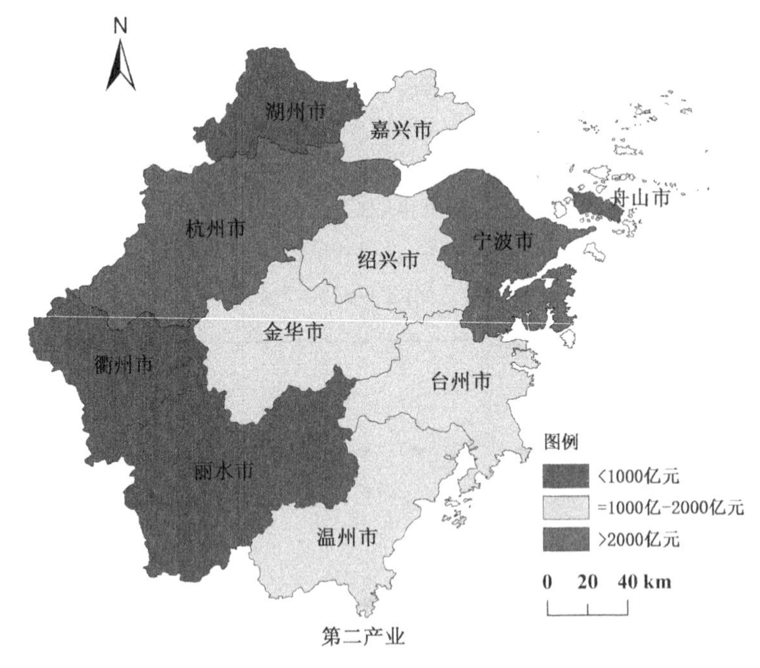

第二产业

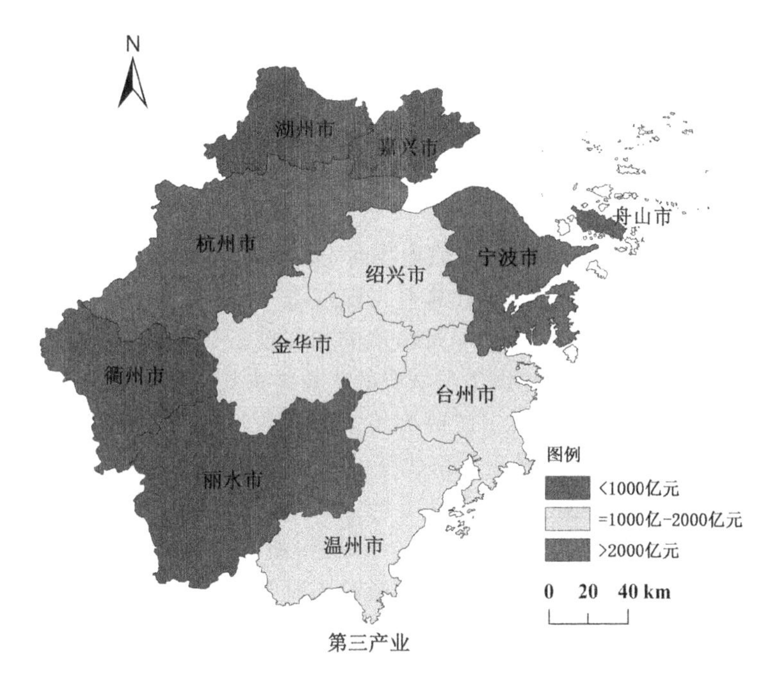

图 3-2-2　2001 年和 2013 年浙江省三次产业产值增加空间分异

(二)产业结构演进的动态分析

1. 三次产业动态演进特征

与浙江三次产业比重变化的态势相同,产业结构熵也呈现明显的起伏波动变化(图 3-2-3)。21 世纪初,浙江产业门类较少、产业结构熵值增长几乎停滞,此后几年产业结构熵值增加迅速,2007 年达到峰值。与此同时,从产业结构熵的变化趋势可以看出,2001—2007 年、2009—2013 年两个阶段熵值增加缓慢,

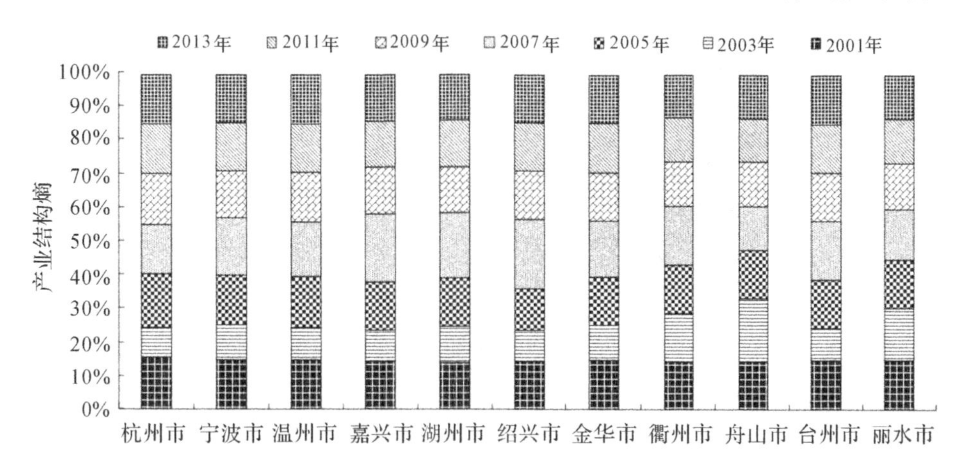

图 3-2-3　2001—2013 年浙江省产业结构熵变化情况

且后者熵值小于前者，说明2008年金融危机对浙江外向型经济产生了明显冲击，通过贸易及出口影响着产业的产出过程。但随后的经济增长模式转变与刺激政策实践使经济复苏，以产业结构演进逐渐有序化为基本特征，同时这也是政策调整和社会经济变革在产业结构动态变化领域的反映。

2.产业结构趋同分析

已有研究表明，若产业结构相似指数高于0.9，则说明地区间产业结构存在较高的同构现象[7]。由表3-2-1计算可得浙江省11个地市的产业结构相似度指数(图3-2-4)：可以看出，2001年舟山市的相似度指数较低，其他年份的相似度指数均高于0.9，说明各地级市与全省的产业结构几乎完全趋同；从变化空间分异来看，研究期间除金华与宁波两市相似度指数基本稳定外，其他地市均有变化，这表明21世纪以来，随着经济改革的推进，市场机制逐渐完善，资源得到优化配置，在政策与市场的双向驱动下产业组织规模与技术水平确定、主导产业选择等方面会逐渐趋同。另外，2003年以后，浙江经济增长进入加速工业化和产业结构优化升级阶段，第二产业发展的同时第三产业逐步壮大，对经济推动的作用越来越显著，使主导产业同构而形成产业结构趋同的发展趋势。并且，资源与消费结构相似、产业生命周期缩短等也使产业结构逐渐趋同。

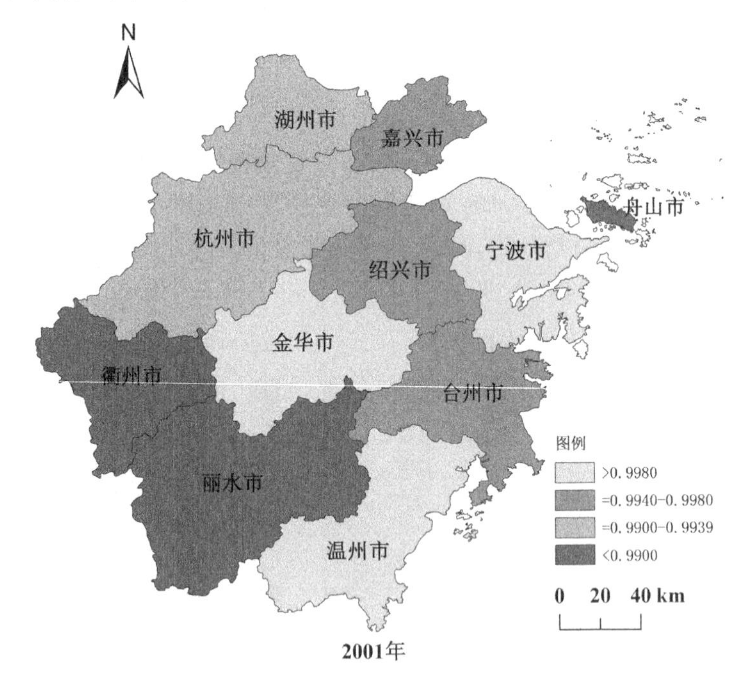

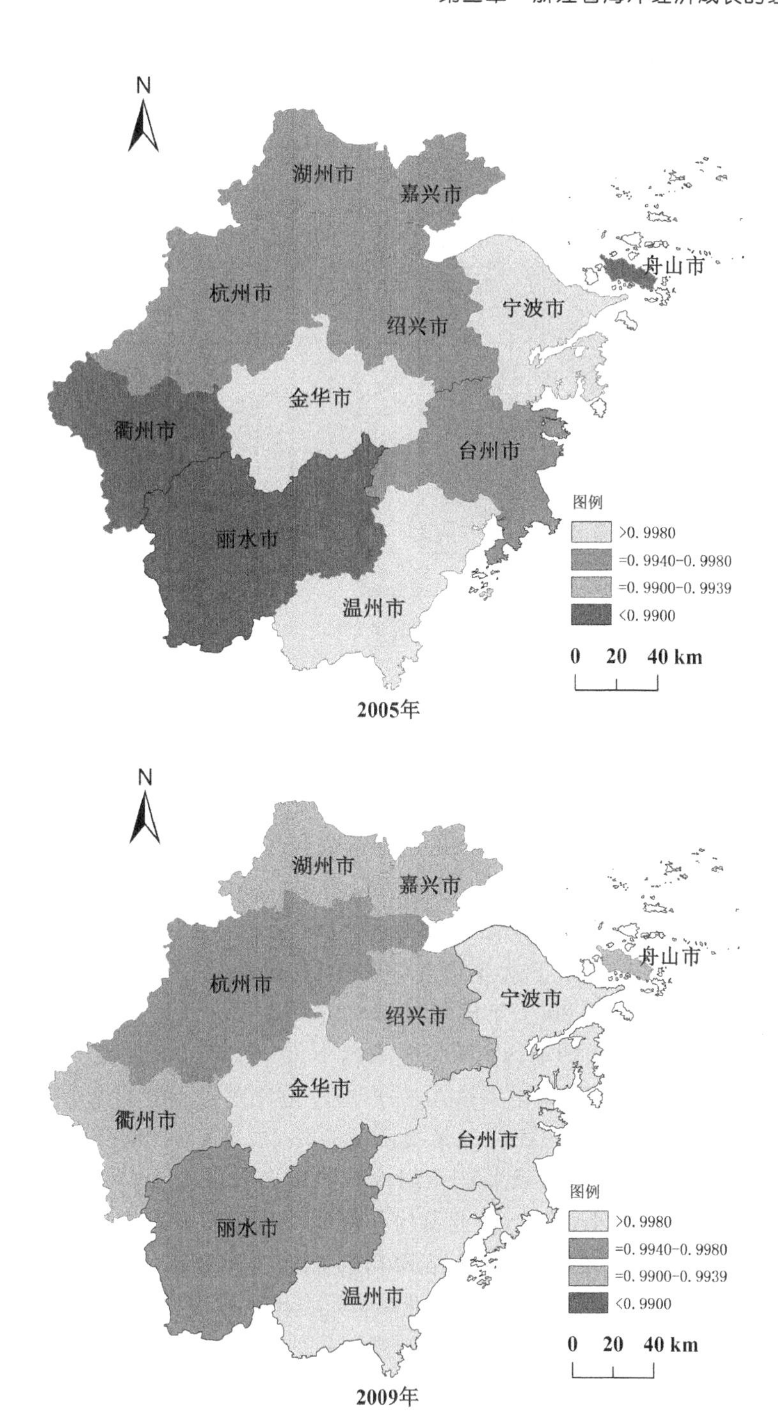
N
湖州市
嘉兴市
舟山市
杭州市
宁波市
绍兴市
金华市
衢州市
台州市
丽水市
温州市
图例
>0.9980
=0.9940-0.9980
=0.9900-0.9939
<0.9900
0 20 40 km
2005年
N
湖州市
嘉兴市
舟山市
杭州市
宁波市
绍兴市
金华市
衢州市
台州市
丽水市
温州市
图例
>0.9980
=0.9940-0.9980
=0.9900-0.9939
<0.9900
0 20 40 km
2009年

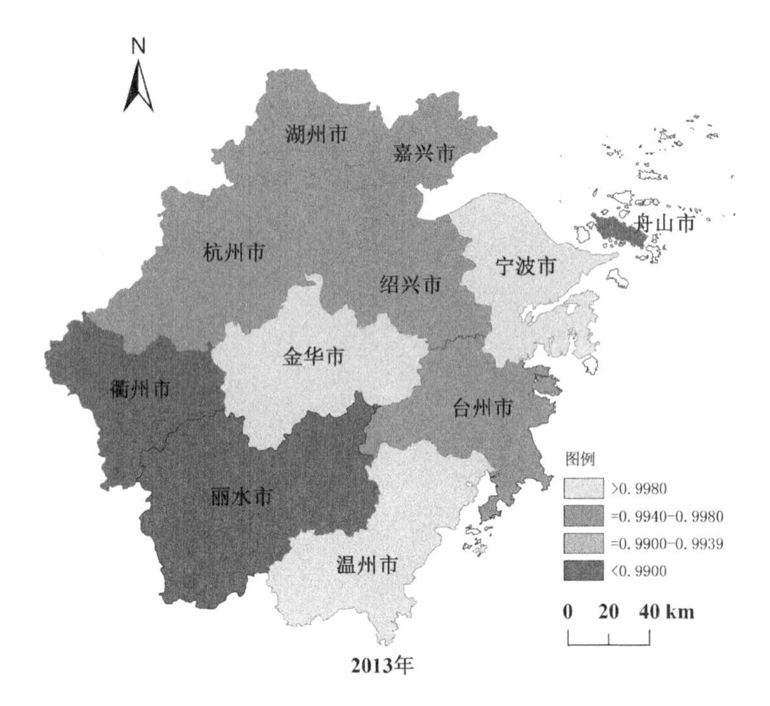

图 3-2-4 浙江省产业结构相似度变化

3.就业结构和产业结构的不协调性分析

伴随产业结构的转变,就业结构也相应发生了变化,劳动力由生产率较低的部门向较高的部门转移。由表 3-2-2 可以看出,2001 年第一产业中除金华市产值比重大于就业比重外,其他地市第一产业就业产业结构偏离度均为负值,表明这些地市产值比重小于就业比重,第一产业内部存在剩余劳动力;第二产业就业产业结构偏离度 2001 年比较稳定,而 2005—2009 年呈下降态势,说明就业结构与产值结构间的不均衡程度越来越小;2005—2009 年第三产业就业产业结构偏离度为负值,2013 年后第二、三产业产值比重大于就业比重,偏离度为正值,表明就业产业发展均衡度逐渐提高。此外,根据就业产业结构偏差系数分析来看,11 个地市的区域就业产业结构整体偏离程度较小,同时大部分地市的偏差系数绝对值较小,可见,产业结构和就业结构发展相对平衡。但 2009 年以后偏差系数开始增大,说明产业结构和就业结构差距在增大。以上分析表明,研究时段内浙江省就业结构与产业结构的总差距在波动平衡中逐渐变大,局部地区两者比例的调整仍然是今后宏观调控的重要工作。

表 3-2-2　浙江省各市三次产业就业产业结构偏离度

类别	2001 年			2005 年			2009 年			2013 年		
	A	B	C	A	B	C	A	B	C	A	B	C
杭州市	−0.74	0.46	0.14	14.80	0.42	−0.33	40.56	−0.09	0.03	−0.79	1.01	0.55
宁波市	−0.73	0.32	0.31	19.43	0.04	−0.17	34.17	−0.14	0.13	−0.44	2.11	1.85
温州市	−0.81	1.04	−0.06	24.67	−0.1	0.04	27.73	−0.23	0.40	−0.48	3.90	3.33
嘉兴市	−0.66	0.26	0.47	12.23	−0.08	−0.05	25.41	−0.17	0.24	−0.46	6.11	4.83
湖州市	−0.68	0.69	0.30	30.34	0.10	−0.31	87.67	−0.09	−0.06	2.06	10.55	8.65
绍兴市	−0.69	0.35	0.37	29.52	−0.06	−0.08	86.50	−0.22	0.52	−0.16	2.43	5.60
金华市	5.61	0.48	−0.43	10.25	0.28	−0.33	16.77	0.17	−0.24	−0.41	4.64	5.15
衢州市	−0.59	1.19	0.27	12.29	0.08	−0.35	32.25	0.29	−0.40	1.27	38.70	12.43
舟山市	−0.29	−0.04	0.38	99.11	0.12	−0.37	65.87	0.10	−0.24	1.69	45.61	14.8
台州市	−0.65	0.54	0.29	4.15	0.31	−0.38	7.61	−0.09	−0.02	−0.59	4.03	4.58
丽水市	−0.58	1.39	0.61	4.24	0.68	−0.46	5.75	0.55	−0.40	−0.54	58.47	11.18

注：A 为第一次产业，B 为第二产业，C 为第三产业

4. 产业结构升级转换动态演进

由表 3-2-3 可知，在增长的绝对量方面，杭州市增长量最多，达 6419.46 亿元，而舟山市增长量最低，仅为 731.61 亿元。同时，浙江省 11 个地市 2001—2013 年所有产业共享份额 N 和国内生产总值总增长均高于全省平均水平（产业结构总偏离为正），其中杭州、宁波、温州、嘉兴、绍兴、金华、台州 7 个城市增长较为迅猛（产业结构总偏离度大于 1000 亿元）；偏离增长总量，按照大小排列依次为杭州市＞宁波市＞绍兴市＞嘉兴市＞金华市＞温州市＞台州市＞湖州市＞衢州市＞舟山市＞丽水市，其中杭州市与宁波市增长量突破了 3000 亿元达到最高。

表 3-2-3　浙江省各市产业结构 SSM-Esteban 分析结果

城市	总增长 G	浙江省共享份额 N	产业结构分量 P	同位竞争分量 S	配置分量 H	总偏离
杭州市	6419.46	2716.97	3513.66	157.60	31.21	3702.47
宁波市	5437.64	2241.53	2812.05	381.17	2.89	3196.11
温州市	2847.16	1636.76	2052.85	−819.99	−22.46	1210.40
嘉兴市	2366.54	993.18	1262.04	105.94	5.39	1373.37
湖州市	1339.08	602.70	768.47	−39.02	6.94	736.39
绍兴市	2937.56	1378.03	1690.48	−104.76	−26.20	1559.52
金华市	2201.43	980.79	1239.28	−14.73	−3.91	1220.64
衢州市	817.01	263.08	369.03	229.45	−44.55	553.93
舟山市	731.61	191.33	300.98	390.94	−151.64	540.28
台州市	2297.95	1134.50	1462.09	−303.92	5.28	1163.45
丽水市	757.34	219.05	323.91	299.82	−85.45	538.28

从产业结构内部来看(表 3-2-4),所有城市第一、二、三产业的产业结构分量 P 值为正,表明浙江省地市的农业增长率高于全省增长率的平均水平,工业产业结构和服务业产业结构合理,11 地市产业的 GDP 增长率高于整个浙江省平均水平。从产业总转移分量来看,第一、二、三产业中宁波市与杭州市分别以 159.61 亿元和 134.93 亿元、1494.17 亿元和 1316.06 亿元、2251.49 亿元和 1542.33 亿元排在前列,说明宁波市和杭州市农业增长水平相对全省而言处于领先地位,特别是杭州市 21 世纪以来形成的休闲观光农业、省级现代农业综合区、主导产业示范区以及农业龙头企业等地方特色农产品品牌,有力地推动了农业现代化与发展进程。而丽水市第一、三产业的总转移分量仅为 38.59 亿元、212.81 亿元,表明农业和服务业增长水平发展较为缓慢;舟山市第二产业总转移分量为全省最低,仅为 268.35 亿元,可见其工业增长水平处于相对较低位置。

表 3-2-4　浙江省各市产业结构 SSM-Esteban 分析明细结果

城市		杭州市	宁波市	温州市	嘉兴市	湖州市	绍兴市	金华市	衢州市	舟山市	台州市	丽水市
第一产业	*G*	151.17	174.32	60.90	91.24	78.02	110.20	83.92	46.67	50.70	116.28	44.11
	N	16.24	14.72	8.31	9.41	6.97	11.66	7.89	5.16	5.06	13.21	5.51
	P	140.84	127.67	72.09	81.60	60.48	101.19	68.45	44.77	43.89	114.61	47.80
	S	−8.12	40.09	−31.13	0.21	7.96	−2.62	7.90	−1.58	0.68	−8.65	−3.69
	H	2.21	−8.15	11.63	0.02	2.61	−0.02	−0.32	−1.68	1.07	−2.89	−5.52
第二产业	*G*	2863.22	2881.04	1397.31	1319.32	710.96	1541.91	1065.97	449.76	346.90	1097.15	398.36
	N	1547.16	1386.86	993.81	619.00	382.69	917.56	608.20	145.27	78.54	703.17	111.48
	P	1358.12	1217.41	872.39	543.37	335.93	805.45	533.89	127.52	68.95	617.26	97.86
	S	−43.66	265.31	−450.50	154.34	−7.56	−164.34	−74.05	219.66	358.49	−226.20	269.34
	H	1.60	11.45	−18.40	2.61	−0.10	−16.76	−2.07	−42.69	−159.09	2.93	−80.32
第三产业	*G*	3405.07	2382.28	1388.95	955.99	550.11	1285.44	1051.53	320.57	334.01	1084.52	314.88
	N	1153.58	839.95	634.63	364.77	213.04	448.81	364.69	112.65	107.72	418.11	102.06
	P	2014.71	1466.97	1108.38	637.08	372.07	783.84	636.94	196.74	188.14	730.23	178.25
	S	209.38	75.77	−338.36	−48.62	−39.42	62.21	51.42	11.37	31.76	−69.06	34.17
	H	27.40	−0.41	−15.69	2.75	4.42	−9.42	−1.52	−0.19	6.38	5.25	0.39

产业间的差异性可以从结构、比较优势以及专业化等方面来分析。第一产业中,杭州、宁波、台州、绍兴等市农业结构合理,产业结构发展较快,尤其是杭州市与宁波市以副省级城市消费市场为依托,利用现代科技进行农产品精深加工为补充而全面发展,竞争力较强,但杭州市农业较全省而言缺乏比较优势,宁波市农业则相对全省缺乏专业化,使得产业结构带来的优势被抵消,分别导致了 8.12 亿元和 8.15 亿元的损失;同时,绍兴市和台州市凭借合理的农业产业结构,产生了 101.19 亿元和 114.61 亿元的经济效益,但第一产业产值的增长低于全省同类城市的平均水平,农业的相对比较优势与专业化程度有待提高。

从第二产业来看，全省 11 个地市的国内生产总值都有较大幅度的提高，杭州、宁波、温州和绍兴位于前四位，共产生 4253.37 亿元的效益，占第二产业中总增长效益的 64.66%，其中宁波市工业产生的效益得益于工业结构合理，并且工业比较优势和专业化贡献率在全省地市中居于首位。第三产业中，杭州市、宁波市、温州市受浙江省经济增长的效应而快速增长，服务业产业结构带来的效益分别占全省总增长量的 24.23%、17.65%以及 13.33%，其中杭州市主要是依靠比较优势和专业化带动，而温州市第三产业专业化优势不明显，导致了 15.69 亿元的增长流失。从以上分析可以知，浙江省的经济增长主要依靠竞争力矛盾较大的第二、三产业带动，未来产业的比较优势与专业化程度仍需进一步转整优化，进而形成整体发展优势。

四、结论及对发展浙江海洋经济启示

借助产业结构演进评价指标和 SSM-Esteban 模型分析法，分析浙江省 2001—2013 年的产业结构演进过程，得到如下结论：(1)21 世纪以来浙江省形成了以农业为辅、工业特色明显和第三产业快速发展的现代产业结构。在研究时段内，浙江各地市三次产业产值增量有明显的空间分异，其中第一产业产值增加幅度浙东北大于浙西南各市，增加值排在前五位的依次为宁波市、杭州市、台州市、绍兴市、嘉兴市；第二产业产值增量最少的是舟山市，而排在前五位的是宁波市、杭州市、绍兴市、温州市、嘉兴市；第三产业产值增量仍是浙东北各市变化较大，排在前五位的是杭州市、宁波市、温州市、绍兴市、台州市，其均高于 1000 亿元。(2)研究期内，随着经济改革的推进，市场机制逐步完善，资源得到优化配置，使各地级市与全省的产业结构趋同程度加强，特别是 2003 年以后，浙江经济增长进入加速工业化和产业结构优化升级阶段，依赖第二产业发展的同时第三产业逐步壮大，对经济的推动作用越来越显著，资源与消费结构相似、产业生命周期缩短等使主导产业同构而形成产业结构趋同的发展态势。(3)从增长的绝对量来看，研究期间杭州市增长最多而舟山市最低，11 个地市所有产业共享份额 N 与 GDP 总增长均高于全省平均水平；从产业结构内部来看，农业增长率高于全省增长率的平均水平，工业产业结构和服务业产业结构合理；从产业间的差异性来看，全省经济增长主要依靠第二、三产业带动，未来产业比较优势与专业化仍需优化。

显然，浙江省各地市级产业结构在快速趋同，但是沿海市的产业结构明显优于内陆地区，形成服务业和制造业主导产业格局。这种产业格局，非常有利于滨海市发展海洋装备制造业和海洋服务业；但是沿海趋同的产业结构，在整体上会提升沿海海洋经济发展规模和质量，同时也会造成海洋产业发展过程的趋同性。

第三节　浙江沿海县域经济增长的空间分异

区域经济差异作为制约区域发展的重要因素，一直以来是经济地理学研究的热点问题。改革开放以来，中国经济在实现快速发展的同时，也出现了严重的经济失衡问题。长此以往，不利于国家和区域的经济发展和社会稳定。针对这一问题，20 世纪 90 年代以来，学者对中国经济发展进行了一系列相关研究，研究尺度从宏观尺度的三大地带[41]、省级比较[42]到中观尺度的地级市或地级城市比较[43]再到微观的县级[44,45]、乡镇[46]分析单元，研究尺度日益微观与地方性增强。研究方法从利用单指标进行测度的标准差、均值、基尼系数、变异系数、总熵指数、泰尔指数[47-49]，到利用多指标进行测度的因子分析法、主成分分析法、层次分析法[50,51]，再到近些年的差异分解法、空间分析方法等[6,52]。

作为中国东部经济较发达的省份，浙江省内经济差异一直是困扰其平稳协调发展的难题。关于浙江省区域经济差异，不同的学者做了相关研究，陈修颖[53]选用泰尔指数、相对发展率方法分析了 1990 年以来浙江沿海经济差异，结果发现浙江沿海区域差异整体上持续扩大；吴丽等[54]利用泰尔指数、基尼系数、加权变异系数以及经济区位熵等方法分析浙江省 11 个地级市经济差异，发现市际经济差异具有时间上相似性并且有所扩大；叶信岳等[55]运用马尔科夫链、探索性空间数据分析、多层次回归等方法，从县、市等不同的空间尺度分析近 20 年浙江省经济差异时空动态及其动力机制；宓科娜等[13]运用地理加权回归方法分析了浙江省 69 个县域经济发展，发现浙江省县域经济分异的影响因素呈现人均固定资产投资、人均规模工业总产值和人均出口总额存在边际递增效应；人均农业机械总动力、专利申请授权量对经济发展有正面也有负面影响，并随地理位置的不同而发生变化。总体而言，现有研究虽然初步刻画了浙江省经济差异的总体趋势及其部分影响因素；但是未能有效解释省内沿海县际经济差异的总体轨迹与态势。为此，采用泰尔指数及其分解并利用 ESDA 分析浙江滨海县域 GDP、人口、人均 GDP 等指标刻画县域经济增长分异，尝试刻画 1981 年以来浙江沿海县域经济增长分异轨迹，科学地研判浙江沿海经济发展格局，为区域空间治理提供政策依据。

一、研究方法与数据来源

(一)研究方法

1. 泰尔指数及其分解

泰尔指数可以将区域总体差异分解为不同空间尺度的组内差异和组间差异,被广泛应用于区域内部差异及区际差异的实证研究[56]。泰尔指数可分解为泰尔指数 T 和泰尔指数 L 两个指数指标,前者以 GDP 比重加权,后者以人口比重加权。本书采用泰尔指数 T,计算公式为

$$T=\sum_{i=1}^{n}Y_i\ln\left(\frac{Y_i}{P_i}\right) \tag{3-3-1}$$

式中:n 表示区域个数;Y_i 表示 i 区域 GDP 占浙江沿海区域 GDP 的份额;P_i 表示 i 区域人口占浙江沿海区域人口的份额。泰尔指数 T 的计算值越大,浙江沿海各区域间经济发展水平差异越大,相反则越小。

若以地市级行政单元为基本空间单元,对泰尔指数进行一阶段嵌套分解,可将浙江沿海区域的总体差异分解为杭嘉湖绍地区、甬舟地区和温台地区三大区域之间的差异(T_{BR})与三大区域内的差异(T_{WR})。

$$T_p=\sum_{j}\left(\frac{Y_{ij}}{Y_i}\right)\ln\left(\frac{Y_{ij}/Y_i}{P_{ij}/P_i}\right)+\sum_{i}\left(\frac{Y_i}{Y}\right)\ln\left(\frac{Y_i/Y}{P_i/P}\right)=T_{WR}+T_{BR} \tag{3-3-2}$$

式中:Y_i 表示第 i 区域的 GDP 总量;P_i 表示第 i 区域的总人口数;Y_{ij} 表示第 i 区域第 j 市的 GDP 总量;P_{ij} 表示第 i 区域第 j 市的总人口数;T_{WR} 表示区域内差异;T_{BR} 表示区域间差异。

若以县级行政单元为基本空间单元,对泰尔指数进行二阶段嵌套分解,可将浙江沿海区域的总体差异分解成市内差异(T_{WP})、市间差异(T_{BP})和区域间差异(T_{BR})。

$$T_d=\sum_{i}\left(\frac{Y_i}{Y}\right)\sum_{j}\left(\frac{Y_{ij}}{Y_i}\right)\sum_{k}\left(\frac{Y_{ijk}}{Y_{ij}}\right)\ln\left(\frac{Y_{ijk}/Y_{ij}}{P_{ijk}/P_{ij}}\right)+\sum_{i}\left(\frac{Y_i}{Y}\right)\sum_{j}\left(\frac{Y_{ij}}{Y_i}\right)\ln\left(\frac{Y_{ij}/Y_i}{P_{ij}/P_i}\right)+\sum_{i}\left(\frac{Y_i}{Y}\right)\ln\left(\frac{Y_i/Y}{P_i/P}\right)=T_{WP}+T_{BP}+T_{BR} \tag{3-3-3}$$

式中:Y_{ijk} 为浙江省第 i 区域第 j 市第 k 县的 GDP 总量;P_{ijk} 为浙江省第 i 区域第 j 市第 k 县的人口总数。

泰尔指数用于分析不同空间尺度下浙江省沿海区域的经济差异,既包括浙江沿海带际、市际和县际差异,也包括浙江沿海三大带际(杭嘉湖绍地区、甬舟地区和温台地区)内的市际差异和县际差异。泰尔指数的一阶段分解用于分析基于市级行政单元的浙江沿海区域差异(分为三大区域间差异和三大区域内差异)。泰尔指数的二阶段分解用于分析基于县域行政单元的浙江沿海区域差异(分为区域间差异和区域内差异,区域内差异分为地市间差异和地市内差异)。

2.探索性空间数据分析

探索性空间分析主要采用全局空间自相关和局部自相关两种方法计算浙江省沿海区域差异的空间集聚特征。1)全局空间自相关描述的是研究区域总体特征,可以用全局 Moran's I 测量[57]。在给定显著性水平的情况下,如果 Moran's I 显著为正,则表明经济发展水平较高的区域在空间上显著集聚;如果 Moran's I 显著为负,则表明区域与其周边地区的经济发展水平具有显著的空间差异。全局 Moran's I 不能全面反映区域差异,要深入研究区域内部的空间差异,还应采用 ESDA 局部空间关联分析方法进行进一步的分析。2)局部空间自相关,采用热点分析 Getis-Ord G_i^* 指数可以测度局部空间自相关特征,能识别出区域单元热点区(高值聚)与冷点区(低值聚)的空间分布。G_i^* 标准化处理得 $Z(G_i^*)$,若 $Z(G_i^*)$ 为正且显著,则表明 i 区域周围的值相对较高(高于均值),属于热点区(高值簇);若 $Z(G_i^*)$ 为负且显著,则表明 i 区域周围的值相对较低(低于均值),属于冷点区(低值簇)。

(二)数据来源

数据资料源自《浙江 60 年统计资料汇编》(1981—2008 年)和《浙江统计年鉴》(2009—2014 年),空间分析单元为 2013 年浙江沿海 8 市的 45 个县(市、区)(图 3-3-1),时间序列为 1981—2013 年。

二、浙江沿海县域经济增长轨迹的多尺度测量

(一)浙江沿海县际、地级市际、带际的总体增长分异

利用公式(3-3-1)计算不同空间尺度下的浙江沿海泰尔指数,分析发现浙江沿海县际、市际、带际的差异情况有所不同。总体来看,县际的差异最大,其次为市际,而带际的差异最小(图 3-3-2);县际经济发展水平的差异较大且近年来有扩大的趋势;市际和三大带际的差异较小,两者的变化趋势基本相似。从图 3-3-2 可以看出,1995 年和 2003 年是两个明显的分水岭,在 1981—1994 年间,市际和带际泰尔指数逐年下降,1995—2002 年间基本保持平稳,但从 2003 年开始差异趋势逐渐增大。浙江经济发展过程中,地方性产业政策对区域经济差异有不可忽视的作用[58]。这两次差异的拉大也可能和经济政策有关。1990 年我国开放上海浦东新区,在一定程度上促进了距上海较近的浙江东北地区的经济发展,导致差异扩大。2003 年发布的《浙江省环杭州湾地区城市群空间发展战略规划》,为浙江省东北地区经济发展创造了良好的条件。

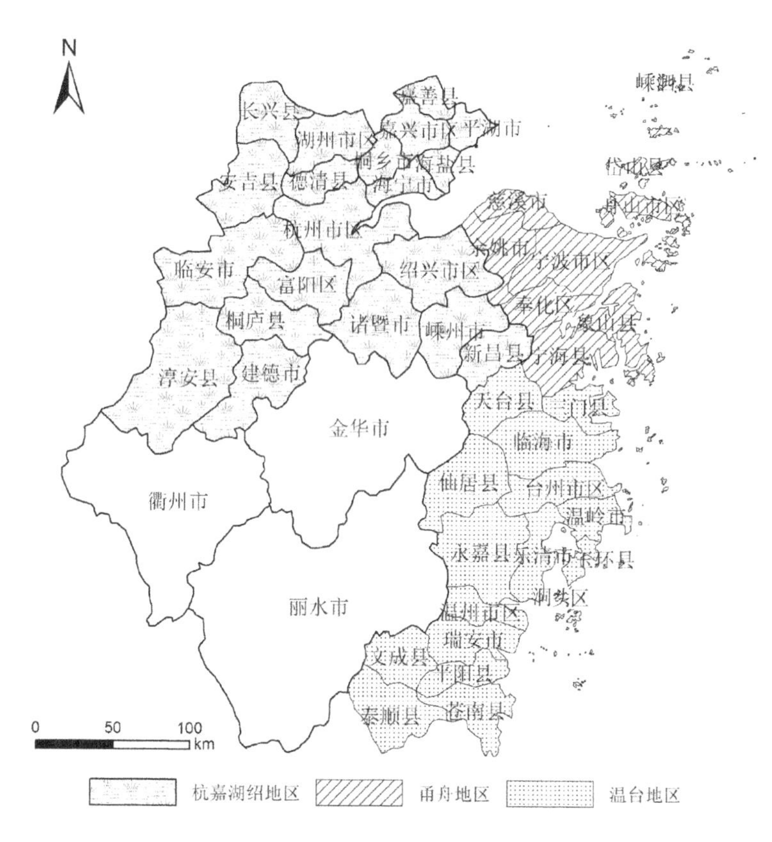

图 3-3-1　浙江沿海地区及分带

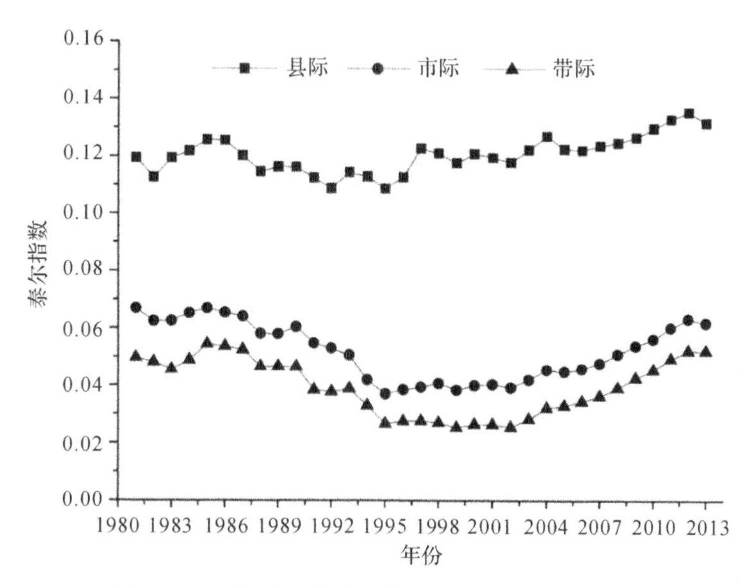

图 3-3-2　不同空间尺度下的浙江沿海区域总体差异

(二)浙江沿海县际、地级市际的区域增长分异

在比较浙江沿海三尺度的总体差异同时，将浙江沿海分为杭嘉湖绍地区、甬舟地区和温台地区三大区域，计算三大区域县际和市际的泰尔指数，解析浙江沿海区域内部的差异(图 3-3-3)。图 3-3-3 显示：(1)浙江沿海三大区域之间的县际差异明显大于市际差异；县际差异中，温台地区差异较大且变化起伏较大，杭嘉湖绍地区和甬舟地区变化起伏较小且呈上下波动状态；市际差异中，杭嘉湖绍地区远高于其他两个地区且波动较大，甬舟地区和温台地区差异极小且变化不大。(2)县际差异中，温台地区的差异远高于杭嘉湖绍地区和甬舟地区，在最新的浙江省 26 个欠发达地区中，属于杭嘉湖绍地区只有淳安县，属于甬舟地区是嵊泗县、岱山县，而属于温台地区则包括永嘉县、平阳县、苍南县、文成县、泰顺县、三门县、天台县、仙居县等 8 个县；2013 年温台地区的 16 个区县中，人均 GDP 最高的温州市区为 104522.52 元，而较低的文成县和泰顺县人均 GDP 则分别为 14813.04 元和 16228.65 元，可见温台地区的县际之间差异较大。(3)2013 年浙江沿海 8 市的人均 GDP 分别为杭州市 118078.43 元、嘉兴市 90995.29 元、湖州市 69055.62 元、绍兴市 89767.02 元、宁波市 122881.89 元、舟山市 95665.98 元、温州市 49614.24 元、台州市 52944.41 元，显然杭嘉湖绍地区中杭州市和湖州市之间的差异最大，而其他地区间的差异则较小(图3-3-4)。

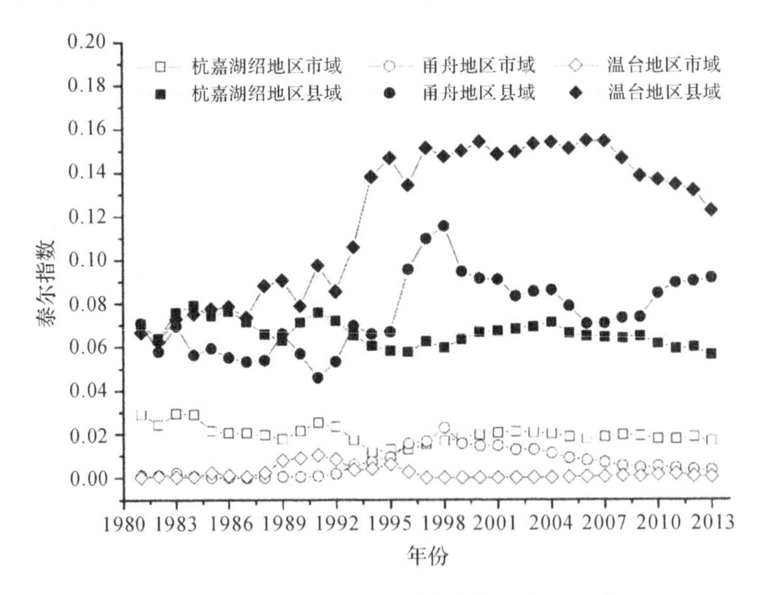

图 3-3-3 浙江沿海三大区域的市际与县际差异

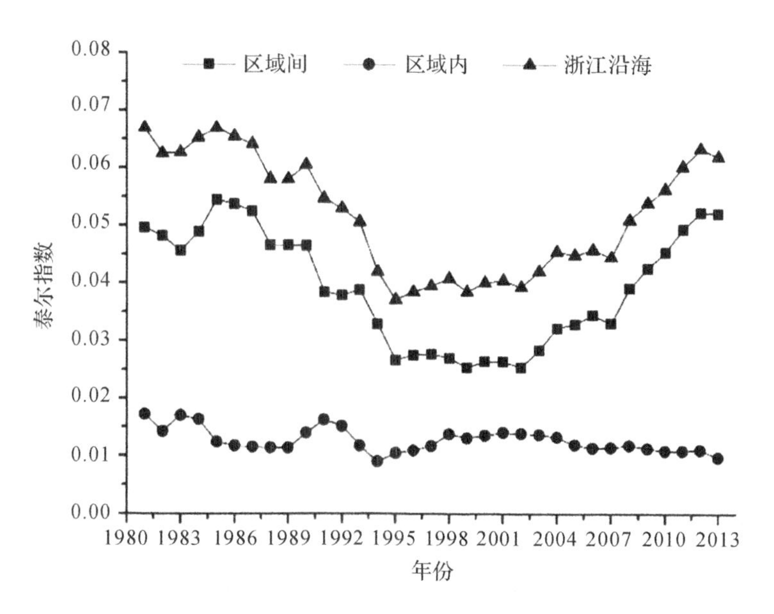

图 3-3-4 基于市级行政单元的浙江沿海区域差异:泰尔数的一阶段分解

(三)浙江沿海增长分异的泰尔指数分解

通过对泰尔指数的分解,能够观察不同组分对浙江沿海总体差异的贡献情况。基于地市行政单元,将泰尔指数进行一阶段分解,把浙江沿海的区域差异分解成三大带间和三大带内两尺度的差异,计算出相对应的泰尔指数(图 3-3-4)。图 3-3-4 显示,带间差异趋势与总体差异非常相近。由于三大带之间的差异总体比较平稳,因此促成整体差异拉大的主导力量是三大带内部差异的增大。1981—2013 年三大带间的差异对泰尔指数的平均贡献率为 74.77%,说明浙江沿海区域差异对地理尺度比较敏感。三大带之间的差异很大,但将其作为一个整体进行比较,地市间的差异被抵消,则三大带之间的差异很小。

继续将泰尔指数的二阶段分解,可以看出各地市内部的差异对泰尔指数的贡献率明显大于地市之间的差异贡献(图 3-3-5)。1981—2013 年间地市内部差异的平均贡献率达到 73.31%,地市之间的差异平均贡献率为 6.51%。1981—2013 年间地市之间的差异变化不大,基本平稳;地市内部的差异在 1981—1992 年间差异波动较大,1992—2003 年间仍旧波动上升,2004 年以后波动幅度变小且持续下降。

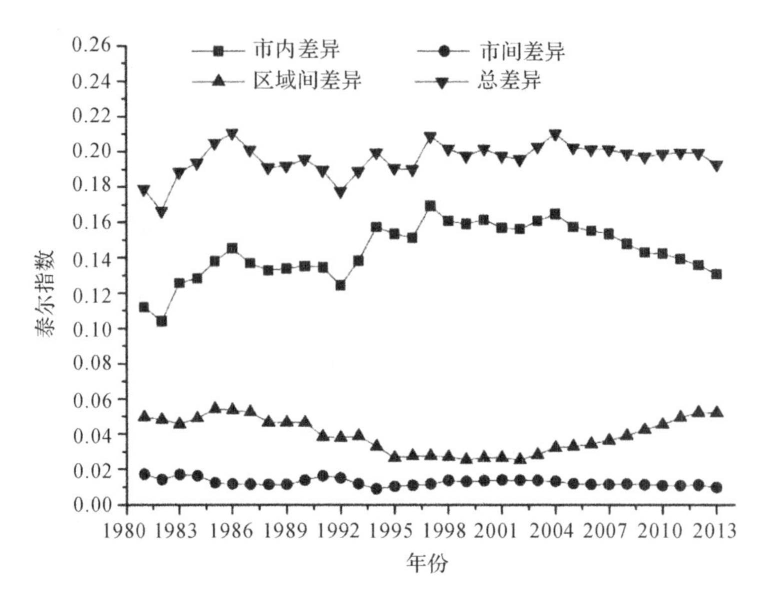

图 3-3-5 基于县级行政单元的浙江沿海区域差异:泰尔指数的二阶段分解

三、浙江沿海县域经济增长的空间关联及演化

(一)总体空间格局自相关特征及其历程

根据浙江沿海各县域间的邻接关系,采用基于邻接(contiguity)关系的空间权重矩阵。邻接标准有两种原则:(1)Rook's 邻接,表示拥有共同的边即为邻接;(2)queen's 邻接,定义为除共边外还包括有共同顶点的邻接。选择 queen's 邻接,在浙江沿海的 45 个区县中,舟山市区、嵊泗县、岱山县、洞头县等 4 地为海岛区县,与其周围区县无共边或共点关系,对空间邻接关系进行了修改使得宁波市区与舟山市区邻接,洞头县与玉环县邻接,舟山市区、岱山县、嵊泗县之间相互邻接。借助 GeoDa 软件计算出 1981—2013 年浙江沿海县域经济的全局 Moran's I,得到全局空间关联统计值(表 3-3-1)。

表 3-3-1 浙江沿海县域人均地区生产总值全局 Moran's 统计值

年份	Moran's I	$E(I)$	$Z(I)$
1982 年	0.5205	−0.0227	5.2542
1992 年	0.4649	−0.0227	4.7415
2002 年	0.3673	−0.0227	3.7848
2012 年	0.4887	−0.0227	5.0063

1981—2013 年浙江省全局 Moran's I 统计值均为正值,并通过显著性水平检验,说明浙江沿海县域人均 GDP 数据之间的全局空间关联性较强。Moran's

I 指数与 Z 值随时间的变化趋势基本一致，表现出反复上升一下降交替的变化趋势，并且波动的年份和区间基本一致（图 3-3-6）。1981—1998 年间 Moran's I 指数上升下降的波动幅度较大且频繁，1999 年 Moran's I 指数下降到了最低值 0.3488，自 2000 年以来 Moran's I 指数波动相对较小且整体呈上升趋势。整体而言，浙江滨海县域经济增长的空间邻近特性仍然较为显著，虽然 2000 年后呈现降低趋势，但是仍然呈现波动增长趋势，呈现较强的空间马太效应。可以看出，浙江滨海县域经济增长的空间路径依赖较为突出，趋中心增长始终是浙江滨海县域经济增长分异的主导动力与发展模式。

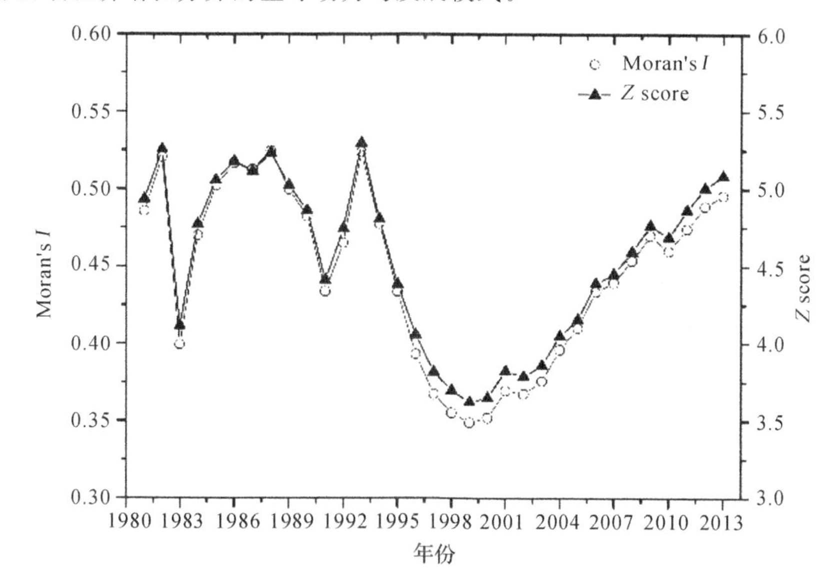

图 3-3-6　浙江沿海县域 1981—2013 年经济全局 Moran's I 指数与 Z 值变化

（二）浙江滨海县域经济增长轨迹的冷热点

以人均 GDP 为变量，选取 1982、1992、2002、2012 年 4 个年份作为研究节点，分别计算浙江沿海县域的 Getis-Ord G_i^* 指数，将 Getis-Ord G_i^* 指数用自然间断点分级法（Jenks）从高到低依次划分为热点区域、次热点区域、次冷点区域、冷点区域 4 种类型，通过 ArcGIS 10.2 软件生成浙江沿海县域经济增长的冷热点区的空间格局演化图（图 3-3-7）。

（1）整体来看，1981 年以来，浙江沿海经济热点区域的总体格局变化较大，在 1982、1992、2002、2012 年 4 个年份中，杭州市区、海宁市、桐乡市、宁波市区、慈溪市、余姚市、舟山市区始终是浙江沿海经济的热点区域，说明它们是浙江沿海最具经济活力的经济增长中心。1982 年以来，杭嘉湖绍地区和甬舟地区的经济热点区域和次热点区域相对减少，冷点区域和次冷点区域相对增加；而温台地区则在这 4 个年份中一直没有高值簇区域，相反处于低值簇的区域较多，这

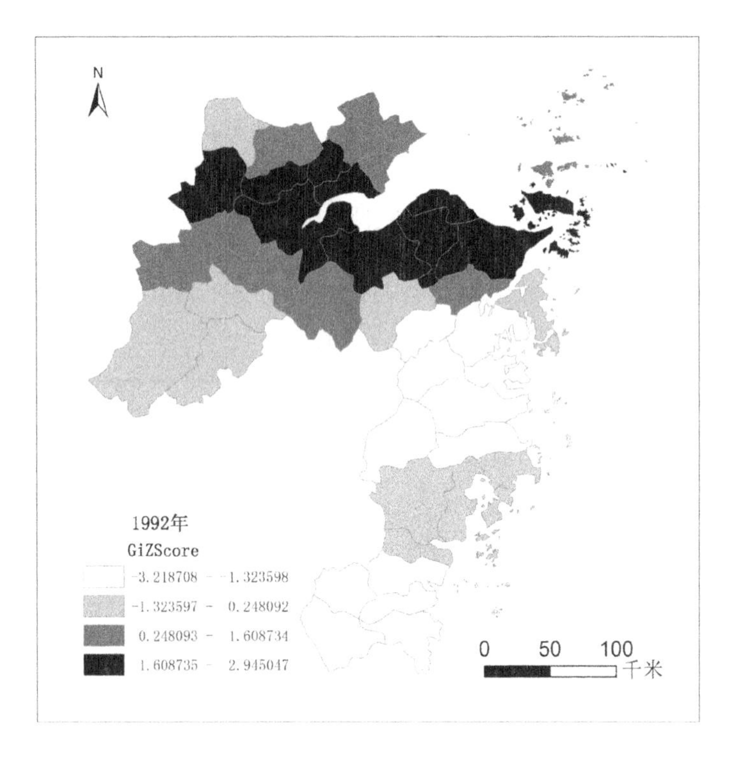
N
1992年
GiZScore
-3.218708 - -1.323598
-1.323597 - 0.248092
0.248093 - 1.608734
1.608735 - 2.945047
0 50 100
千米

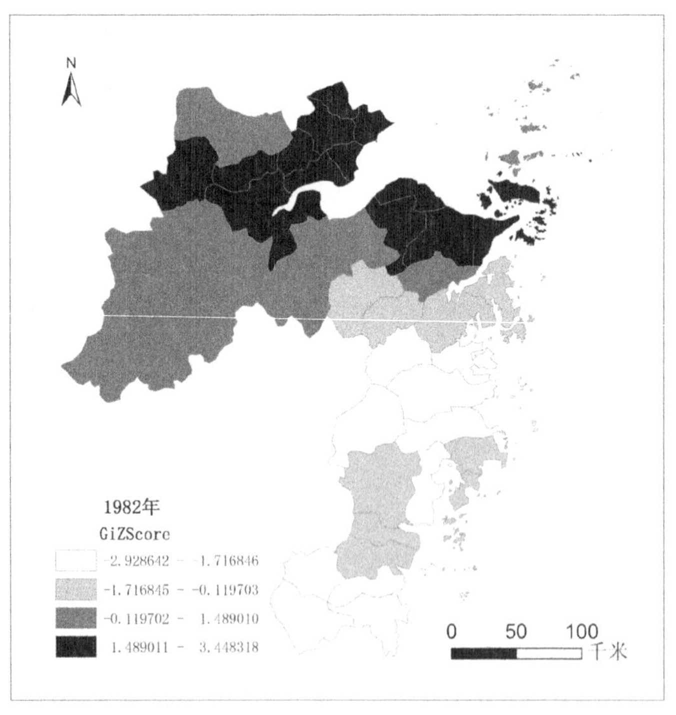
N
1982年
GiZScore
-2.928642 - -1.716846
-1.716845 - -0.119703
-0.119702 - 1.489010
1.489011 - 3.448318
0 50 100
千米

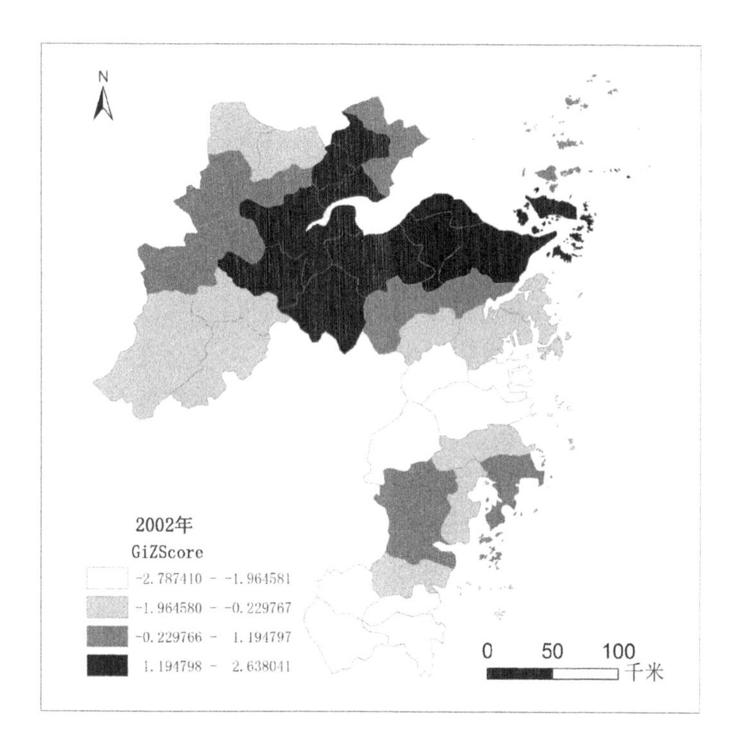

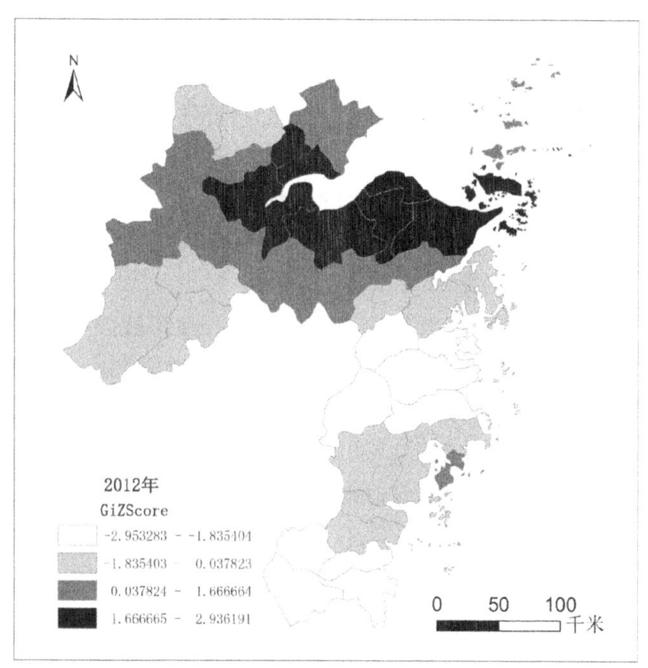

图 3-3-7　浙江沿海县域经济增长格局的冷热点区演化

说明温台地区是浙江沿海经济增长的冷点区域，在浙江沿海地区的经济地位没有实质性的改变。

(2)浙江沿海经济的整体格局在保持相对稳定的前提下，各类型区发生了一定的变化。热点区域的数量由1982年的13个减少到1992年的10个再增加到2002年的11个，最后变成2012年的8个，经济热点区域相对减少。而冷点区域在这4个年份中分别为10个、11个、8个、9个，基本没有变化。表明浙江沿海经济发展的核心区域有所缩小，且集聚在杭州和宁波地区，而温台地区的经济作用变化不大甚至出现被边缘化的趋势。

(3)从热、冷点区域的变化看，杭嘉湖绍地区和甬舟地区始终是浙江沿海的经济增长中心。1981年以来，杭州市区、宁波市区、慈溪市始终是热点增长区域；随着经济发展，杭嘉湖绍地区的热点区域减少，转变为次热点区域和次冷点区域；而甬舟地区的热点区域始终没有变化；温台地区有8个冷点区域和2个次冷点区域始终没有变化。

四、浙江省滨海县经济增长轨迹分野与惯性积累

利用泰尔指数以及ESDA分析1981—2013年间浙江沿海8市45区县的经济增长差异，得到：(1)1981—2013年间浙江沿海县际、市际和带际的差异情况有所不同，县际的差异最大，其次为市际，而带际的差异最小，市际和带际差异相对县际差异较小，且呈现相似性的变化趋势；(2) 1981—2013年间浙江沿海三大带之间的县际差异高于市际差异，县际差异中温台地区差异高于杭嘉湖绍地区和甬舟地区，市际差异中杭嘉湖绍地区高于甬舟地区和温台地区；(3)将1981—2013年间的泰尔指数进行一阶段分解，发现三大带间的差异明显高于带内的差异；进行泰尔指数二阶段分解，发现各地市内部的差异对泰尔指数的贡献率明显大于地市之间的差异贡献；(4)1981—2013年间全局Moran's *I*统计值全部为正，并通过显著性水平检验，表明浙江沿海县域经济增长表现出显著的全局空间关联性；(5)1982、1992、2002、2012年4个年份中，杭嘉湖绍地区和甬舟地区大多是浙江沿海经济增长热点区域，而温台地区是浙江沿海经济增长冷点地区；且热点区域数量相对减少，冷点区域变化不大。这表明浙江沿海经济增长的核心区域趋向集聚于杭州和宁波地区，而温台地区经济增长有被边缘化的趋势。

针对浙江滨海地区30多年的经济增长分异轨迹与态势，为提升区域均衡发展水平必须破解30多年来以杭州、宁波为中心的增长轨迹，积极培育舟山成长为全省滨海经济发展的新增长中心。同时，亟待破解温台经济发展的惯性障碍，即地级市中心较弱导致周边县增长态势在全省沿海地区贡献度较低的经济发展困境。温台地区经济增长应塑造地级市强中心，抑或积极推动县域块状经济转型升级战略。

第四节　舟山海岛县(区)产业结构演化特征

中国有关海岛县产业结构研究起步于20世纪80年代,葛立成[59]首次界定"海岛产业结构"概念,张耀光[60]、孙兆明等[61]、张广海等[62]、赵锐等[63]先后将"三轴图"法、偏离-份额法(SSM)、区位熵、波及系数等方法引入海岛县(区)产业结构演化研究,研究领域逐渐拓展到海岛县(区)三次产业结构演进过程、发展阶段及相对竞争力。1980—2014年中国海岛县(区)产业结构由第一产业主导转变为第二产业主导,第三产业比重达30%以上,海岛经济逐渐朝以服务业为主的第三产业演化[59,62,64—65]。楼东等[66]、陈小霞[67]、周金荣[68]分析舟山全市产业结构演化历程及资源基础,明确了舟山市产业结构优化方向,但未深入解析舟山市各县(区)产业结构。为此,据舟山各县区产业结构演化历程,选取关键年份运用偏离-份额等方法刻画以岱山县、定海区为代表的舟山各县(区)三次产业及行业部门演化特征,以明确舟山海洋经济发展方向。

一、研究区与研究方法

(一)研究区

舟山市地处东海,毗邻沪、甬,辖定海区、普陀区、岱山县、嵊泗县,定海区是舟山市政府所在地,在4个县(区)中陆地面积最大、海域面积最小,其产业结构由1993年的20.6∶40.8∶38.6转变为2013年的2.9∶46.5∶50.6;岱山县位于舟山群岛中部,其产业结构由1993年的40.6∶28.4∶31.0转变为2013年的15.6∶54.8∶29.6。

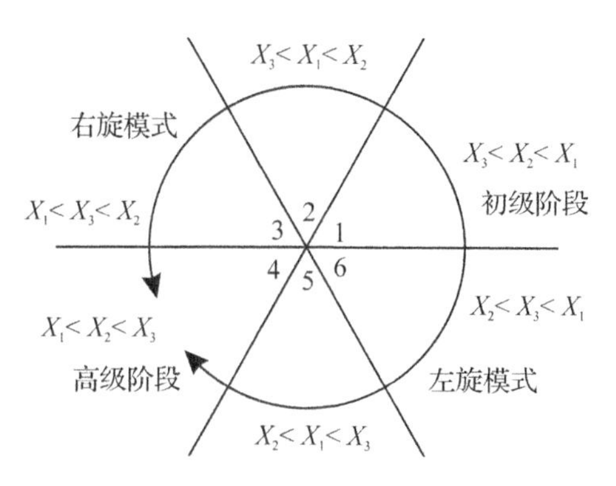

图3-4-1　产业结构演化模式

(二)研究方法

“三轴图”法最早由吴碧英[69]于1994年提出,现广泛用于区域产业结构演化研究。它以第i次产业的国民生产总值、国民收入、就业人口数等统计量在总额中的百分比为指标表示产业结构,并以构成变化来描述产业结构的变化。“三轴图”法主要考察由三次产业同一指标构成的结构三角形重心位置在平面仿射坐标系6个区域中的变动情况,产业结构的高级化过程即地区产业结构三角形重心由第1区域经过第2、3区域转移至第4区域,或经第6、5区域转移至第4区域,产业结构达到了$X_1<X_2<X_3$(图3-4-1)。下文将采用“三轴图”法考察1993—2013年舟山市海岛县(区)产业结构演化情况,并将其总结归纳为产业结构演化表,明确4县(区)产业结构发生质变的各个年份,探究其演化模式。

偏离-份额分析法[70]已在产业结构效益分析中广泛应用。此法视研究区经济变化为动态过程,将其与背景区域经济变化联系比较,评价产业结构因素和竞争力因素对区域经济发展的影响,找出其产业中的优势部门,从而确定区域经济发展方向和产业结构调整的原则。本文主要利用地区各行业就业人数表示区域经济规模,以舟山市作为海岛县(区)经济发展的参照物,对海岛县(区)在2005—2013年产业结构进行分析。

设各县(区)从2005—2013年经济总量和三次产业结构均已发生变化,$b_{i,0}$和$b_{i,t}$为研究区域i初期(2005年)和末期(2013年)的经济总量(从业人员数量);把区域i划分为$n(n=3/19)$个产业部门,$b_{ij,0}$和$b_{ij,t}(j=1,2,\cdots,n)$为区域i第j产业部门在初期和末期的经济总量;B_0和为舟山市初期与末期的经济总量;$B_{j,0}$和$B_{j,t}$为舟山市第j个产业部门初期与末期的经济总量;r_{ij}为区域i第j个产业部门增加值在$[0,t]$内的变化率,$r_{ij}=(b_{ij,t}-b_{ij,0})/b_{ij,0}$;$R_j$为舟山市第$j$产业部门总体增加值在$[0,t]$内的变化率为$R_j=(B_{ij,t}-B_{ij,0})/B_{ij,0}$。县区$i$的第$j$产业部门按舟山全市所占份额标准化后得$b_{ij}^{'}=b_{ij,0}B_{j,0}/B_0$。

县区i第j个产业部门在$[0,t]$时间段的经济增长量G_{ij}、份额分量N_{ij}、结构偏离分量P_{ij}、竞争力偏离分量D_{ij}和经济相对增长率L公式如下:

$$G_{ij}=N_{ij}+P_{ij}+D_{ij} \tag{3-4-1}$$

$$N_{ij}=b_{ij}^{'}R_j \tag{3-4-2}$$

$$P_{ij}=(b_{ij,0}-b_{ij}^{'})R_j \tag{3-4-3}$$

$$D_{ij}=b_{ij,0}(r_{ij}-R_j) \tag{3-4-4}$$

$$G_{ij}=b_{ij,t}-b_{ij,0} \tag{3-4-5}$$

$$PD_{ij}=P_{ij}+D_{ij} \tag{3-4-6}$$

$$L=(b_{i,t}-b_{i,0})/(B_t/B_0)=W\cdot u \tag{3-4-7}$$

引入$K_{j,0}=b_{ij,0}/B_{j,0}$,表示2个时期县(区)i第j产业对其总产业贡献度与

舟山全市第 j 产业在市总产业中的贡献度比值，则可将产业结构效果指数 W 和区域竞争效果指数 u 表达如下：

$$W=\left[\left(\sum_{j=1}^{n}K_{j,0}B_{j,t}\right)/\left(\sum_{j=1}^{n}K_{j,0}B_{j,0}\right)\right]/\left(\sum_{j=1}^{n}B_{j,t}/\sum_{j=1}^{n}B_{j,0}\right) \tag{3-4-8}$$

$$u=\sum_{j=1}^{n}K_{j,t}B_{j,t}/\sum_{j=1}^{n}K_{j,0}B_{j,t} \tag{3-4-9}$$

二、舟山市海岛县(区)产业结构演化

(一)舟山市 1993—2013 年海岛县(区)产业结构演化历程及模式

1. 指标选取与数据来源

选用 1993—2013 年舟山市各海岛县(区)三次产业产值占总产值的比重(X_i)表示产业结构，相关数据从舟山市及各县区的统计年鉴中获得。

表 3-4-1　1993—2013 年舟山市各县区产业结构演化历程

年份	$X_3<X_1<X_2$（第 2 区域）	$X_1<X_3<X_2$（第 3 区域）	$X_1<X_2<X_3$（第 4 区域）	$X_2<X_1<X_3$（第 5 区域）	$X_2<X_3<X_1$（第 6 区域）
1993—1995 年	普陀	定海	—	—	嵊泗、岱山
1996—1998 年	—	定海	—	—	嵊泗、岱山、普陀
1999 年	—	定海	—	嵊泗	岱山、普陀
2000 年	—	—	定海	普陀、嵊泗	岱山
2001 年	—	—	定海、普陀	嵊泗	岱山
2002—2003 年	—	—	定海、普陀、岱山	嵊泗	—
2004 年	—	嵊泗	定海、普陀、岱山	—	—
2005—2007 年	—	嵊泗、岱山	定海、普陀	—	—
2008—2011 年	—	嵊泗、岱山、普陀	定海	—	—
2012—2013 年	—	岱山	定海、普陀	嵊泗	—

注：根据舟山市各县(区)历年统计年鉴或统计公报数据整理计算而得；X_1，X_2，X_3 分别表示第一、二、三产业的比重。

2. 计算与分析

结合已有研究成果[64,71]选用“三轴图”法考察舟山市 4 个县(区)产业结构演化历程，得到 1993—2013 年研究区产业结构发生质变的时间节点及彼时其产业结构类型(表 3-4-1)。

由表 3-4-1 可知舟山市 4 个县(区)的产业结构演变：(1)1993 年以来，舟山市产业结构中第一产业比重逐年下降，第二、三产业比重逐年增长；大体从 2000 年开始舟山市 4 个县(区)第二产业在总产业中的比重持续增加，舟山市整体产业结构逐渐向以服务业为主的第三产业高级化方向演进。(2)普陀区产业结构整体呈现为左旋发展模式，2001 年首次进入高级阶段。相较于普陀区，定海区

在4个县(区)中经济发展较为稳健,其产业结构演化一直为右旋模式,并于2000年实现第三产业化。(3)嵊泗县与岱山县产业结构演化路径相似,两者在前期均遵循左旋模式,在2004年及2005年转变为右旋发展模式。(4)定海区虽然已经进入产业结构高级化阶段,但与国际公认的英格尔斯现代化标准的差距较大[72],2013年相关经济发展指标显示其经济尚未完全达到工业化后期的各项指标要求[73]。因此,第二产业比重在总产业中持续增加,将是舟山市产业结构在今后较长时期内的主要演化趋势。

(二)海岛县(区)产业结构演化规律分析

1.舟山各县(区)产业结构演化模式及转变原因

左旋模式与右旋模式的主要区别在于第一产业剩余劳动力是否满足由同一时期劳动效率决定的第二产业劳动力需求,满足剩余劳动力向第三产业转移。因此在多数情况下地区产业结构演化遵从右旋模式。(1)1993—2000年前后,舟山市4个县(区)第三产业比重普遍上升,除定海区外的3个地区产业结构演化遵循左旋模式:①粗放的渔业生产方式弊端在此时期暴露,地区近海渔业资源显著减少,第一产业劳动力出现大量剩余;②除定海区外3个地区以围绕渔业展开的水产品加工业和塑料制造业为主的第二产业规模小,不足以吸纳所有第一产业剩余劳动力;③国内海岛旅游兴起,投资少、收益快的旅游业成为海岛地区经济发展的新动力。(2)2000年前后至今,4个县(区)第二产业比重普遍上升,岱山、嵊泗县产业演化模式于2004年前后转变为右旋模式:①海岛县旅游业进一步发展受制于旅游资源品味、基础设施、服务设施等条件,相较普陀区,岱山和嵊泗旅游业发展优势不足;②2002—2004年,舟山市政府制定建设先进制造业基地的战略决策,开始大力支持临港工业发展;③与定海、普陀相比,岱山、嵊泗两地产业总体规模小,产业结构稳定性更差。

2.海岛县(区)产业结构演化规律

(1)左旋模式于海岛县(区)产业结构演化中普遍存在。相较一般地区而言,较多海岛县(区)产业结构演化不一定遵循右旋模式,在产业结构演化某段时期或是全部阶段均呈现出左旋模式相应规律[64-65]。(2)部分海岛县(区)经济总规模小,产业结构演化模式易受政策等外界条件影响。如岱山、嵊泗后期演化模式转变的主要推动因素就是当地政府对区域经济发展进行的政策引导。(3)海岛县(区)三次产业发展具有共同特点:①海岛县(区)经济发展初始阶段,以养殖和捕捞业为主的第一产业在三次产业占主要地位,在后续发展过程中,受资源有限性限制,其产值在三次产业中比重减小;②海岛县(区)第二产业中的主要产业如水产品加工业、船舶修造业等均围绕渔业展开,渔业经济在海岛地区今后发展中仍占重要位置;③大部分海岛县(区)第三产业主要围绕海洋旅游业展开,产业收入受季节性影响大。(4)海岛县(区)发展受自然条件限制,其产业结构演化最终目标和最佳形态不一。如长岛县历来渔业资源丰富，土地资源紧缺，自1992—2013年长岛县产业结构始终呈现第一产业、第三产业产值占总产值比重大于第二产业的特点，且第三产业比重有所上升，其发展定位为建成国际性休闲度假岛。区别于其他海岛县（区），舟山市海岛县（区）依托港口岸线资源、风力资源和区位优势，地区工业化更为彻底、完整。港口资源开发，使第二产业中大型化工、大宗物资加工业、能源工业、船舶工业等临港工业产业崛起，第三产业发展得到除海洋旅游业以外港口物流业后继支持。

（三）岱山县与定海区2005—2013年产业结构的偏离-份额分析

1. 指标选取与数据来源

围绕自然资源条件、社会经济条件及相关规划三方面考察舟山市4个海岛县（区）产业结构及其部门构成：（1）定海区、普陀区产业发展自然条件优于岱山县、嵊泗县，定海区和普陀区的大陆引水工程和海水淡化工程建设均走在舟山市前列，经济发展受土地资源、淡水资源限制少。（2）定海区和普陀区位于舟山本岛，是舟山市行政中心所在地，其科技、文化更为发达；舟山大陆连岛工程的建成，使两区尤其是定海区的通达性加强；同一时期，定海区、普陀区的经济总量远大于岱山县与嵊泗县，产业结构所处阶段较岱山县、嵊泗县更为高级，工农业基础更扎实。（3）定海区、普陀区的主要目标是建设成为花园城市带，岱山县和嵊泗县未来的发展重点是建成国家级港航物流核心圈[74]。综合各县（区）产业发展基础与发展过程，以及在舟山市产业结构演化中的代表性，特选取定海区与岱山县为样本刻画舟山市海岛县（区）产业结构演化特征。

2. 计算与分析

运用偏离-份额分析岱山县和定海区整体产业结构得表3-4-2，可知（1）岱山县产业结构特点：①与2005年相比，2013年岱山县就业总人数增量G小于份额分量N，区域相对增长率$L<1$，即岱山县产业规模增长速度落后于舟山全市；②产业结构偏离分量P较小，结构效果指数$w<1$，即岱山县总体产业结构一般，有待进一步优化；③竞争力偏离分量D为负值，且竞争效果指数$u<1$，岱山县各产业部门的竞争能力差，增长势头弱。（2）定海区产业结构特点：①产业规模增长速度大于舟山全市；②增长较快的产业部门比重大，区域总体产业结构效果好；③各产业部门竞争能力相对较强，增长速度快。（3）与定海相比，岱山县经济增长缓慢，产业结构与竞争力均不具备优势，需进行产业结构优化，提高产业竞争力。定海区虽具一定的结构优势和竞争优势，但产业结构偏离分量与竞争力偏离分量对经济增长的贡献率小，产业竞争力存在问题。

表 3-4-2 岱山县与定海区经济产业结构总效果

地区	G	N	P	D	PD	L	W	u
岱山县	0.31	1.33	1.93	−2.94	−1.02	0.79	0.95	0.83
定海区	9.75	2.95	4.60	2.20	6.80	1.07	1.07	1.00

注：根据舟山市、岱山县、定海区 2006 年与 2014 年统计年鉴数据整理计算而得，下同。

进一步对岱山、定海 2005—2013 年的三次产业进行偏离-份额分析得表 3-4-3，可知：(1)岱山县第一产业虽然在舟山市有一定产业竞争力优势，但基础差，属于衰退型且无优势部门；第二产业基础相对较好，具有一定优势的增长部门，但发展速度慢，地位有所下降；岱山县第三产业基础好，发展速度慢，是无优势的增长部门；与定海区相比岱山县三次产业无结构优势。结合表 3-4-2，岱山县进行产业结构优化，提高产业竞争力，反映在全县的三次产业发展上的要求为调整第一产业结构，着重强化第二产业，提升第三产业结构优势和竞争力。(2)定海区第一产业为衰退型且无优势部门；第二产业是具有一定优势的增长部门，在三产中基础最好，但发展速度较慢，地位有所下降；相较第一产业和第二产业，第三产业发展速度最快，是定海区最具竞争优势的增长型产业。纵观定海区产业发展，主要是由于在三次产业中部门规模占较大比重的第二产业发展速度落后，未能在竞争力偏离分量上发挥应有优势。实现定海区的产业结构优化和竞争力提升，关键在于提升地区第二产业竞争力。

表 3-4-3 岱山县与定海区三次产业偏离分析

指标		第一产业	第二产业	第三产业
G_{ij}	岱山	−0.58	0.90	−0.01
	定海	−1.21	3.23	7.73
N_{ij}	岱山	−0.20	0.72	0.81
	定海	−0.23	1.62	1.56
P_{ij}	岱山	−0.62	1.25	1.29
	定海	−0.70	2.82	2.47
D_{ij}	岱山	0.24	−1.07	−2.11
	定海	−0.28	−1.22	3.70
PD_{ij}	岱山	−0.38	0.18	−0.82
	定海	−0.97	1.60	6.17

依照《国民经济行业分类》(GB/T4754—2011)将三次产业划分为农、林、牧、渔业；采掘业；制造业；电力、燃气及水的生产和供应业；建筑业；交通运输、仓储及邮电通讯业；信息传输、计算机服务和软件业；批发和零售业；住宿和餐饮业；金融业；房地产业；租赁和商务服务业；科学研究、技术服务和地质勘查业；水利、环境和公共设施管理业；居民服务和其他服务业；教育；卫生、社会保

障和社会福利业；文化、体育和娱乐业；公共管理和社会组织 19 个具体行业进一步对岱山、定海两地的产业结构进行偏离-份额分析，可知：

(1)岱山县 2005—2013 年间第二产业除采掘业产业就业人员有所减少，制造业和电力、燃气及水的生产和供应业及建筑业的 G 值均为正，表明除采掘业外，其他产业吸纳劳动力的能力加大。采掘业产业结构偏离分量 P 为负值，竞争力偏离分量 D 为正值，两者之和为负数，表明岱山县采掘业在舟山全市范围内不具备产业优势。这与岱山县主要矿产花岗岩分布地除岱山本岛西部、衢山岛西南部外，自 2006 年起均被列入限采区有关[75,76]。岱山县电力、燃气及水的生产和供应 P、D 均为正值，且此行业产值构成及相关资料表明岱山县风力资源丰富，电力生产和供应产业发展优势明显，制造业和建筑业产业结构偏离分量 P 为正值，竞争力偏离分量 D 为负值，两者之和为正，说明作为岱山县第二产业最主要组成部分的制造业和建筑业具有一定的部门优势，但竞争力弱。因此，发展岱山县第二产业应从保持电力生产供应业优势，提升制造业和建筑业产业竞争力方面入手。(2)岱山县第三产业 14 个行业在产业规模发展(根据 G 大小排名)中位列前 6 的有批发和零售业、房地产业、租赁和商务服务业、公共管理和社会组织。对 4 个行业进行具体分析：①房地产业、租赁和商业服务业的偏离份额分量以及产业结构偏离分量均较小，产业发展主要依靠其行业竞争力(由竞争力偏离分量 D 体现)。与两者相同，交通运输、仓储及邮电通讯业，科学研究、技术服务和地质勘查业行业竞争力强，但在偏离份额分量以及产业结构偏离分量的排名上落后。结合前文，岱山第三产业进行产业结构优化可从上述 4 个行业调整入手。②批发和零售业、公共管理和社会组织(以及住宿和餐饮业、文化、体育和娱乐业)的偏离份额分量以及产业结构偏离分量在 19 个行业中均位列前 6，这表明岱山县第三产业产业结构效益良好主要体现在这 4 个产业上。然而它们的竞争力偏离分量均较小，即它们的产业竞争力较弱，因此着重发展批发和零售业、住宿和餐饮业、文化、体育和娱乐业、公共管理和社会组织，提升 4 个产业的产业竞争力对促进岱山县产业整体发展具有重要意义。(3)定海区第二产业包含采掘业；制造业；电力、燃气及水的生产和供应业；建筑业等，行业增长率在全区的排名依次为第 18 位、第 14 位、第 12 位、第 11 位；$r_{ij}-R_j$(各行业增长率与全市相应行业增长率之差)在全区排名依次为第 11 位、第 15 位、第 13 位、第 17 位。第二产业中最重要的制造业和建筑业，偏离份额分量 N 排名分别为第 1 位、第 2 位，且数值远大于其他行业，说明定海区的第二产业基础雄厚。它们的产业结构偏离分量 P 排名分别为第 3 位、第 1 位，尤其是建筑业其值是第 2 位批发零售业的 2.5 倍，而它们的竞争力份额分量 D 排名分别为第 16 位、第 19 位。综合可知，造成定海区第二产业在舟山全市地位下降的主要是由于其中的制造业和建筑业发展缓慢，竞争力不足所致。

三、对浙江海洋产业结构演化的启示

首次将“三轴图”法和偏离-份额分析法同时运用于海岛县产业结构演化分析中，能够克服由于个别年份数据缺失造成的图形不连续性问题，突出产业结构发生质变的时间节点，并方便对县(区)产业结构进行纵向和横向比较；而偏离-份额分析法恰能针对由“三轴图”法分析得到的关键时间节点，对特定时期地区三次产业内部结构进行详细的量化分析。两种方法相结合能够有的放矢地对区域长时期产业结构演化进行深度剖析。

(一)舟山市产业演化特点

(1)岱山县及定海区的总增长量及区域相对经济增长率显示舟山市2005—2013年总体经济规模有所增大，但是县际极不平衡，定海区增量及增速远大于岱山县。(2)2002年以来舟山市4个县(区)三次产业产值比重中第二产业、第三产业均远超过第一产业，符合经济处于工业化中后期的实际情况。第一产业呈现衰退形式，第二产业与第三产业为增长型部门，产业结构向高级化方向演进。(3)舟山市第二产业和第三产业内部存在问题。舟山市第二产业主要部门制造业和建筑业竞争力不足，导致第二产业整体在三次产业中地位下降。舟山市第三产业整体发展不平衡，个别地区第三产业内部结构不佳，部门优势微弱。

(二)海岛县(区)产业发展建议

从舟山海岛县(区)产业结构演化原因及规律分析可知资源条件、产业效益以及开发环境均会对地区产业发展产生影响，因此发展海岛县经济应紧扣资源优势、改善产业发展环境、提高产业效益。(1)海岛地区优势资源为渔业资源、港口资源、海洋旅游资源，应有选择性地发展地区优势产业；(2)改善产业发展环境可通过加强基础设施建设(如克服淡水资源短缺、对外通达低、基础设施配套差等)以及降低产业发展要求实现；(3)提高产业效益可以通过引入先进技术、延长产业链等方式实现。

岱山县与定海区产业可持续发展的关键在于强化第二产业、着重发展第三产业，核心在于提高产业竞争力。(1)两地应发挥海岛地区风力资源优势，保持电力生产工业发展势头；(2)两地应因地制宜发挥港口的核心优势，发展临港工业、延长船舶制造业产业链，壮大船舶制造、海洋工程制造等特色产业规模；(3)岱山县第三产业发展应围绕港口物流业以及海洋旅游业展开，重点扶持海洋运输企业发展，引进现代物流企业，针对性解决交通运输仓储业的基础薄弱问题；定海区应发展海洋旅游业，提升生产性房地产业、住宿和餐饮业、文化体育和娱乐业的发展结构与规模。

参考文献

[1]陈文胜. 中国县域发展的基本特征与历史演进[J]. 中国发展观察，2014(6)：30-31.

[2]林锋.浙江省县域经济发展水平比较及收敛性分析[J].中国发展观察，2014(6)：30-31.

[3]王运杰. 河北省县域发展评价及空间差异分析[D]. 石家庄：河北大学，2014.

[4]胡毅，张京祥. 基于县域尺度的长三角城市群经济空间演变特征研究[J]. 经济地理：2010，30(7)：1112-1117.

[5]向云波，张勇，袁开国等. 湘江流域县域发展水平的综合评价及特征分析[J]. 经济地理，2011，31(7)：1088-1093.

[6]靳诚，陆玉麒. 基于县域单元的江苏省经济空间格局演化[J]. 地理学报，2009，64(6)：713-724.

[7]R. J. Barrio，X. Sara-i-Martin. Convergence across states and regions [J]. Brooking Papers on Economic Activity，1991(2)：107-182.

[8]Fan，C. Cindy and Casetti. The spatial and temporal dynamics of US regional income inequality，1950—1989[J]. Annals of Regional Science，1994，28(2)：177-196.

[9]Rozelle S. Pural industrialization and increasing inequality：emerging patterns in China's reforming economy [J]. Journal of Comparative Economics，1994，19(3)：362-391.

[10]Massahisa Fajita，Hu D. Regional disparity in China 1985—1994：The effects of globalization and economic liberalization[J]. Annals of Regional Science，2001，35(1)：3-37.

[11]Jones，D. C，Cheng Li and Oven，2003，"Growth and Regional Inequality in China During the Reform Era"[J]，Willian Davidson Institute，at the University of Michigan Business School，Willian Davidson Working Paper Number 561(May)2003，14(2)：186-200.

[12]蒋天颖，华明浩，张一青. 县域经济差异总体特征与空间格局演化研究——以浙江为实证[J]. 经济地理，2014，31(1)：35-41.

[13]宓科娜，庄汝龙，马仁锋，等. 浙江县域经济发展影响因素空间分异研究[J]. 宁波大学学报(理工版)，2015，28(1)：92-97.

[14]沈玉平，王攀学，丁洁. 促进经济发展方式转变的财税政策研究——基于浙江县域经济视角[J]. 财经论坛，2014(2)：22-29.

[15]蒋天颖，史亚男. 浙江省县域第三产业时空格局演化及其影响因素分

析——基于1997—2012年的数据研究[J]. 未来与发展,2014,11(19):98-106.

[16]王丽娟,胡豹,刘玉. 近30年浙江省县域经济空间格局的动态研究[J]. 浙江农业学报,2011,23(4):833-839.

[17]潘星. 县域发展评价指标体系的优化研究[D]. 武汉:武汉大学,2013.

[18]桑秋,张平宇,高晓娜. 辽中城市群县域综合发展水平差异的时空特征分析[J]. 地理科学,2008,28(2):150-155.

[19]赵莹雪. 广东省县际经济差异与协调发展研究[J]. 经济地理,2003,23(4):467-417.

[20]冯利华,马未宇. 主成分分析法在地区综合实力评价中的应用[J]. 地理与地理信息科学,2004,20(6):73-75.

[21]余建英,何旭宏编著. 数据统计分析与SPSS应用[M]. 北京:人民邮电出版社,2006:291-310.

[22]潘春彩,吴国玺,闫卫阳. 基于主成分分析的河南省城市综合竞争力评价[J]. 地域研究与开发,2012,31(6):60-64.

[23]吕蕾,周生路,任奎. 城市边缘区建设用地扩张空间特征及影响因素定量研究——以南京市江宁区为例[J]. 地域研究与开发,2008,27(3):103-107.

[24]赵春雨,方觉曙,朱永恒. 地理学界产业结构研究进展[J]. 经济地理,2007,27(2):279-284.

[25]Dani R. Industrial Policy for the 21 Century. One Economics,Many Recipes:Globalization,Institutions,and Economic Growth[M]. Princetion University Press,2007:62-75.

[26]樊杰,曹忠祥,吕昕. 我国西部地区产业空间结构解析[J]. 地理科学进展,2002,21(4):289-301.

[27]陆大道. 区域发展及其空间结构[M]. 科学出版社,1998.

[28]杨家伟,乔家君. 河南省产业结构演进与机理探究[J]. 经济地理,2013,33(9):93-100.

[29]刘杰. 沿海欠发达地区产业结构演进和经济增长关系实证——以山东菏泽市为例[J]. 经济地理,2012,32(6):103-109.

[30]陈延斌,陈才. 改革开放以来吉林省产业结构演进特征分析[J]. 地理与地理信息科学,2011,27(5):56-59.

[31]干春晖,郑若谷,余典范. 中国产业结构变迁对经济增长和波动的影响[J]. 经济研究,2011(5):4-16,31.

[32]张雷,朱守先. 现代城市化的产业结构演进初探——中外研究发展对比[J]. 地理研究,2008,27(4):863-873.

[33]高天明,沈镭,刘粤湘. 中国资源型城市产业结构演进分析[J]. 资源与产业,2011,13(6):11-18.

[34]李健,周慧. 中国碳排放强度与产业结构的关联分析[J]. 中国人口·资源与环境,2012,22(1):7-14.

[35]郭朝先. 产业结构变动对中国碳排放的影响[J]. 中国人口·资源与环境,2012,22(7):15-20.

[36]张飞鹏. 武汉市产业结构偏离-份额 Esteban 模型分析[J]. 生产力研究,2015(2):76-79,104.

[37]余鑫星,宫少颖,吴永兴. 浙江省县域经济差异的空间统计分析[J]. 地域研究与开发,2012,31(3): 27-32.

[38]Daniel,C,K. Shift of Manugacturing Industries,in Industrial Location and National Resources[M]. Washington D. C: National Resource Planning Board,1942.

[39]Esteban-Marquillas J M. A Reinterpretation of shift-share analysis [J]. Regional and Urban Economics,1972(3):249.

[40]杨盛标,张亚斌. 经济增长与"长三角"城市群经济圈层的形成——基于四因素偏离-份额模型的分析[J]. 求索,2010(2):12-14.

[41]彭文斌,刘友金.我国东中西三大区域经济差距的时空演变特征[J]. 经济地理,2010,30(4):574-578.

[42]冯长春,曾赞荣,崔娜娜.2000 年以来中国区域经济差异的时空演变[J].经济研究,2015,34(2):234-246.

[43]王洋,修春亮.1990—2008 年中国区域经济格局时空演变[J].地理科学进展,2011,30(8):1037-1046.

[44]李建豹,白永平,罗君.甘肃省县域经济差异变动的空间分析[J].经济地理,2011,31(3):390-395.

[45]马仁锋,王筱春,李文婧,等.省域尺度县域综合发展潜力空间分异研究[J].地理科学,2011,31(3):344-350.

[46]蒋海兵,徐建刚,商硕.江苏沿海乡镇经济差异的空间分析[J].经济地理,2010,30(6):998-1004.

[47]李小建,乔家君.20 世纪 90 年代中国县际经济差异的空间分析[J].地理学报,2001,56(2):136-145.

[48]王少剑,方创琳,王洋,等.广东省区域经济差异的方向及影响机制[J].地理研究,2013,32(12):2244-2256

[49]周玉翠,齐清文,冯灿飞.近 10 年中国省际经济差异动态变化特征[J].地理研究,2002,21(6):781-790.

[50]伍世代，王强. 中国东南沿海区域经济差异及经济增长因素分析[J]. 地理学报，2008，63(2)：123-134.

[51]胥亚男，李二玲，屈艳辉，等. 中原经济区县域经济发展空间格局及演变[J]. 经济地理，2015，35(4)：33-39.

[52]周杰文，张璐. 中部地区经济差异的空间尺度效应分析[J]. 地理与地理信息科学，2011，27(1)：49-52.

[53]陈修颖. 1990年以来浙江沿海区域差异及其成因分析[J]. 地理科学，2009，29(1)：22-29.

[54]吴丽，刘霞，吴次芳. 浙江省县域经济差异演化实证研究与R/S分析[J]. 经济地理，2009，29(2)：220-224.

[55]叶信岳，李晶晶，程叶青. 浙江省经济差异时空动态的多尺度与多机制分析[J]. 地理科学进展，2014，33(9)：1177-1186.

[56]马仁锋，倪欣欣，张文忠，等. 浙江旅游经济时空差异的多尺度研究[J]. 经济地理，2015，35(7)：176-182.

[57]吕晨，樊杰，孙威. 基于ESDA的中国人口空间格局及影响因素研究[J]. 经济地理，2009，29(11)：1797-1802.

[58]吴丽，刘霞，吴次芳. 浙江省县域经济差异演化实证研究与R/S分析[J]. 经济地理，2009，29(2)：220-224.

[59]葛立成，解力平. 论调整海岛的产业结构[J]. 浙江学刊，1987(5)：68-74.

[60]张耀光. 中国海岛县经济类型划分的研究[J]. 地理科学，1999，19(1)：56-63.

[61]孙兆明，马波. 中国海岛县(区)产业结构演进研究[J]. 地域研究与开发，2010，29(3)：6-10.

[62]张广海，刘真真. 中国海岛县(区)产业结构演变与经济空间格局[J]. 改革与战略，2013，29(1)：69-75.

[63]赵锐，杨娜. 中国海岛县域经济发展特征及优势产业分析[J]. 海洋经济，2011，1(5)：8-15.

[64]张耀光. 中国海岛县产业结构新演进与发展模式[J]. 海洋经济，2011，1(5)：1-7.

[65]马仁锋，梁贤军，李加林，等. 演化经济地理学视角海岛县经济发展路径研究[J]. 宁波大学学报(理工版)，2013，26(3)：111-117.

[66]楼东，谷树忠，朱兵见，等. 海岛地区产业演替及资源基础分析[J]. 经济地理，2005，25(4)：483-487.

[67]陈小霞. 舟山市产业结构的优化评价与分析研究[D]. 上海：上海交通大学，2008.

[68]周金荣. 海岛地区产业结构优化调整的政策研究[D]. 上海：上海交通大学,2009.

[69]吴碧英. 产业结构的变化轨迹[J]. 中国软科学,1994,46(5):28-30.

[70]崔功豪,魏清泉,刘科伟. 区域分析与区域规划(2版)[M]. 北京：高等教育出版社,2006:212-218.

[71]宋乐,刘毅飞,蔡廷禄,等. 浙江省海岛县产业结构演进分析[C]//2010年海岛可持续发展论坛论文集,2010：102-108.

[72]张耀光,刘桓,张岩,等. 中国海岛县的经济增长与综合实力研究[J]. 资源科学,2008,30(1):18-24.

[73]陈佳贵,黄群慧,钟宏武. 中国地区工业化进程的综合评价和特征分析[J]. 经济研究,2006(6):4-15.

[74]舟山市规划局. 浙江舟山群岛新区(城市)总体规划(2012—2030)[Z]. 舟山市：舟山市规划局,2013.

[75]舟山市国土资源局. 舟山市矿产资源总体规划(2006—2010)[Z]. 舟山市：舟山市国土资源局,2008.

[76]岱山县海洋与渔业局. 岱山县海洋功能区划报告[Z]. 舟山市：岱山县海洋与渔业局,2009.

第四章　嘉兴、杭州、绍兴、台州与温州的涉海企业构成与布局

涉海企业是海洋产业的基本单元，涉海企业的结构与分布是衡量区域海洋经济发展的关键性观测要素。本章通过调查浙江沿海地市的涉海企业的行业构成、分布状态，以期诠释浙江省海洋经济发展状态，揭示各市海洋经济发展的微观动态。

第一节　涉海企业界定与调查

一、涉海产业与海洋产业分类

《海洋大辞典》将“涉海产业”界定为人类开发利用海洋水资源、生物资源、矿物资源和空间资源，以发展海洋经济而形成的生产事业[1]。学界典型观点有：(1)涉海产业包括海洋资源开发活动过程中物质生产和非物质生产事业[2]；(2)它指人类在开发利用海洋资源和海洋空间的过程中，以经济利益为目的而形成的海洋事业[3]；(3)它指以开发利用海洋资源、海洋能源和海洋空间为对象的产业部门，包括海洋捕捞、海洋水产养殖业、海洋盐业和海上运输业等物质生产部门和滨海旅游、海上机场、海底贮藏库等非物质生产部门[4]；(4)涉海产业是指开发、利用和保护海洋资源而形成的各种物质生产和非物质生产部门的总和，即人类利用海洋资源所进行的各类生产和服务活动，或人类以海洋资源为对象的社会生产、交换、分配和消费活动[5]。显然，狭义的涉海产业是利用海洋资源进行物质生产活动集合体，广义的涉海产业包括以海洋资源为基础的物质生产、服务、管理、科研为一体的经济活动。

中华人民共和国海洋行业标准《海洋经济统计分类与代码(HY/T 052—1999)》对海洋三次产业作如下划分：海洋第一产业包括海洋渔业；海洋第二产业包括海洋油气业、海滨砂矿业、海洋盐业、海洋化工业、海洋生物医药业、海洋

电力和海水利用业、海洋船舶工业、海洋工程建筑业等；海洋第三产业包括海洋交通运输业、滨海旅游业、海洋科学研究、教育、社会服务业等[6]。中华人民共和国国家标准《海洋及相关产业分类》(GB/T20794—2006)中关于涉海三次产业的分类标准将海洋渔业中海洋捕捞、海水养殖和海洋渔业服务等作为海洋第一产业；海洋水产品加工、海洋油气业、海洋矿业、海洋化工业、海洋盐业、海洋船舶工业、海洋生物医药业、海洋电力业、海洋工程建筑业和海水综合利用业等作为海洋第二产业；海洋交通运输业和滨海旅游业，海洋科学研究、教育、社会服务业作为海洋第三产业[7]。

二、涉海性与涉海企业界定

涉海性是海洋产业的基本特征[8]：(1)直接从海洋中获取产品的生产活动和服务活动；(2)直接对从海洋中获取产品所进行的一次性加工的生产活动和服务活动；(3)直接应用于海洋及海洋开发活动的产品的生产生活和服务活动；(4)利用海水或海洋空间作为生产过程的基本要素所进行的生产活动和服务活动；(5)海洋科学研究、技术、教育等其他服务及管理活动。

涉海企业是涉海产业的微观主体和单元，负责生产、捕捞、制造加工、交通运输、勘探开发、销售各种形态的海洋产品和服务，以满足人们的海洋产品需要。据所有制不同，可将涉海企业分为国有、集体、私人以及混合所有等类型；据业务内容差异，可分为水产、交通、石油天然气、盐业及盐化工、旅游等企业。本文参照标准《海洋及相关产业分类》(GB/T20794—2006)根据企业在产业链中的作用，将涉海企业分为海水养殖企业、加工制造企业、交通运输企业、滨海旅游企业、零售企业、港口物流企业等。

三、涉海企业的调查方法与调查内容

调查涉海企业，既需要企业普查数据和地理国情信息有效结合才能产生具有时空位置属性的企业的业务与经济数据，又需要企业的生产过程相关属性数据才能确定区域企业的结构与质量。

目前，鉴于能够获取到的公开统计数据或者普查数据存在如下三方面限制[9]：一是各类统计或普查的第一手数据源不公开；二是政府公开的各类统计数据或普查数据多以县/市/区为基本统计单元，严重损失了数据的空间属性；三是受统计保密和企业工商登记保密等因素限制，现有公开的各类普查数据，如基本单位普查、经济普查、人口普查、农业普查、污染源普查、地理国情普查、地名普查等再公开过程中都过滤了最基层的普查指标与普查单元相关信息。显然，学界开展产业研究时，必须要克服现有各类数据源不足或数据的空间属性精度不够等困难。

整理浙江沿海地市涉海企业数据时，交叉采用了如下三种方法：①查询各市统计局数据中心和各市工商管理局信息中心公开的企业名录，包括企业名称、地址、邮编、性质、成立年份、经营范围、营业收入、企业规模等特征数据，随后按照涉海性进行筛选；② 实地调查获得数据，主要是对涉海企业集中分布地(滨海县市区、港口地区、地级市中心城区等)进行实地调查，获取必要的空间数据；③在信用浙江(http://www.zjcredit.gov.cn)省内企业查询与省内非企业法人查询，进行数据核校与完善。

本书将每个企业看作空间上的一个点，利用地址信息并借助 Google Earth 对每个企业进行空间化处理，并与浙江省测绘与地理信息局提供天地图・浙江(www.zjditu.cn)的电子地图匹配，再根据企业的成立时间得到某个时间节点的浙江沿海市涉海企业空间分布。

第二节　嘉兴市涉海企业构成与布局

一、嘉兴海洋经济发展基础

嘉兴市位于中国大陆海岸线中段的东海之滨，长江三角洲南翼，浙江省东北部，长江三角洲杭嘉湖平原腹心地带。东临大海，南倚钱塘江，北负太湖，西接天目之水，大运河纵贯境内。市城处于江、海、湖、河交会之位，扼太湖南走廊之咽喉，与沪、杭、苏、湖等城市相距均不到百公里，在上海、杭州中间，区位优势明显。

嘉兴市辖土地面积 3915km^2，海域面积约 1863km^2，其中滩涂面积约 0.38 万 hm^2，大陆海岸线长 70.5km，具有“港、渔、景、涂”等海洋优势资源，海洋开发利用程度逐年提高，海洋经济快速发展。

(1)港口资源：港口航道资源丰富，具有良好的深水港条件。杭州湾北岸航道水深均在 7.9～12.7m，适宜建港岸线长度约 45km，主要集中在嘉兴港区的独山港区、乍浦港区、海盐港区。特别是独山港区航道水深在 12m 左右，深水岸线达 14.5km，可通航 5 万 t 级以上船舶。

(2)渔业资源：鱼类品种繁多、水产资源丰富。嘉兴市鱼类品种多达 80 余种，经济鱼类有鲳鱼、鳓鱼、马鲛鱼、鲚鱼、鳗鱼、黄鳝、弹涂鱼等；名贵鱼类有钱塘江鲥鱼、松江鲈鱼等；甲壳类有青蟹、白蟹、中华绒螯蟹、白虾等；爬行类有甲鱼、乌龟等；软体动物有泥螺、牡蛎、黄蚬、四角蛤蜊等。

(3)岛屿资源：嘉兴海域内面积大于 500m^2 的岛屿有 29 个，其中平湖 18 个、海盐 11 个，岛陆面积 0.84km^2，岛屿岸线长约 15.86km，均属大陆型海岛。

宜开展自然景观和人文景观与一体的海岛旅游，目前正在开发的海岛有平湖外蒲山岛和海盐白塔山岛。

(4)滩涂资源：嘉兴市沿海拥有丰富的滩涂资源，主要分布在平湖全塘、乍浦镇西、海盐海塘，滩涂面积约 0.38 万 hm^2，滩涂资源为各级政府提供了丰富的土地后备资源，缓解了嘉兴市人多地少的矛盾，至 2010 年设想规划围垦 6 片海涂，总造地面积约 $6142hm^2$。

(5)海洋旅游资源：嘉兴市滨海旅游资源具有"滩、岩、岛"三大特色，集中在平湖九龙山、海盐白塔山和南北湖。特别是九龙山滨海旅游具有较大的开发价值，白塔山具有良好的海岛开发条件。

二、嘉兴海洋经济与嘉兴滨海新区发展总体状况

(一)海洋经济占嘉兴市 GDP 比重呈上升趋势

浙江省统计局 2012 年测算[①]嘉兴市海洋集聚增加值 298.71 亿元，海洋经济增加值占 GDP 比重 10.3%；其中作为海洋经济核心层和支持层的海洋产业增加值 183.7 亿元，占海洋经济增加值比重 61.5%，其中作为核心层的海洋主要产业增加值 175.99 亿元，占海洋经济增加值比重 58.9%，作为外围层的海洋相关产业增加值 115.01 亿元，占海洋经济增加值比重 38.5%。

(二)嘉兴海洋经济结构临港工业优势与滨海县市优势日益显著

从三次产业看，海洋第二、三产业是嘉兴市海洋经济主体。2012 年嘉兴市第一产业海洋经济增加值 2.32 亿元，第二产业增加值 180.32 亿元，工业增加值 152.39 亿元，第三产业增加值 116.07 亿元。海洋经济三次产业结构由 2011 年的 0.8∶62.0∶37.2，调整为 0.8∶60.3∶38.9，海洋经济一、二、三产业结构呈"二、三、一"特征。临港工业、港口物流业、临港旅游业等特色海洋经济发展迅速，成为嘉兴市海洋经济发展的增长亮点。

嘉兴市海洋渔业以鳗苗等养殖业为主，在养殖面积扩张受到客观条件限制的情况下，主动适应市场的竞争需要，向市场要效益。渔业产品的增长主要集中于高附加值的明虾、海白虾、甲鱼、螃蟹、蜗牛等品种。名特优水产品养殖结构更趋优化，优势品种规模扩大。嘉兴市海洋渔业增加值由上年的 2.15 亿元，提高到 2012 年的 2.32 亿元，按现价计算，增长 7.9%。

2012 年，嘉兴市海洋临港工业、海洋电业和石油制品制造业继续稳步发展。嘉兴市海洋工业增加值由上年的 139.86 亿元，提高到 2012 年的 152.39 亿元，按现价计算，增长 9.0%，占嘉兴市海洋经济比重 51%。在涉海工业中，海水综

---

① 资料来源：李国明，蒋明祥. 嘉兴市海洋经济发展特征及与温台比较分析[J]. 统计科学与实践. 2013 年第 11 期

合利用业(主要包括核电厂及嘉兴发电厂)增加值比重由2011年的65.2%提高到2012年的66%;海洋设备制造业比重由2011年的25.1%回落到2012年的24.1%;涉海产品及材料制造业(石油加工业)增加值比重3.4%,与上年持平;海洋化工业增加值比重5.7%,与上年持平。

嘉兴港区工业产业集群初步形成,其中"中国化工新材料(嘉兴)园区"聚集了英荷壳牌、日本帝人、新加坡美福、日本德山化工等在内的一批世界500强和国际知名企业,吸引了嘉化集团、三江化工、合盛化工等一批国内知名企业落户,形成了较为完善的产业链和循环经济,成为临港产业的第一大支柱产业。港区以化工新材料为主导的临港产业集群正在形成。

多年来,嘉兴港(独山港区、乍浦港区、海盐港区)充分依托处在上海港、宁波一舟山港之间的角色,积极利用内河航道条件较好、海河联运方便的优势,加快发展港口现代物流业,极大地促进了海洋港口运输业的发展。2008年以后,嘉兴港积极推进集装箱班轮航线的开通及海陆物流、东方物流、港运物流等大型物流项目运营,美福仓储、杭州湾物流、森联国际物流、万锦港仓储物流等重点项目入驻;海盐港区与宁波港集团、独山港区与上港集团的合作等。2012年,嘉兴市海洋运输业增加值为25.47亿元,占嘉兴市海洋经济增加值比重由上年的8.9%上升到2012年的9.45%,集装箱航线已发展到16条(其中沿海内贸航线12条、内支线2条、内河航线2条),全港货物吞吐量从2005年的1704万t增加到2012年的6003.89万t,集装箱从2005年的1.44万TEU增加到2012年的75.11万TEU。

嘉兴沿海县(市)充分利用杭州湾跨海大桥通车为滨海旅游发展带来的新机遇,杭州湾跨海大桥、九龙山度假区、九龙山森林公园、汤山公园和港口码头、海岛渔业、海洋餐饮等旅游资源进一步整合,初步形成集"山、海、港、桥"一体的特色旅游带,举办了九龙山旅游节、中国国际钱江海宁观潮节、南北湖金秋旅游节等节庆活动,"观海景、尝海鲜、玩海水、买海货、住海滨"等为主要内容的具有地方特色的滨海休闲旅游快速发展。嘉兴市滨海旅游业增加值2012年为28.57亿元,占嘉兴市海洋经济增加值比重的9.6%。

总体看:(1)嘉兴市海洋经济第一、二产业增加值率略高于全行业平均水平。2012年嘉兴市海洋经济增加值率35.2%,比上年回落0.6个百分点,其中第二产业增加值率由上年的30.4%回落到29.2%;工业增加值率由上年的32.2%回落到30.4%;第三产业增加值率由上年的50%提高到50.7%。(2)嘉兴沿海县市海洋经济的比重快速上升、发展均衡。2012年海盐县海洋经济增加值100.8亿元,占海盐县GDP比重33.5%,相当于嘉兴市海洋经济增加值的33.7%;平湖市海洋经济增加值65.8亿元,占平湖市GDP比重15.6%,相当于嘉兴市海洋经济增加值的22%;海宁市海洋经济增加值47.3亿元,占海宁市

GDP 比重 8.1%，相当于嘉兴市海洋经济增加值的 15.8%。

(三)嘉兴海洋经济布局初现“一港、一区、一带”格局

嘉兴市海洋经济的空间布局可概括为嘉兴港、嘉兴滨海新区、碧海旅游带。

1. 嘉兴港由独山港区、乍浦港区和海盐港区组成。

如表 4-2-1 所示三个港区的岸线、水深、功能定位和发展现状特征，均已经成为嘉兴海洋经济的重要节点[10,11]。

表 4-2-1　嘉兴港各港区发展条件与发展现状

港区	发展条件	功能定位	发展现状
独山港区	从平湖金丝娘桥至益山，自然岸线长约 16.3km，可供建设生产性码头岸线约 12.6km(深水岸线)，前沿水深 10—13m，最大可布置 3 万—5万 t 级泊位。	以承担煤炭、粮食等大宗干散货、液体化工品、件杂货运输及集装箱中转为主，后方建设煤炭、粮食物流园区，依托港口发展临港工业，逐步建设成为具有货物装卸储存、现代物流、临港工业等功能的综合性港区。该港区自东向西可分为石化作业区(A 区)、散杂货与多用途(集装箱)作业区(B 区)、港口支持系统区(C 区)和散货作业区(D 区)，自原 01 省道公路至码头前沿为控制陆域，纵深 1.2—2.5km。	已建有嘉兴电厂一期 4.5 万 t 级煤炭泊位和千吨级泊位各一个，嘉兴电厂二期 4.5 万 t 级煤炭码头正在建设中。
乍浦港区	从平湖益山至海盐郑家埭，自然岸线长约 16.2km，可供建设生产性码头岸线约 5.0km(深水岸线)，分东、西两段，东段从平湖益山至陈山，自然岸线长约 7.5km，为九龙山旅游度假区；西段从陈山至郑家埭，自然岸线长约 8.7km，可供建设生产性码头岸线约 5.0km(深水岸线)，前沿水深大于 10m，可布置 1 万—3 万吨级泊位。	主要建设液体化工、件杂货、多用途泊位，后方建设综合物流园区，为浙江乍浦经济开发区、嘉兴出口加工区、嘉兴市及周边地区所需原材料、产成品的运输服务，逐步建设成为发展装卸储存、保税加工、现代物流、商务信息等多功能的综合性港区。该港区自东向西依次为九龙山旅游度假区(A 区)、石油作业区(B 区)、乍浦城镇生活区(C 区)、多用途作业区(D 区)、石化作业区(E 区)和预留发展及大桥保护区(F 区)，陈山以西自原 01 省道公路至码头前沿为控制陆域，纵深 1.6—2.0km。	已有一定的规模并且正常运转，一期工程已投入使用，二期工程部分已完工，三期开始围海造堤，规划建设 7 个万吨级以上泊位。

续表

港区	发展条件	功能定位	发展现状
海盐港区	从海盐郑家埭至长山闸，自然岸线长约41.6km，可供建设生产性码头岸线约8.9km（其中深水岸线约5.4km、非深水岸线约3.5km），前沿水深6—10m，最大可布置1万—2万t级泊位，一般布置3—5千t级泊位。	主要建设散杂货、多用途泊位，后方建设散杂货物流园区，重点发展临港工业，为浙江海盐经济开发区、大桥新区和腹地生产、生活所需货物运输服务，逐步建设成为发展货物装卸储存、临港工业、现代物流等多功能的综合性港区。该港区自东向西依次为预留发展及大桥保护区（A区）、船舶修造等临港工业发展区（B区）、散杂货、多用途作业区及临港工业发展区（C区）、武原城镇生活区（D区）、武原—秦山预留发展区（E区）、秦山核电规划限制区（F区）和澉浦—秦山预留发展区（C区），武原两侧自原01省道公路至码头前沿为控制陆域，纵深0.5—2.8km。	已建成秦山核电3000吨级码头和浙江海盐华电公司1500吨级液化气码头各一座。

资料来源：嘉兴港总体规划（2005—2020）.

2. 嘉兴滨海新区

2005年10月，嘉兴市作出了加快滨海新区开发建设的重大战略决策，建立由市委书记、市长挂帅的滨海新区开发建设领导小组及办公室（简称市滨海办），统筹滨海新区开发建设，标志着嘉兴市从此由“运河时代”迈入“滨海时代”。2011年，为响应浙江海洋经济发展示范区建设的国家战略，嘉兴市将滨海开发战略提升为滨海开发带动战略，作为全市“十二五”期间的七大发展战略之一，确立了滨海新区作为嘉兴海洋经济发展的主阵地与核心区的地位。在新的发展形势下，嘉兴市委、市政府再次调整滨海新区管理体制。2011年11月，市滨海办、市港务管理局、市口岸办合署办公，全面履行滨海新区和嘉兴港开发建设的工作职责。2014年，嘉兴滨海新区成为全省首个以港产城统筹发展为主题的海洋经济发展改革试点，将227km^{2}陆域的滨海新区以及1253.4km^{2}海域的开发建设上升到省级发展层面，试验区规划于2014年9月份获省政府批准同意、由省发改委印发实施，市级层面出台了支持试验区建设的“24条意见”并召开了加快试验区建设的全市推进大会。

滨海新区开发范围囊括了平湖、海盐、海宁部分行政区域（杭浦高速公路至杭州湾沿海区域），涉及9个镇（街道）的71个村（社区），总面积约227km^2，常住人口约23万人（图4-2-1和图4-2-2）。

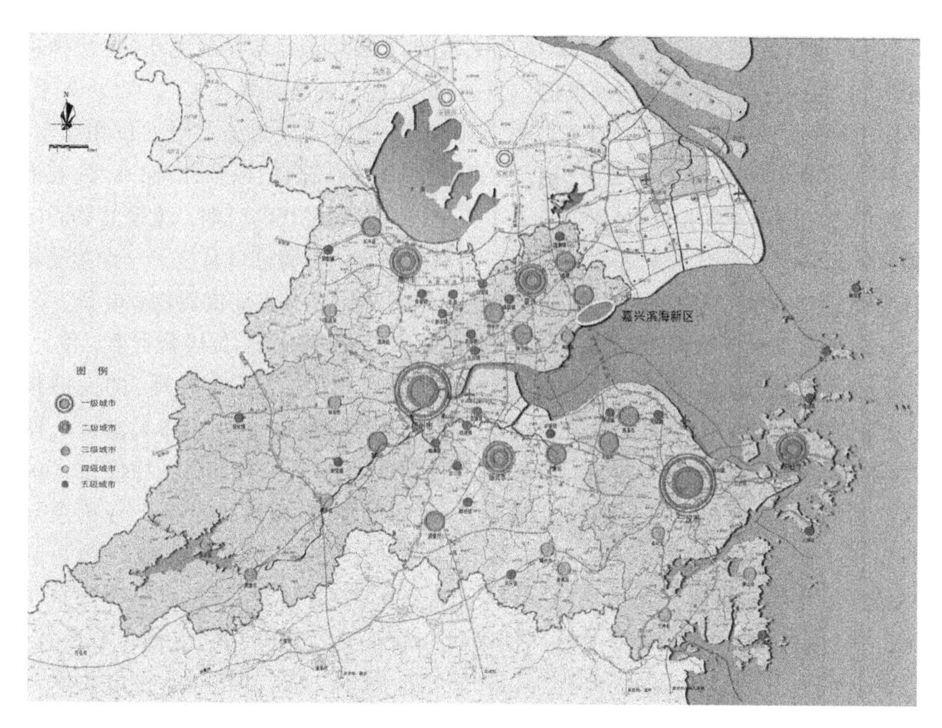

图 4-2-1　嘉兴滨海新区区位

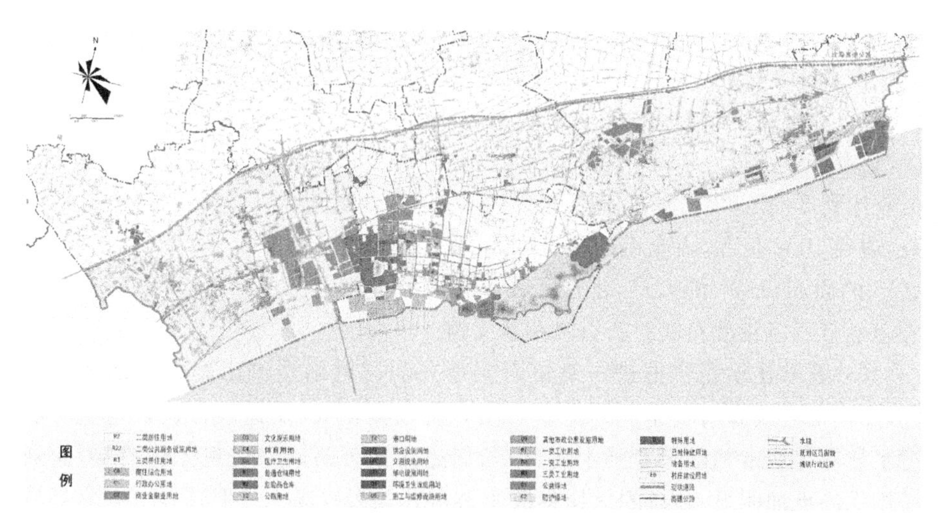

图 4-2-2　嘉兴滨海新区土地利用现状

资料来源：嘉兴市滨海新区产业发展规划

自滨海大开发全面启动以来，滨海新区 2014 年实现规上工业总产值 1002 亿元，完成固定资产投资 218 亿元，其中工业生产性投入 155 亿元。

(1)港口能级不断提升。坚持将嘉兴港建设作为滨海开发的龙头，加快推进独山、乍浦、海盐三大港区联动发展。目前，嘉兴港已拥有外海生产性泊位46个，其中万吨级泊位33个，港口服务体系基本健全，已发展成为公专用泊位相配套、内外贸兼营和集装箱、散杂货及液体化工品装卸功能齐全的综合性港口。随着港口规模和功能的不断拓展，嘉兴港步入了有史以来发展最快的时期。大宗货物吞吐量和集装箱业务保持持续快速发展，近三年增速列全国沿海港口首位。全港集装箱航线增至16条，跻身海峡两岸直航港口行列。2014年，嘉兴港完成货物吞吐量6880万t、集装箱115.6万TEU，集装箱吞吐量仅次于宁波—舟山港，位居全省第二位。

(2)临港产业加速集群。坚持"前港后产、港产融合、区港联动"的发展模式，加快推进临港型产业集群。目前，滨海新区已经确立"一心(嘉兴港区)、两翼(独山港区、大桥新区)、一带(港口物流发展带)、多区(多个产业功能区)"的发展格局，基本形成了以临港先进制造业、海洋服务业、战略性新兴产业为主导的现代产业体系。2014年，新区规模以上工业产值占嘉兴全市的比例达到13.6%。化工新材料产业加快向规模化、集聚化、高端化发展，建成了全国首个化工新材料园区，2014年行业总产值超过480亿元，行业产能、市场占有率、自主创新水平在长三角乃至全国已具备重大影响力。港口物流业、核电关联产业、LED光电产业加速发展，正逐步成为新的支柱性产业。以嘉兴港为依托的钢材、石(木)材、石油化工品、煤炭、粮食、生产资料等六大交易市场项目已成为浙江省"三位一体"港航物流体系建设的重要内容。2014年滨海新区完成固定资产投资218亿元，同比增长16.6%，其中工业生产性投入155亿元，同比增长16.3%，一批化工新材料、核电关联、新能源等临港大项目先后投产及加快建设，临港产业链进一步延伸和完善，全区亿元以上企业达到110家、10亿元以上企业达到24家、50亿元以上企业数达到4家，区域规上工业产值突破千亿大关，达到1002亿元，占全市的比重由2010年的8.8%上升到13.6%，以占全市1/15的面积、1/20的人口，创造了占全市1/8的规上工业产值，滨海新区日益成为全市经济转型发展的新引擎和新支撑。

(3)新城建设稳步推进。坚持嘉兴市"1640"网络型城市副中心的发展定位，加快推进滨海新城建设。建成26km^{2}的道路框架，交通、供水、供电、供气、污水处理等城市基础配套基本完善，与周边高速公路网络实现无缝对接，交通区位优势更加明显，港口的货物集散能力得到较大提高。按照建设宜业宜居宜游型城市的理念，新城的生态建设和环境保护取得明显成效，教育、卫生、商贸、住宿餐饮、旅游休闲等功能性设施不断完善。相继完成了独山港区治江围涂工程和海盐东段围涂工程，新增土地近3万hm^2，为新区未来的发展拓展了空间。

3.滨海旅游带

嘉兴市实施了老01省道的改造，使其成为一条景观大道，将九龙山旅游度假区、杭州湾跨海大桥观光风景区、海盐武原镇景区、白塔山海岛生态旅游区、南北湖风景区和海宁钱江观潮旅游区串联成一条名副其实的滨海旅游带。

(1)九龙山旅游度假区。规划形成五个功能区:改造海洋,形成人工碧海的东海西湖旅游区;开发山、林,形成青山无限的陈山——高宫山景区;调整产业结构,形成农旅结合的生态农业园区;突出优势,形成具有滨海休闲特色的金海洋娱乐区;发掘文化内涵,形成人气聚集的小普陀文化旅游区。东海西湖区是通过建坝,将西沙湾围成近 $2km^2$ 的封闭海域,形成里外西湖的格局,里西湖以游泳、玩水为主,外西湖以水上运动游览为主;陈山——高宫山景区以森林休闲为主,增加观赏绿化,改造林相,恢复古景,着力营造青山葱郁、鸟语花香的生态旅游环境;生态农业园区主要是种植季节瓜果、蔬菜、新奇农业品种、绿色无公害蔬菜以及建设公园式花卉种植园;金海洋娱乐区以玩海运动和参与性休闲为主,增加娱乐情趣;小普陀文化旅游区充分发掘小普陀宗教文化渊源,恢复小普陀观音禅院,开展宗教旅游,将历史名胜与海岛风情结合起来。

(2)杭州湾跨海大桥观光景区。正在建设的杭州湾跨海大桥全长36km,为世界第一。该桥既是沟通杭州湾两岸的交通干线桥,又是重要的旅游景点,建成后可依托大型观光平台,提供旅游休闲等服务。

(3)海盐武原镇景区。以花园式旅游城镇为建设目标的海盐武原镇景区,主要包括:以二馆二园为中心的文化小区,逐步向高层次、高品位方向发展,并逐步扩大景点范围,挖掘其文化内涵;天宁寺宗教商贸区建成具有雄伟的寺庙建筑、明清风格的购物街、园林式的绿化、浓郁的民俗宗教氛围,加上各种佛事道场、商贸娱乐服务、登镇海塔等,成为休闲、购物的好去处;老城河的建设注重统一两岸建筑风格,降低河岸高度,点缀标志性雕塑,净化现有水质,改建河上桥梁,达到与周围风格相协调;镇区滨海地带将闻琴公园、潮音阁、南台头闸等景点连成一体,是观海、观潮、观景、看日出的好去处。

(4)白塔山海岛生态旅游区。白塔山主要由三大岛组成,暂无定居人口,自然生态保持完好,植物茂盛,海鸟众多,融海岛风情与生态野趣为一体。要以自然生态为特色、保护为原则进行开发,挖掘有关人文故事、历史传说,融入海上垂钓、观鸟、攀岩、采茶、环岛观光以及其他一些水上运动项目,恢复白塔山标志性建筑,加快各项基础设施建设。

(5)南北湖风景区。南北湖风景名胜区包括湖塘、鹰窠顶、谭仙岭、滨海、三湾五个风景区及澉浦古镇风貌诸景点。结合该景区的特点,其建设定位为"自然景观十足,野趣情调浓厚,人文景观丰富,服务设施齐全",即突出自然,保留野趣,丰富内涵,增添娱乐,适度融入富有现代气息的旅游项目。重点建设黄沙坞、凤凰山度假别墅区、南北湖大道南侧商贸区、滨海景区,南浦大道两侧明清式风格建筑,同时恢复澉浦古镇诸景点,拓宽三湾门楼至沪杭快速通道路段,并对现有景区景点挖掘内涵，增加娱乐设施，加强山体植被种植及景区鸟类生态的保护，加强长山河两岸绿化和父子山、农业观光园区、澉浦古镇风貌建设。

(6)海宁钱江观潮旅游区。由沿江文化旅游长廊与盐官镇区两部分组成。沿江文化旅游长廊东起黄湾，西至老盐仓，总长56km，主要由东西湖休闲旅游区、大缺口“碰头潮”、盐官观潮胜地公园、老盐官“回头潮”四大部分组成。加快建设黄湾、大缺口、盐官、老盐仓四个功能区块，将百里文化旅游长廊串珠成链，实现“一潮三看”和追潮活动，实现静态观潮为动态同步追潮观赏。

三、嘉兴市主要涉海企业构成与分布

(一)主要海洋产业的涉海企业构成

1. 涉海第一产业相关企业

嘉兴市海洋渔业及其配套的生产企业主要集中在南湖区及与其相邻的片区，其中以南湖区为主要分布地(图4-2-3)。涉海第一产业主要包括海洋渔业，即海水养殖、海洋捕捞和海洋渔业服务业。图4-2-3中分布的涉海第一产业中，除了水产养殖企业外，主要是海洋捕捞的配套设施的生产企业，如多家渔具生产厂家。

图4-2-3 嘉兴海洋渔业企业分布

1-嘉兴市南湖区大桥万海根家庭农场、2-嘉兴市南湖区大桥万海根家庭农场、3-嘉兴市南湖区大桥言海忠家庭农场、4-嘉兴市南湖区渔态水产专业合作社、13-嘉兴市南湖区新嘉街道渔工匠渔具店、18-嘉兴市南湖区新嘉街道渔工匠渔具店、29-嘉兴市诚兴水产养殖有限公司、54-嘉善雨阳渔网店、60-嘉兴市海盐县楠孙家庭农场

2.涉海第二产业相关企业

嘉兴市的涉海第二产业企业相对比较集中，主要分布在嘉兴中偏北地区，其中南湖区和秀洲区几乎包含了70%的企业。涉海第二产业包括船舶与海洋机械制造业、海洋化工业、海洋盐业、其他海洋制造业企业。船舶与海洋机械制造业企业主要分布在南湖区、嘉善县、海宁市、海盐县和秀洲区。作为嘉兴市海洋产业中的领军产业，船舶与海洋机械制造企业在嘉兴涉海企业中数量最多，占地最广，产值最高(图4-2-4)。海洋化工企业主要分布在南湖区、秀洲区和嘉善县，由于海洋化工业对海洋河流的污染比较严重，所以嘉兴市海洋化工产业都分布于嘉兴市中部和北部，远离沿海一带，同时，海洋化工业也是嘉兴市海洋产业的主要支柱(图4-2-5)。海洋盐业企业浙江省盐业集团嘉兴市盐业有限公司分布在嘉兴市南湖区，海洋盐业不是嘉兴市的主要涉海企业；其他海洋制造业(图4-2-6)主要分布在海宁市、桐乡市和秀洲区，包含纺织业和新材料企业，

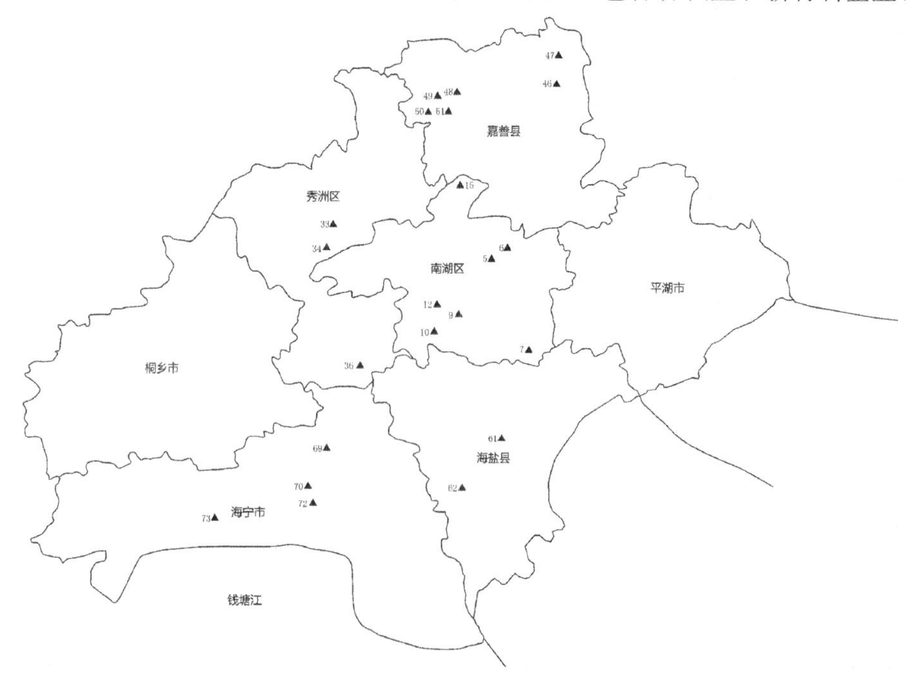

图4-2-4　船舶与海洋机械制造业分布

5-嘉兴市南湖区七星钢大五金厂、6-嘉兴市南湖区金林彩钢夹芯板厂、7-嘉兴市南湖区凤桥阿明铁艺维修工厂、9-嘉兴市南湖区余新镇恒超塑料五金厂、10-嘉兴市南湖区欣发五金厂、12-嘉兴市造船二厂、15-嘉兴市伟佳船舶有限公司、33-嘉兴市伟佳船舶有限公司秀洲分公司、34-嘉兴市友达船舶配套设备有限公司、36-浙江宝银重钢金属制品有限公司、46-嘉兴市南湖区东栅强力钢纤维厂、47-嘉善新景船舶有限公司、48-嘉善永佩船舶修理厂、49-嘉善长顺船舶有限公司、50-嘉善顾建中船舶修理厂、51-嘉善忠明船舶修理厂、61-海盐金源船舶有限公司、62-海盐通达船舶修理厂、69-海宁市科巍轴承厂、70-丰收经编产品有限公司、72-海宁杰克轴承有限公司、73-浙江美德过滤设备有限公司

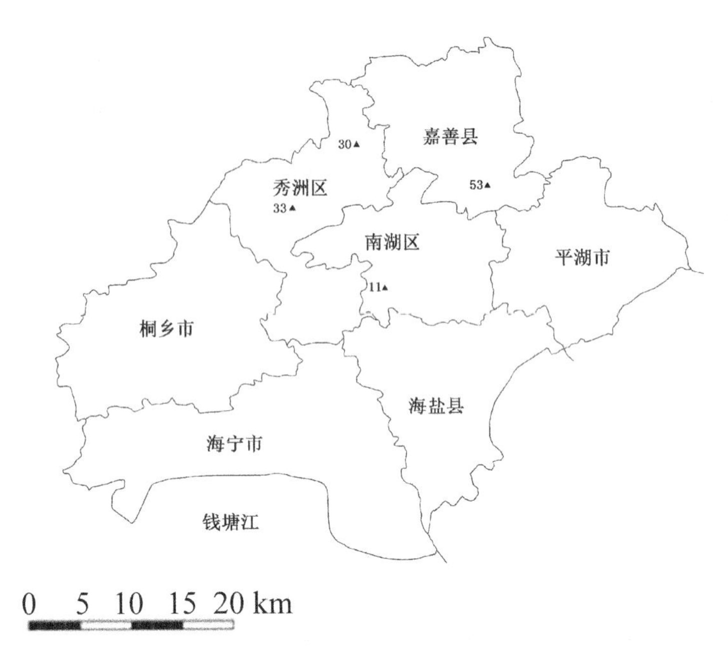

图 4-2-5 海洋化工业分布

11-嘉兴市南湖化工厂、30-亚皇石油有限公司、32-嘉兴市大众油业有限公司、53-嘉兴市海洋石油化工有限公司

同样远离海岸线，污染较小，产业链相对不集中，联系较少，单个企业产值高。

3.涉海第三产业相关企业

涉海第三产业相关企业包括海洋交通运输业、海滨旅游业、海洋科学研究、教育、社会服务业等，嘉兴市涉海第三产业相关企业主要分布于南湖、秀洲、海盐，其中多数处于东南部。涉海第三产业企业分布较为集中，尤以海洋交通运输业和海滨旅游业为主。海滨旅游业企业主要分布在海盐县、平湖市和海宁市，又呈现临海临江带状分布（图 4-2-7），而海洋科学研究业主要分布在南湖区、海盐县、平湖市和嘉善县（图 4-2-8）。海洋社会服务业企业主要分布在南湖区、嘉善县、平湖市、海盐县、海宁市和秀洲区，高度集中于中心城区，成为海洋第三产业的主体构成（图 4-2-9）。海洋交通运输企业分布在秀洲区、南湖区、平湖市和海盐县，其中秀洲区最多，海洋交通运输企业是嘉兴市海洋产业的主要组成部分（图 4-2-10）。

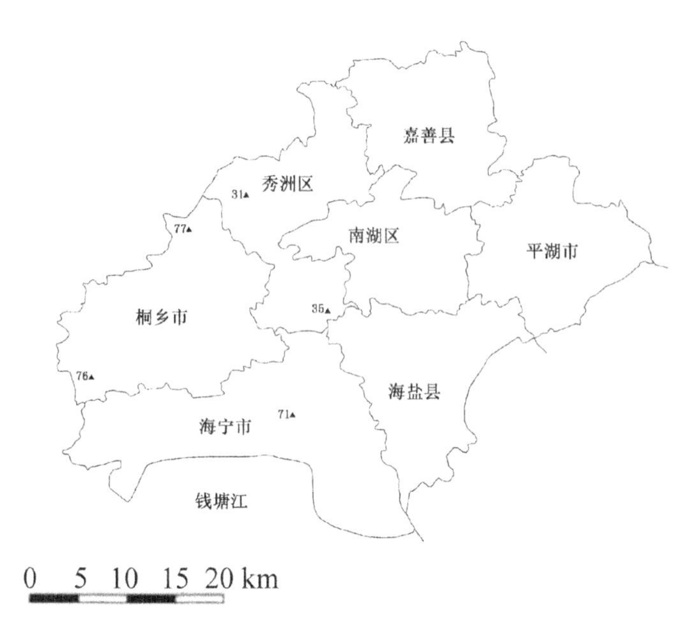

图 4-2-6　其他海洋制造业分布

31-雅港(嘉兴)复合材料有限公司、35-浙江立洲线缆有限公司、71-浙江明士达新材料有限公司、76-桐乡千巧海洋纺织品有限公司、77-桐乡市乌镇渔业并织厂

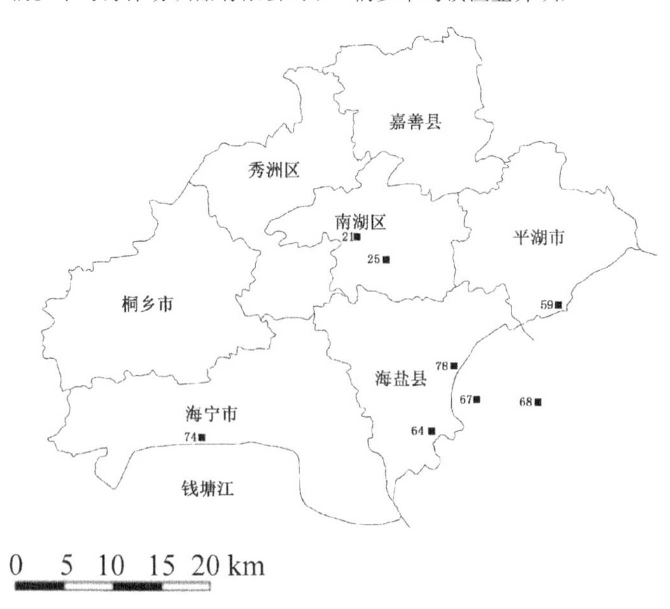

图 4-2-7　嘉兴海洋旅游企业分布

21-南方国际旅行社有限公司、25-嘉兴市米兰旅行社有限公司、59-嘉兴市平湖市九龙山旅游度假区、64-嘉兴市海盐县南北湖风景区、67-嘉兴市海盐县白塔山海岛生态旅游区、68-杭州湾跨海大桥观光景区、74-嘉兴市海宁市钱江观潮旅游景区、78-嘉兴市海盐县武原镇景区

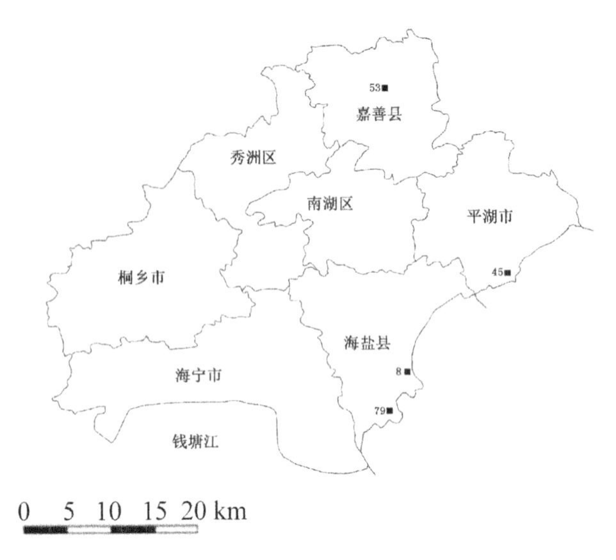

图 4-2-8 海洋科学研究单位分布

8-秦山核电站附近海域科学研究试验区、45-嘉兴电厂附近海域科学研究试验区、53-银光高新渔具开发有限公司、79-澉浦水文站科学研究试验区

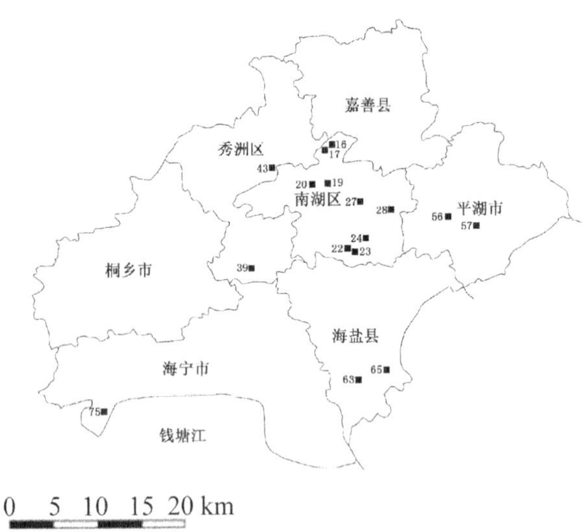

图 4-2-9 嘉兴海洋社会服务业企业分布

16-嘉兴市南湖区七星铁港板租赁服务部、17-嘉兴市南湖区城东鑫达彩钢瓦经营部、19-嘉兴市南湖区东栅飞宇钢模租赁站、20-嘉兴市南湖区城东振嘉钢模板租赁站、22-嘉兴市南湖区凤桥镇嘉盐彩钢经营部、23-嘉兴市南湖区凤桥镇高英彩钢经营部、24-嘉兴市南湖区东栅街道海盛水族馆、27-嘉兴市南湖区大桥启源化工原料经营部、28-嘉兴市南湖区新丰鑫旺彩钢瓦店、39-浙江文德进出口有限公司、43-嘉兴市奕诚外贸咨询有限公司、56-嘉兴市工程咨询有限公司平湖分公司、57-永鑫船舶设备经营部、63-海盐县南北湖风景区管理委员会、65-海盐县南北湖风景区服务有限责任公司、75-杭州宝麦物资有限公司

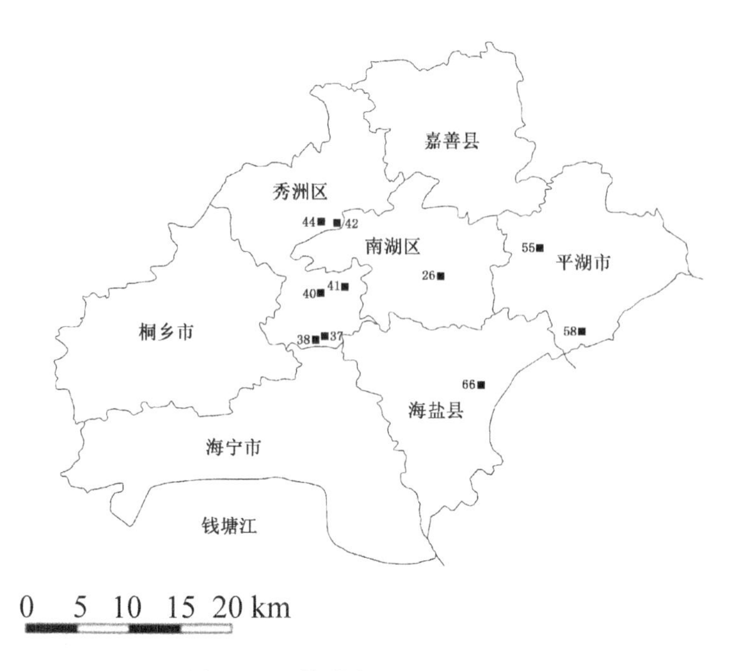

图 4-2-10 海洋交通运输企业分布

26-嘉兴市南湖区七星海尖水路运输服务部、37-天津大田运输服务有限公司、38-嘉兴市宇石国际货运代理有限公司、40-浙江兴港国际货运代理有限公司、41-嘉兴飞达国际货运有限公司、42-上海美设国际货运有限公司嘉兴办事处销售、44-达升物流股份有限公司、55-嘉兴海港船务代理有限公司、58-嘉兴市港盛船舶代理有限公司、66-嘉兴嘉航船舶货物运输代理有限公司

(二)主要海洋产业的涉海企业分布特征

嘉兴市涉海企业总体分布图 4-2-11 显示：一是嘉兴市海洋产业的企业构成以海洋第二产业为主，第一和第三产业相对较少，且总体较为疏散；二是涉海第二产业企业分布呈现较高的海洋资源依赖性或海运依赖性，主要分布在滨海地区和港口地区，尤其是海洋装备制造业和海洋化工业园区；三是嘉兴涉海企业分布总体呈现高度集聚于南湖区，并以此为中心向嘉善、秀洲、海盐、平湖等扩散；四是海洋第一、二、三产业的企业分布呈现较大差异，海洋第一产业企业主要集中在南湖区，海洋第三产业企业主要集中在南湖区、海盐县和秀洲区，海洋第二产业企业围绕嘉兴港的港区及国家或省市级开发区分布。

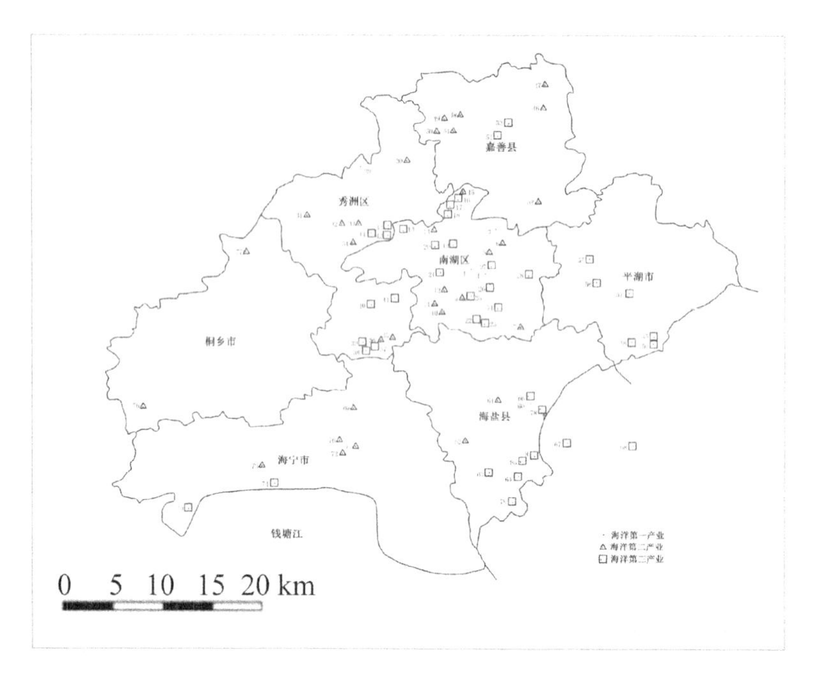

图 4-2-11 嘉兴涉海企业总体分布

四、嘉兴市涉海园区分布及其产业构成

如表 4-2-2 所示，嘉兴市涉海工业园区主要包括三类：第一类是嘉兴港的三个港区工业园；第二类是临港工业集聚区，包括平湖滨海工业区、嘉兴港区、海盐经济开发区（含大桥新区）、海宁东部新区、海宁对外农业综合开发等；第三类是滨海旅游园区，如九龙山旅游度假区、杭州湾跨海大桥观光景区、海盐武原镇景区、白塔山海岛生态旅游区、南北湖风景区、海宁钱江观潮旅游区等。各类园区及其产业结构如图 4-2-12 所示，产业空间呈现港区主导、各级开发区为主阵地格局，产业结构初步形成化工、临港装备制造、核电、钢压延加工、港口物流等海洋产业（表 4-2-3）。

表 4-2-2 嘉兴涉海园区的产业现状

园区名称	主要产业
国家级平湖经济开发区	石化、钢铁、电力行业、电子信息、光机电产业。
嘉兴港乍浦港区/浙江乍浦经济开发区	1993 年经省政府批准设立的省级经济开发区，规划面积 21.8km^2，由浙江乍浦石油化工园区、浙江嘉兴出口加工区等组成。区内企业 100 多家，其中外资企业 50 多家。乍浦石油化工园区重点发展以石化为主的基础原材料业，浙江嘉兴出口加工区重点发展两头在外的电子信息业。形成了化工新材料、金属制品、仓储物流等为主的临港特色产业。

续表

园区名称	主要产业
海盐经济开发区（含大桥新区）	新型材料、精密仪器、电子信息等产业。
海宁尖山新区	以先进制造业和高科技产业为主、有城市配套、辅之休闲旅游的功能。
平湖市广陈工业园区	广陈工业园区总规划面积 118.33hm²，规划有新材料产业园、机械制造产业园和综合产业园。至 2010 年累计基础设施投入 9534 万元，以机械制造、新材料及相关配套产业为主，现入区企业 24 家，区内现已建成投产企业 54 家。
浙江海盐经济开发区	海盐港区实施围涂工程。现已围涂造陆 0.09 万 hm²。凭借港口、岸线、滩涂等资源，现已引进万吨级泊位 8 个。其中 2 个泊位已经投入运行，4 个泊位正在建设之中，2 个泊位正在作项目开工前的准备，到 2015 年底，6 个万吨级码头将投入使用。港口物流业的兴起，带动了陆路物流业的发展，现已有路航物流、龙腾物流、海航物流、锦昌仓储等物流企业 15 家。现已成为“嘉兴市现代服务业集聚区”。
九龙山旅游度假区	含东海西湖、陈山—高宫山景区、金海洋、小普陀文化等景区，湖滨森林山岳、休闲与宗教文化为主。
杭州湾跨海大桥观光区	杭州湾跨海大桥全长 36km，正发展大型观光平台，提供旅游休闲等服务。
海盐武原镇景区	以花园式旅游城镇为建设目标的海盐武原镇景区，是观海、观潮、观景、看日出的好去处。
白塔山海岛生态旅游区	由三大无定居人口岛组成，融人文故事、传说、海上垂钓、观鸟、攀岩、采茶、环岛观光以及一些水上运动项目为主。
南北湖风景区	包括湖塘、鹰窠顶、谭仙岭、滨海、三湾五个风景区及澉浦古镇风貌诸景点。
海宁钱江观潮旅游区	沿江文化旅游长廊与盐官镇区两部分组成。沿江文化旅游长廊东起黄湾，西至老盐仓，总长 56km，主要由东西湖休闲旅游区、大缺口“碰头潮”、盐官观潮胜地公园、老盐官“回头潮”四大部分组成。

资料来源：广陈工业园区. http://gcfw.pinghu.gov.cn/

嘉兴出口加工区. http://www.zhapu.gov.cn/page-746601766139.aspx

浙江海盐经济开发区. http://www.chinahedz.com/estate.asp

嘉兴港区. http://www.zhapu.gov.cn/default.aspx

嘉兴市人民政府关于印发嘉兴市海洋经济发展规划的通知（嘉政发〔2004〕102 号）

嘉兴市人民政府关于印发浙江海洋经济发展示范区规划嘉兴市实施方案的通知（嘉政发〔2012〕73 号）

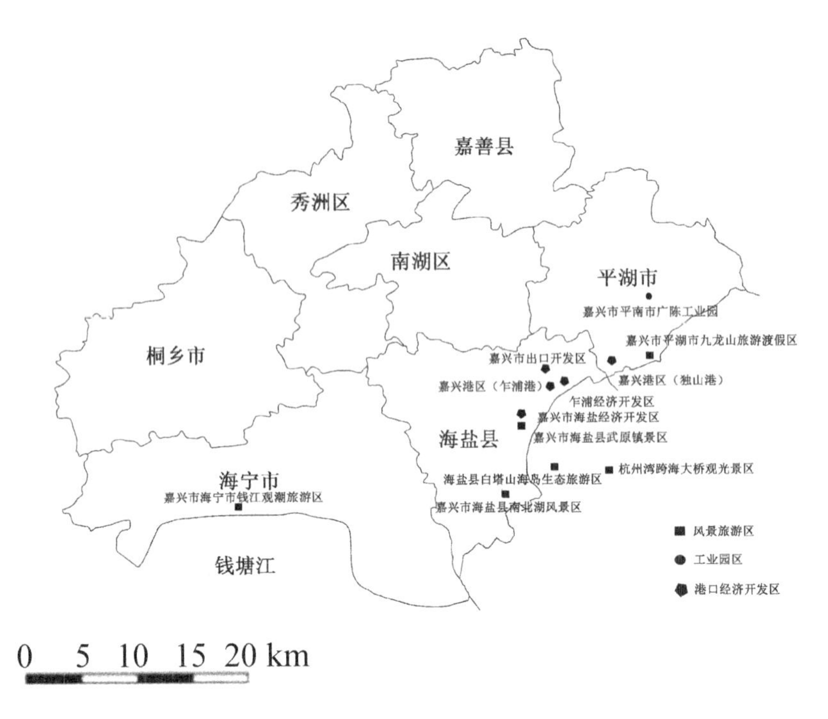

图 4-2-12 嘉兴市涉海园区分布

表 4-2-3 嘉兴滨海地带海洋产业结构

行业	规上企业数/个	规上工业总产值/亿元	规上工业利税/亿元	代表性企业
化工	34	205.5	18.7	帝人聚碳酸酯、三江化工
装备制造	79	84.5	3.6	晨光电缆、乍浦实业
电力	2	85	6.6	嘉兴发电厂
纺织服装	87	73.6	5.1	多凌集团、得盛实业
造纸及纸制品	6	45.8	2.0	吉安集团、荣成纸业
钢压延加工	9	43.5	0.8	其昌不锈钢、江浦不锈钢
其他	28	37.8	1	

资料来源：嘉兴市滨海新区官网

五、企业视角嘉兴市海洋经济存在的问题

嘉兴市海洋经济历经 2011 年以来的投资驱动快速发展，目前正面临总量与结构、速度与效益、政策与管理等方面问题。

(一)缺乏特色海洋产业及其科技创新支撑平台

全市海洋经济产业结构尚需调优、调高，2011年、2012年嘉兴海洋三次产业结构比为0.8∶62.0∶37.2、0.8∶60.3∶38.9，海洋经济产业结构呈"二三一"特征。全市海洋特色产业主要为制造业，但还缺乏自主创新和创新品牌，特别是临港工业产业层次亟待进一步提升。现有海洋二产企业中，多数企业未能建立自己的研发机构，嘉兴市已有的相关涉海科研院所在学科方向、实验室等方面也无法满足企业创新需要，全市海洋科技水平还比较落后，影响海洋经济可持续发展能力。

(二)海洋经济发展的空间、大平台、区域统筹等能力不足

嘉兴滨海地带海洋经济发展过程中暴露出一些问题：一是产业发展空间亟待拓展。随着经济规模不断壮大，现有成熟区块已基本开发完毕，亟待拓展新空间。二是产业发展大平台、大项目、大企业带动能力仍需加强。尽管滨海新区加快产业结构优化调整取得较大成效，但总体上与杭州、宁波等地国家级经济开发区仍有差距，需进一步增强平台支撑，并提高大项目、大企业带动能力。三是滨海新区范围内涉及多个开发行政主体，统筹推进区域一体化发展、统筹推进新型工业化和新型城市化对于现行管理体制提出了更高要求。

(三)海洋经济发展的人才与规模以上企业不足

嘉兴市海洋企业缺乏专业人才，包括嘉兴港在内的涉海企业缺少具有领导能力的大型物流企业，缺乏现代化、规模化的集装箱车队，还缺少现代化的港口物流管理和集装箱专业化管理的专门人才。这使得嘉兴市海洋企业与周边城市涉海企业的竞争力稍显不足，困扰嘉兴市海洋经济的持续性发展。

第三节　杭州市涉海企业构成与布局

一、杭州海洋经济发展现实基础与条件

(一)海洋自然资源匮乏

受地理区位影响，杭州海洋自然资源的拥有量与省内其他沿海市相比存在十分大的差距。海洋渔业、海洋矿产、海洋石油等资源在杭州几乎是空白，滩涂资源仅占浙江省滩涂总量的0.57%。此外，浙江省海洋功能区划中未将钱塘江划入，杭州海洋经济传统产业的发展空间也受制约。

(二)出海通道建设困难大

由于钱塘江河口涌潮、大潮差、强潮流以及钱塘江入海航道频繁摆动的影响,不利于大宗货物进出,在近期内杭州难以建成出海大港,港口资源相当缺乏。此外,杭州通过水运借助于其他港口出海仍存在不可回避难题:(1)钱塘江出海航道难以利用。尽管从规划七格集装箱作业区到洋山港距离只有185km、到乍浦为105km、到北仑为150km,但是顺坝、四工段和钱塘江口"拦门沙"等三处浅滩,严重制约了航道的通航能力。(2)京杭运河杭州市区段的"瓶颈"制约。京杭运河杭州市区段因部分桥梁净空不足,成了500吨级船舶的卡脖子段,成为杭州市内顺畅大运河水系、钱塘江水系和萧绍水系的联系,全面推进市域各地接轨上海港的"瓶颈"。(3)杭州、嘉兴、上海的杭平申线建设,不能保障杭州到上海的水路有效供给。虽然经杭申线可以直接到达芦潮港内河港区,但杭申线2013年就面临船舶流量太大,杭平申线的分流,也无法缓解杭州到上海的水路运输需求[12]。

(三)海洋科教能力与海洋经济发展需求存在距离

杭州拥有的涉海科研院所的数量、规模、技术、项目、人才、资金、设备等各方面在全省范围内处于领先地位,集中了国家海洋局第二海洋研究所、中国舰船研究院杭州应用声学研究所、浙江大学、国家海洋局杭州水处理技术研究开发中心、浙江省水利河口研究院等科研院所和高校,掌握了海洋遥感、海水淡化、膜技术、海洋食品安全、海洋工程中的薄壁孔桩等涉海科研技术。在这些科研院所中,不乏在国内一流且具有一定国际影响的单位与领军人物。

在杭的浙江大学、浙江工业大学、国家海洋局第二海洋研究所等院所的人才培养基础雄厚,涉海学科涵盖了海洋自然学科、海洋工程技术学科和海洋经济管理学科的本科、硕士、博士、博士后一体化的培养结构,形成一个从理论研究到资源开发利用的完整的学科体系。

尽管杭州在海洋科研和人才培养上已具备一定的基础,但与青岛、上海、广州等海洋科技发达城市相比在科研实力、科研结构与浙江省现状需求还存在较大差距[13]。本省急需的海洋生物、海产品养殖和加工技术、海洋环境修复、海洋牧场建设等技术仍比较缺乏,同时部属和省属科研院所与地方产业研发的合作和协同还有待加强。

(四)拥有发展临港工业及配套产业的良好产业基础和空间

杭州拥有良好的制造业基础,机械制造业是杭州市支柱产业之一。以汽轮动力、杭氧、万向等为龙头的杭州机械制造业具有雄厚的实力,这无疑为发展海洋机械制造及配套产业方面提供了良好的制造业基础。同时杭州叉车厂、杭州齿轮箱厂、杭州汽车发动机厂、重机厂等企业在生产各类船用、港口机械方面已具有一定的优势。船舶修造业方面，杭州拥有浙江三大造船厂之一的东风造船厂和以中小特色船只为主的杭州大运河玻璃钢船厂、飞鹰船厂等中小船厂。这些都为杭州发展临港配套工业提供了坚实的产业基础。萧山江东区块作为杭州滨海区域，交通区位条件优越，滩涂资源丰富，有临港工业配套产业的发展空间。

二、杭州海洋经济发展总体状况

虽然杭州是临海城市，但由于钱塘江河口特殊的自然条件，杭州经济中传统海洋经济的成分不多。从海洋第一产业来看，萧山、滨江、江干等地虽然为滨海区域，但海洋渔业几乎空白。第二产业中海洋生物制药、海洋机械仪器制造及修理和海洋船舶修造业等产业，杭州已有一定的基础；在海洋信息产业、临港配套工业和海水利用产业方面具有比较竞争优势。第三产业中的港口运输业、海洋旅游，杭州也有一定的基础，而在海洋科研和人才培育上杭州具有显著优势。

（一）杭州海洋产业发展现状

1. 海洋生物制药

杭州市海洋药物产业起步晚，发展迅速，形成了一批有一定竞争力的海洋药物企业，如被市政府列为“新药港”规划的三个孵化器之一的“海洋药物专业孵化器”的杭康海洋生物药业股份有限公司，以及在海洋生物制药方面发展潜力巨大的康恩贝药业有限公司、天皇药业有限公司、高成生物营养技术有限公司、杭州几丁生物技术有限公司等。

2. 海洋信息产业

杭州市作为“信息港”，拥有国家软件产业基地和国家集成电路设计产业化基地，集聚和培育了一批大型骨干企业和数量众多的中小型创新企业，信息产业发达。国家海洋局第二海洋研究所在海洋遥感、遥感信息处理及其应用方面，取得了一大批涉及海洋信息采集、应用方面的重要技术专利。目前涉及海洋信息产业方面的企业有浙江协信科技有限公司、浙江宇遥科技有限公司、杭州边界电子技术有限公司等，它们主要从事海洋通信及综合服务，以及接收器的制造。

3. 海洋船舶修造业

2005 年杭州船舶工业产值 16.95 亿元，其中船舶配套产品的工业产值约 12 亿元，占全省 45.3%。《浙江省“十一五”船舶工业发展规划》将“杭甬运河萧山段以及塘栖地区建立内河船舶修造基地，在钱塘江、千岛湖地区设立中高档游船、游艇的生产基地，在富阳设立生产体育比赛、休闲用船、艇生产基地”列入规划，有力推动了杭州修造船工业发展。目前，杭州已经形成以杭州东风船舶制造公司、杭州飞鹰舰艇有限公司、杭州现代船舶设计研究有限公司、杭州海通船舶设计有限公司、杭州奥拓散料卸船装备有限公司等为骨干企业的船舶设计、制造与配件制造业，年产值逾 25 亿元。

4. 海洋旅游业

杭州市旅游资源极为丰富，与海洋有关的便是钱江潮，它是杭州海洋旅游的一道亮丽的风景。同时，杭州还拥有一个以海洋为主要内容的国家旅游度假区，即杭州之江国家旅游度假区。

5. 港口海运业

近几年，受航道、船舶、货源等影响，钱塘江出海运量停滞不前，杭州六堡海运码头每年吞吐量不足 10 万 t，难以满足经济发展对增加沿海货运量的要求。

6. 海水利用业

国家海洋局杭州水处理技术研究开发中心的淡水开发技术在全国处于领先地位，该中心是国家液体分离膜工程技术研究中心的依托单位，中国海水淡化和水再利用学会和浙江省膜学会挂靠单位，我国分离膜的科研生产基地和国内外学术交流中心。其与香港汇丰银行合资的膜企业——杭州西斗门膜工业有限公司年膜装置、膜工程的总产值超过 1 亿元。

（二）杭州海洋产业发展的空间格局

由于杭州传统海洋产业较少，新兴产业如生物制药、海水淡化等相对集中分布在高新区外，其余产业分布较为零散。目前，杭州海洋经济具有比较优势的是主城区、杭州经济技术开发区、萧山区、杭州高新技术产业开发区（滨江区）等区县。

在主城区分布有各类涉海研究所、高校、海洋机械仪器制造及其配套产业等。省内重要的海洋研究所和高校大多坐落于该区，如浙江省海洋环境监测中心、国家海洋局第二海洋研究所、浙江大学、国家海洋局杭州水处理技术研究开发中心、浙江省水利河口研究院等，建立了相关的实验室和科研基地。

在杭州经济技术开发区主要分布有信息产业、生物医药。该区块已形成一定的产业聚集优势。食品、医疗行业（医疗器械、医药产品）、机械电子、化工行业等是开发区具有规模优势的行业。此外，高教园区的建设将进一步推动开发区高新技术产业的发展，为建立产学研相结合的创新机制、高新技术孵化示范基地创造条件。

萧山区主要分布有临港工业及配套产业、海洋机械仪器制造及其配套产业、海洋旅游。该区具有良好的临港工业及配套产业基础，以万向为龙头的机械制造业十分发达，在直接涉海制造业方面分布有杭州齿轮箱厂，同时该区可供建设用地较多，为发展海洋产业提供了良好的土地资源。海洋旅游方面，萧山“跨湖桥文化”以及湘湖旅游度假区、杭州乐园、东方文化园等国家 4A 旅游景区，吸引了大量国内外游客前往。

杭州高新技术产业开发区主要分布有海洋制药、海洋工程及膜技术等高新产业（表 4-3-1）。该区汇聚了现代通信设备制造、软件、光机电一体化、生物医药、新材料等五大高新技术产业，成为杭州海洋高新技术企业集聚区。

表 4-3-1 滨江区现有涉海企业及主营范围

企业名称	主要经营范围
杭州膜分离技术开发中心	膜分离技术
杭州华龙膜技术投资有限公司	膜技术
杭州海洋工程勘测设计公司	海洋工程设计与勘查
浙江协信科技有限公司	海洋通信及综合服务,生产接收器
杭州几丁生物技术有限公司	海洋甲壳素的提取
杭州中新建设有限公司	海洋一次性成孔
浙江杭康海洋生物药业股份有限公司	海洋生物制药(喜恩开)

三、杭州市主要涉海企业构成与分布

(一)杭州不同行业涉海企业的分布

1. 海洋渔业的涉海企业分布

由于杭州市的地理位置处于浙江省的中部,直接临海区较少,故海洋渔业并不是杭州市的主要产业,相关企业分布较少(图 4-3-1)。可知,杭州市整体的海洋渔业主要集聚在杭州市的北部的钱塘江出海口附近,依水建厂,进行海水养殖、捕捞和加工,同时降低生产成本。

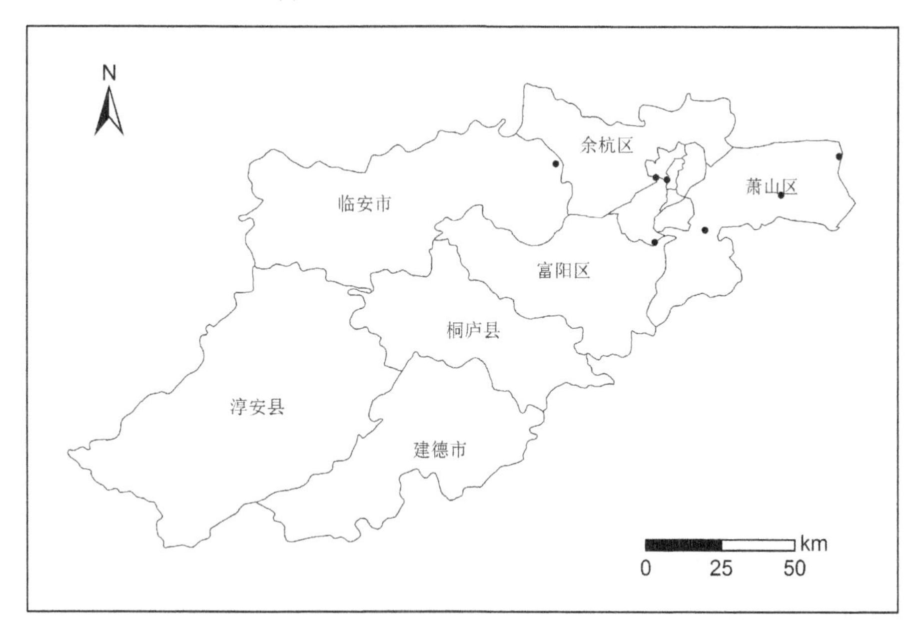

图 4-3-1 杭州市海洋渔业企业

杭州市海洋水产品加工作为杭州市海洋渔业的延伸产业，总体布局比较分散，基本上都分布在杭州市东北部的钱塘江出海口附近，余下的如杭州远大水产品加工有限公司、杭州优成水产有限公司和浙江丰汇远洋渔业有限公司也分布在钱塘江流域附近(图 4-3-2)

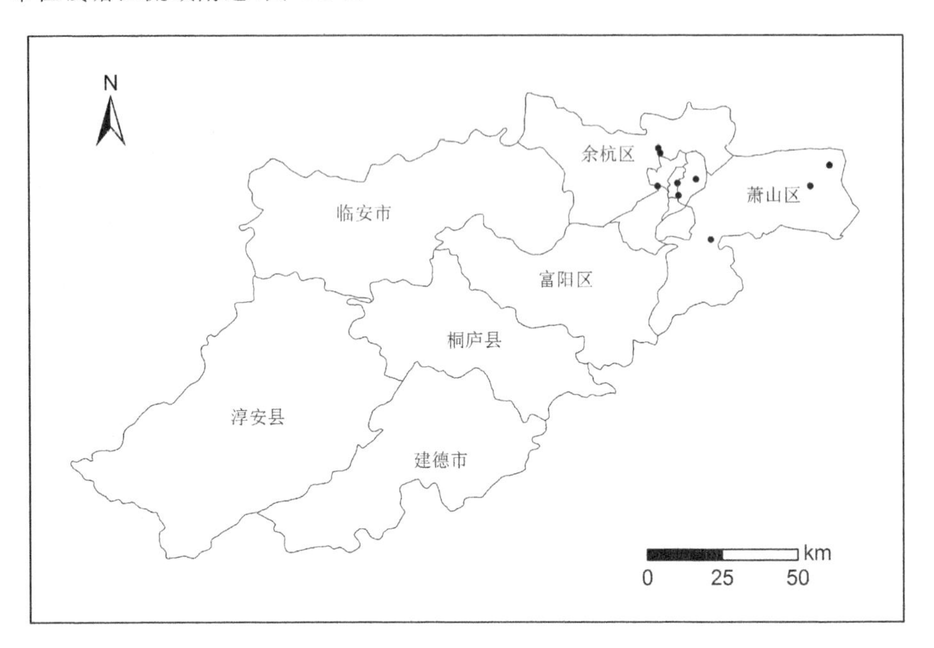

图 4-3-2　杭州市海洋水产品加工企业

2. 海水综合利用涉海企业分布

杭州市海水综合利用业主要是一些研发与技术转让咨询企业，布局集聚，集中在西湖区高教园附近，如浙江大学、国家海洋局杭州水处理技术研究开发中心，以及周边的相关孵化企业。

3. 海洋化工与海洋生物医药涉海企业分布

杭州市现有海洋化工企业多为生产制造类企业，主要分布在余杭区，远离主城区，该地块靠近余杭高铁站和 S2 高速公路出口，交通便捷，也为产品的出口运输提供了有利的条件。

杭州市现有海洋生物医药寄居在江干区的经济技术开发区，园区内有龙头企业浙江杭康药业有限公司；同时作为高新技术产业，园区距浙江大学、浙江中医药大学、浙江工业大学 20km 范围内，海洋医药科研实力强，为其提供大量的科技人才和技术支持(图 4-3-5)。

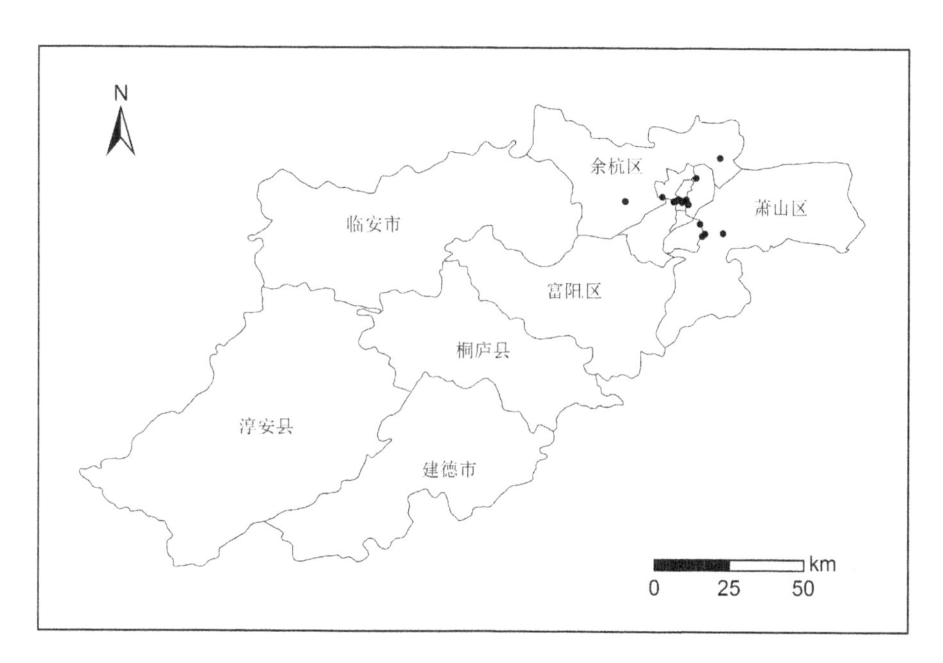

图 4-3-3　杭州市海水综合利用企业

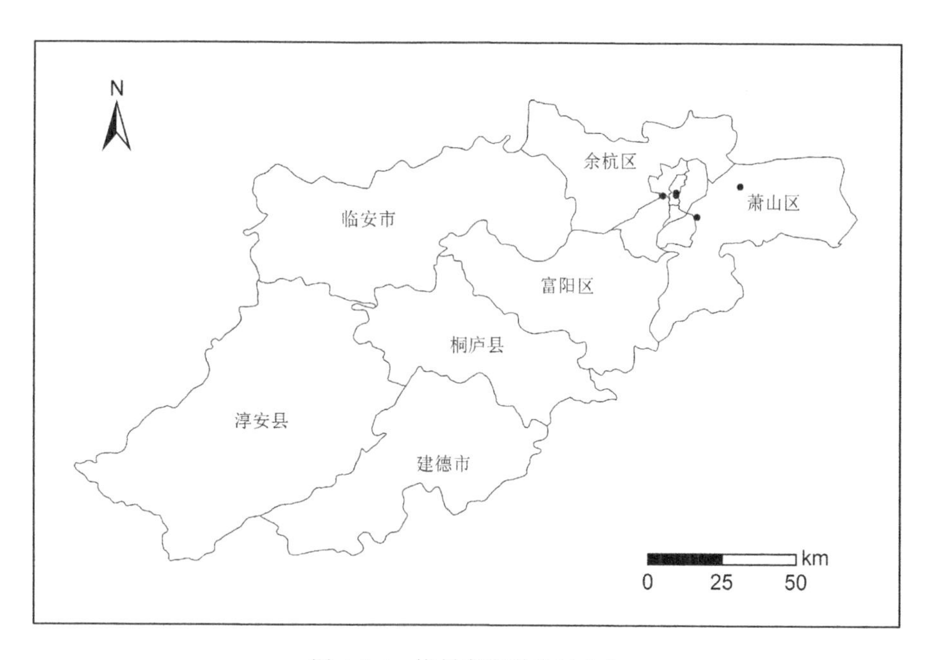

图 4-3-4　杭州市海洋化工企业

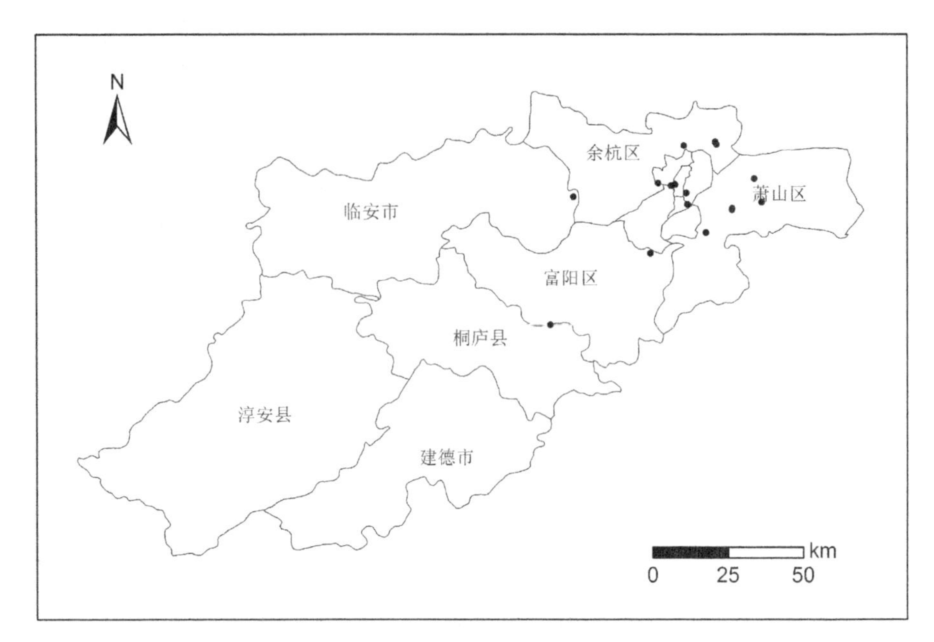

图 4-3-5 杭州市海洋生物医药企业

4. 海洋船舶与物流涉海企业分布

杭州市现有船舶企业主要分散分布在钱塘江两岸，在钱塘江两岸形成集船舶设计、船舶制造、船舶修造为主的船舶企业密集带（图 4-3-6）。

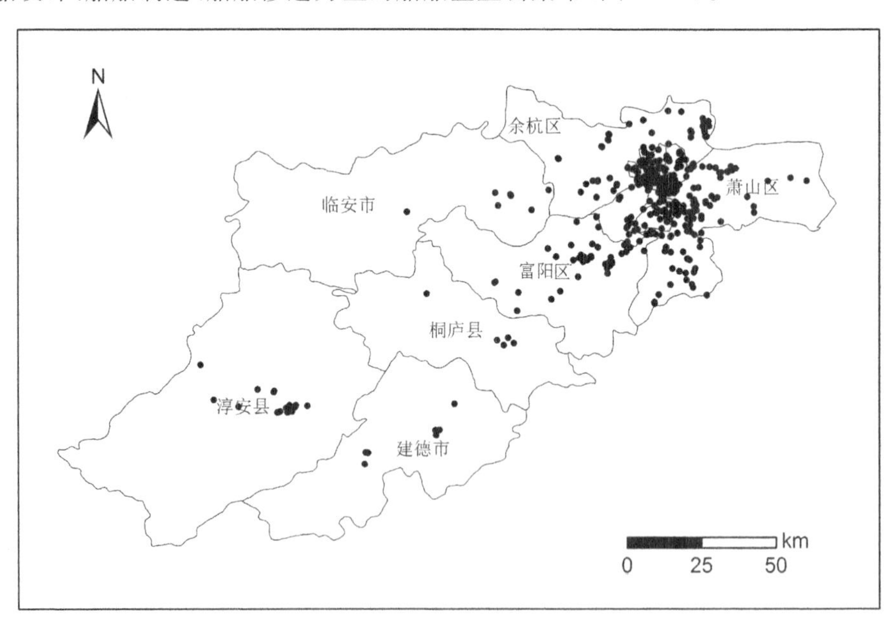

图 4-3-6 杭州市海洋船舶企业

杭州市现有海洋交通运输企业分布分散，多分布在钱塘江流域，水路运输便利(图 4-3-7)。

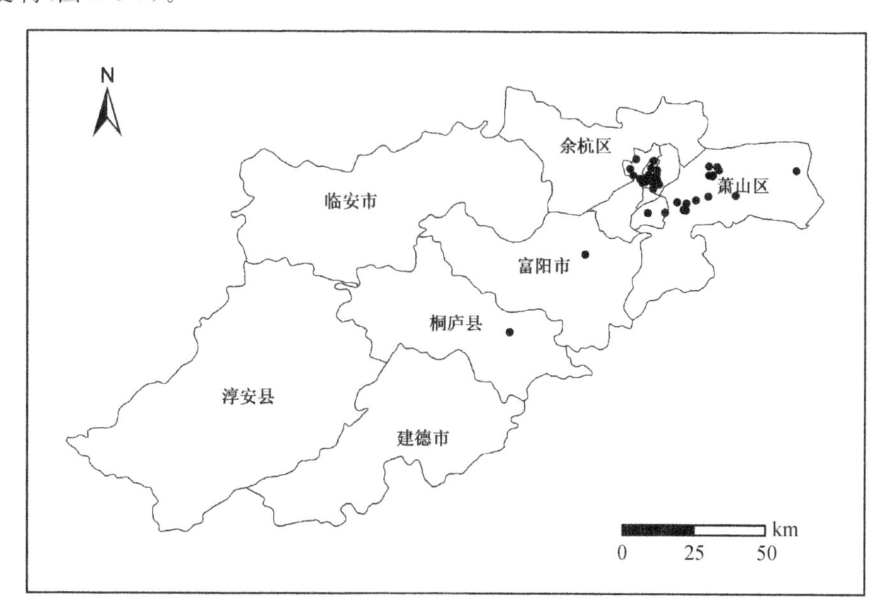

图 4-3-7　海洋交通运输企业

5.海洋服务业涉海企业分布

杭州市其他海洋服务业分散分布在主城区、钱塘江流域，越靠近主城区的海洋企业科技含量更高，以第二、第三产业的相关企业居多，如海洋通信器材和海洋投资管理，而在边缘地区的富阳、淳安多是一些靠水与渔业相关的企业，如水产品养殖、渔具、船艇修造、海洋物流咨询等(图 4-3-8)。

(二)杭州涉海企业的总体格局

将海洋产业的 14 个行业的主要涉海企业(表 4-3-2)矢量化在杭州市行政区图得图 4-3-9，可见：(1)杭州市主要涉海企业的 90%，如海洋装备制造业、海洋服务业、海洋科技研发等的企业都集中在主城区(图 4-3-10)，这主要是因为：一是主城区的科教资源丰富，集中了全省 80%以上的涉海科研机构，掌握了海洋遥感、海水淡化、海洋工程薄壁孔桩等一大批涉海科研技术，形成从理论研究、资源开发利用到产业化应用的涉海学科体系，为企业的发展提供了有力的技术保障；二是主城区拥有发达的先进制造业和良好的涉海制造业基础。(2)杭州市涉海企业沿钱塘江分布比较显著，尤其是船舶修造企业和物流企业等。

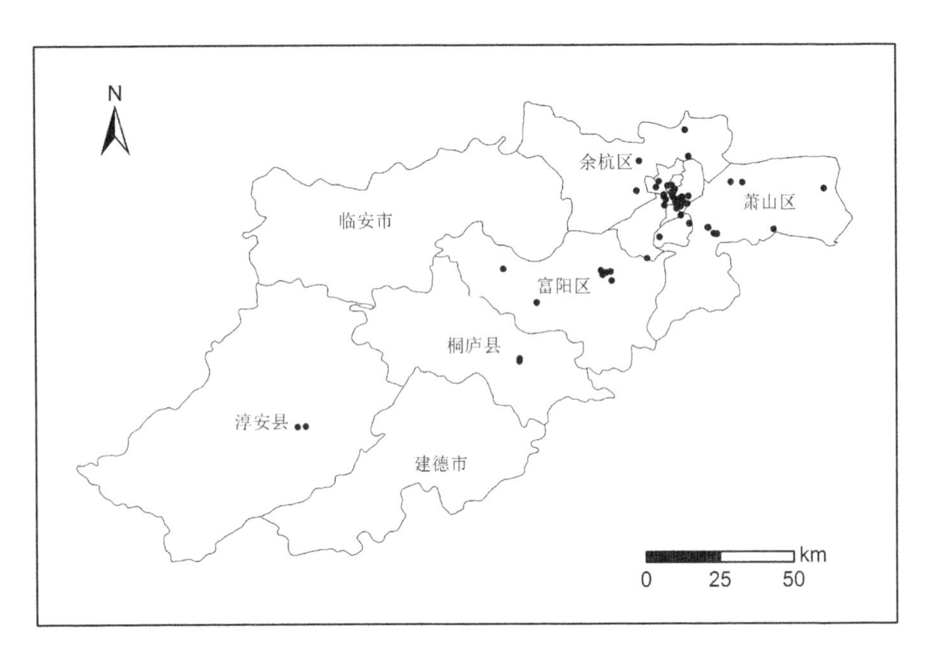

图 4-3-8 海洋服务业涉海企业

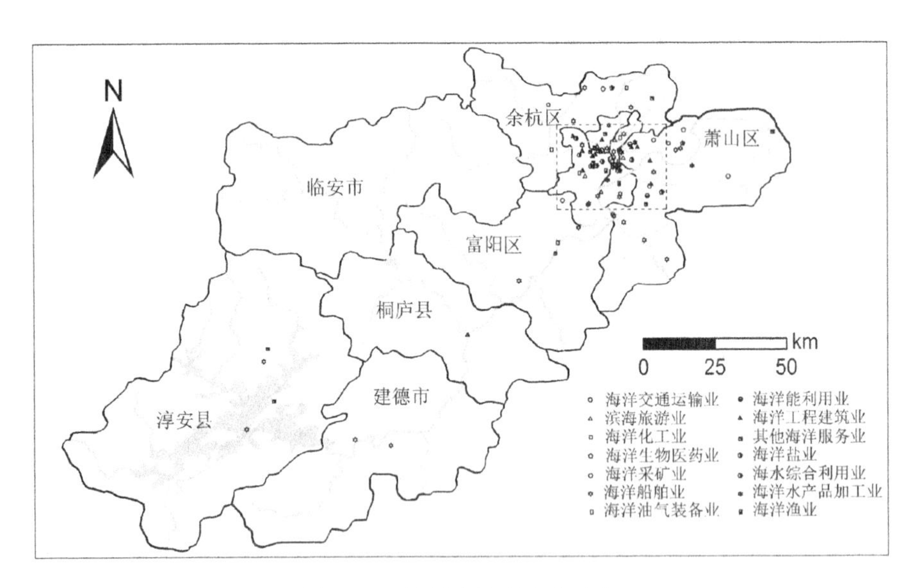

图 4-3-9 杭州市涉海企业分布

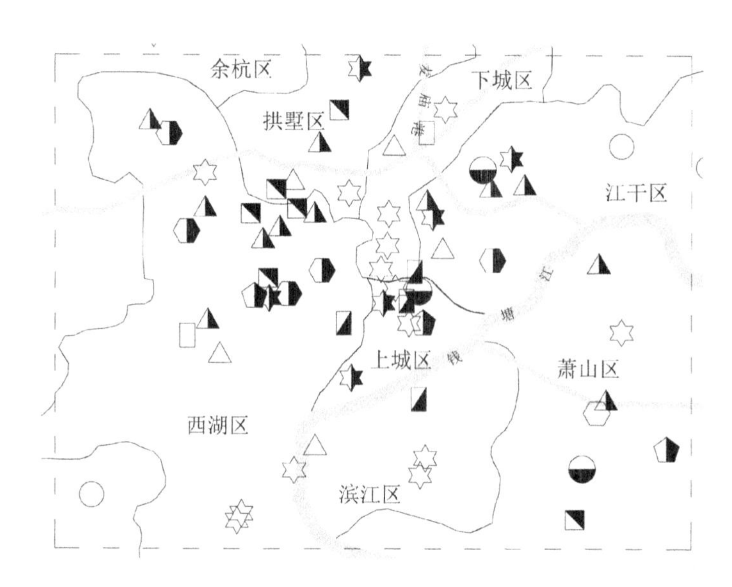

图 4-3-10 杭州市主城区涉海企业分布

表 4-3-2 杭州市主要涉海企业

行业	主 要 企 业
海洋渔业	浙江省远洋渔业股份有限公司、环球渔业有限公司杭州分公司、中国水产联合总公司舟山海洋渔业公司杭州营业部、浙江奥林特远洋渔业有限责任公司、浙江新世纪远洋渔业有限公司、杭州远大水产品加工有限公司、杭州优成水产有限公司、淳安千岛湖共赢水产品有限公司、浙江丰汇远洋渔业有限公司、杭州纽曲星生物科技有限公司、北极品水产(杭州)有限公司
海水综合利用业	杭州凯悦海水能源发电科技有限公司、杭州中达膜分离设备厂、杭州泳洲水处理科技有限公司、杭州水处理技术研究开发中心有限公司、浙江省海洋开发投资集团有限公司
海洋船舶工业	杭州健风船舶物资贸易有限公司、杭州智胜机电装备工程有限公司、杭州智胜船舶设计有限公司、杭州海通船舶设计有限公司、富阳友凯船艇有限公司、建德鑫港船舶修造厂、杭州千岛湖阳光游艇制造有限公司、淳安千岛湖金鹏船业有限公司、杭州恒兴船艇制造有限公司、杭州东浦船舶物资有限公司、建德市海洋海事科技有限公司、杭州现代船舶设计研究有限公司、杭州钱航船舶修造有限公司、杭州元鼎船舶设备有限公司、浙江克拉司船舶科技股份有限公司、杭州海润船舶设备有限公司、杭州东风船舶制造有限公司、杭州泰达船舶设计有限公司、杭州海鹰船舶技术有限公司、杭州西子船舶液压工程机械有限公司、杭州东方船舶修造有限公司、杭州箭进船用设备有限公司、杭州前进马森船舶公司、杭州集奥机械设备有限公司、杭州临江船舶设备制造有限公司、杭州奥拓散料卸船装备有限公司、杭州之江玻璃钢船艇制造有限公司、杭州德艺船舶设备有限公司、杭州曼机船舶设备技术有限公司、杭州锐银船舶装饰工程有限公司、杭州中高发动机有限公司

续表

行业	主 要 企 业
海洋工程建筑业	杭州集海海洋工程技术有限公司、杭州海斗量海洋仪器有限公司、杭州瑞声海洋仪器有限公司、杭州海卫海洋工程技术有限公司、杭州高创海洋勘测设备有限公司、杭州腾海科技有限公司、江苏神龙海洋工程有限公司杭州分公司、国家海洋局杭州海洋工程勘测设计研究中心、杭州大汇水族工程有限公司、杭州鳌海海洋工程技术有限公司、杭州先驱海洋科技开发有限公司、杭州高创海洋勘测设备有限公司、杭州伟天海洋工程开发有限公司

四、企业视角杭州市海洋经济存在的问题

以杭州市三个代表性海洋产业的企业分布现状为例透视杭州海洋经济发展问题。

(一)海洋船舶业存在的问题

1.临港工业未能形成集聚效应

杭州市目前严重缺少临港工业企业,多数企业散乱分布在钱塘江两侧以及新建的大江东片区,没有形成有机的产业群,造成了杭州市船舶工业发展优势不显著。

2.船舶配套业不足

杭州市现有船舶配套企业无法满足船舶工业转向海洋装备制造业的需求,主要机械制造企业未能抓住中国海洋工程技术发展及其海洋平台需求,尤其是现有船舶配套企业的技术研发严重滞后于造船业等问题日益严重。

(二)海洋潮汐企业的问题

杭州市海洋能源产业发展正处于起步阶段,全市相关企业较少,但有一定的发展潜力。

1.技术装备落后,海洋能源的利用率不高

目前,杭州市海洋能源产业的数量不多,分布较为分散,没有直接与海岸相连,而钱塘江口作为全国潮汐能资源最丰富、潮差最大的地区,并没有得到有效的利用。同时,受技术与装备的落后以及缺乏深水作业的专业性人才等限制,导致了杭州海洋资源的开发程度不高。

2.主导企业单一,没有形成产业体系

杭州市海洋能源企业的数量相对较少,目前仅有海水淡化产业的优势显著,其他海洋能利用业的发展严重不足。海洋能源企业的不发达,一定程度上影响了海洋油气业、海洋盐业等的发展。同时,相关企业间联系度不够,上游企业与下游企业之间的衔接度不够。

(三)海洋服务企业的问题

杭州市海洋服务企业集中在科技咨询、商务服务、物流等行业,总体集聚于主城区,但是存在结构不合理、科技水平不高等显著问题。

1. 海洋服务业企业结构有待优化

杭州市现代海洋服务业发展正处于增长阶段,产业结构与布局却没有较快提升,未能形成产业集聚区;同时,海洋服务业中海洋科技咨询、物流、旅游业等行业企业所占比重较高,整个杭州市海洋服企业结构呈现"两头尖,四周平"格局。

2. 海洋服务企业的科技水平不高,先进设备制造提升缓慢

杭州涉海服务业企业,虽然集聚了海水淡化、海洋建筑工程咨询、海洋遥感与信息服务等行业企业,但是未能关注海洋灾害的预测、监测服务的需求,相关海洋服务所需设备在杭州的配套研发与制造尚未能形成有效匹配。

3. 海洋服务企业的人才结构有待优化

十二五期间,杭州提出建成全省海洋经济发展的"大脑",为全省海洋经济发展提供科技和服务支撑,打造海洋科技研发创新中心的战略目标[14]。但是,杭州的涉海服务企业在高层次的航运金融、大宗商品交易、物流信息化、航运保险等现代海洋服务业缺乏充足的高级人才支撑;海洋遥感与信息处理、海水淡化、海洋工程设计等行业的企业研发专业性人才,较大连、青岛、上海、广州存在较大差距。

第四节　绍兴市涉海企业构成与布局

绍兴市位于浙江省中北部、杭州湾南岸。东连宁波市,南临台州市和金华市,西接杭州市,北隔钱塘江与嘉兴市相望,属于亚热带季风气候,温暖湿润,四季分明。全境域东西长 130.4km,南北宽 118.1km,海岸线长 40km,陆域总面积为 8273.3km^2。市辖区总面积 2942km^2,人口 216.1 万 ,绍兴中心城市现状建成区域面积 180.8km^2。全市地貌可概括为"四山三盆两江一平原"。境域内河道密布,湖泊众多,素以"水乡泽国"之称而享誉海内外。主要河流有曹娥江(境内长 160.5km)、浦阳江(境内长 66.9km)和杭甬运河(境内长西段钱清至曹娥江 78km、东段曹娥江赵家坝至驿亭长坝闸 15.7km)(图 4-4-1)。

一、绍兴海洋经济发展基础

绍兴市开发利用海洋资源最早从 20 世纪 60 年代开始,当时其海洋经济产业单一、层次低,主要以海洋捕捞、海水养殖为主[15]。随着改革开放的深入,绍

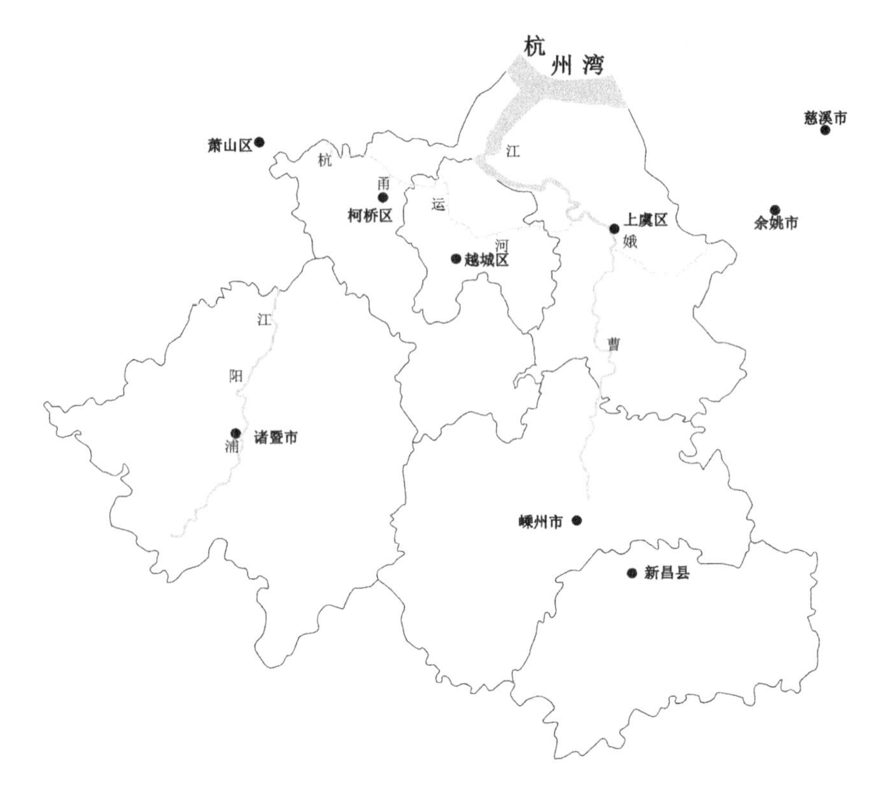

图 4-4-1 绍兴市行政区划及滨海县区

兴市率先做出向临海发展的战略决策。1998 年杭州湾上虞工业园区创建成立，2002 年绍兴县滨海工业区挂牌，全市海洋经济稳步发展，开始由农业为主向涉海工业发展。2010 年绍兴滨海产业集聚区筹备成立，2011 年浙江海洋经济发展示范区建设正式上升为国家战略，这给绍兴经济发展注入了新的活力，推动绍兴海洋经济发展进入新的阶段。2012 年，绍兴市出台《绍兴市海洋经济发展规划》(2011—2020)，提出重点构筑“一核两区九园”的发展空间布局(图4-4-2)，围绕打造全省海陆联动发展示范区的战略目标，以绍兴滨海新城沿海区域为重点，以陆域经济为依托，通过推动海洋产业集聚集约发展，带动传统产业向海洋经济领域延伸拓展，打造特色海洋产业集群，全面培育发展海洋经济。除此之外，绍兴市将统筹全市战略性新兴产业培育，重点培育海洋生物医药、临港先进装备制造、海洋新材料、海洋新能源四大海洋新兴产业的集群。

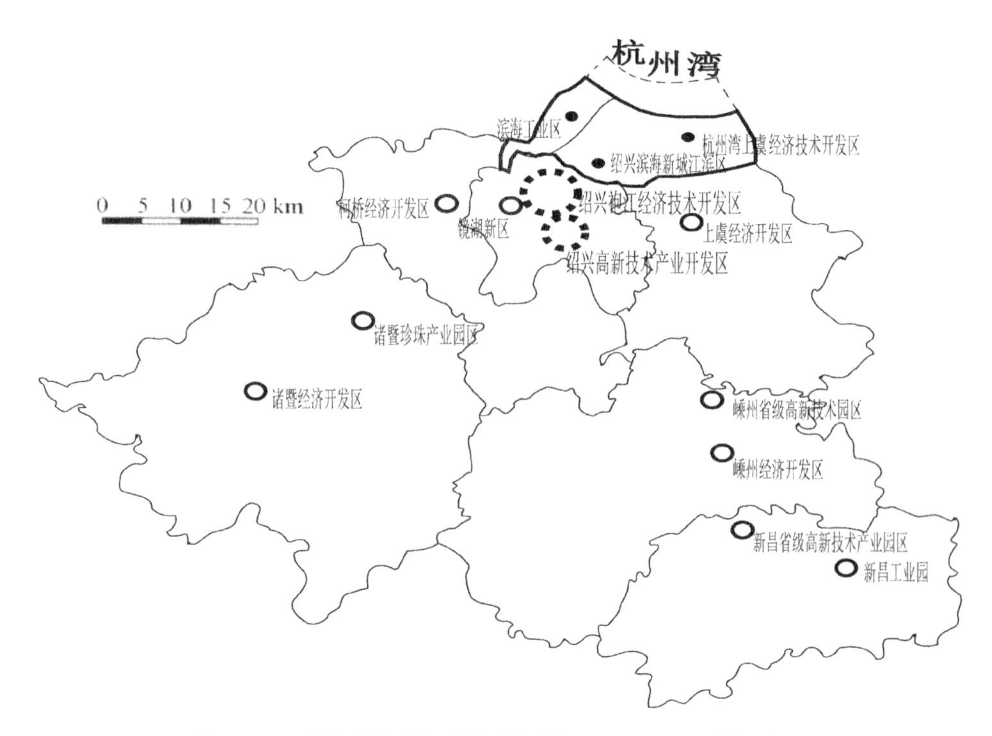

图 4-4-2　《绍兴市海洋经济发展规划》(2011—2020)园区布局

(一)绍兴海洋资源

1. 滩涂资源

上虞滩涂位于上虞区北端，钱塘江尖山河段南岸上虞岸段，曹娥江以东的钱塘江出海口。该滩涂为钱塘江海积平原，为滨海盐土，土层深厚，质地均一，以粉质土为主，具有冲淤强烈和滩槽极不稳定等特性。上虞滩涂围垦工程始于20世纪60年代，2014年滩涂围垦面积达到2万 hm^2。[16]根据《浙江省滩涂围垦总体规划(2005—2020年)》，规划绍兴市围垦造地滩涂区 0.3953 万 hm^2，其中柯桥区 0.0287 万 hm^2、上虞区 0.3667 万 hm^2；至2020年绍兴市2处滩涂围垦建设项目，主要是柯桥区口门治江围涂、上虞区世纪丘治江围涂，用于水产养殖、城建工业、港口旅游等。该工程的实施，既为上虞增加了国土面积，也缓解了绍兴市东线海塘抢险压力，并解除了虞北平原的排涝困难，对在建的曹娥江口门大闸减少闸下淤积和钱塘江尖山河段整治起到了积极的作用[17]。许卫卫(2014)指出绍兴海洋资源相对稀缺：横向比较，绍兴海洋资源占全省比重非常低；内部结构论，绍兴市在全省丰富的“港、渔、景、油、涂、岛”海洋资源中，仅有滩涂资源以及上虞港，全市海岸线长 40km，河口海域面积 225km^2，涉海科研教育、旅游、渔业资源等方面几乎空白。

2.港口航道

绍兴没有海港，绍兴港属于内河港。《绍兴市城市总体规划(2011—2020年)》提出水运交通形成“一河、两江、七连、三线”的水运体系，其中“一河”即杭甬运河绍兴段四级主干航道，绍兴段全长101.73 km，按四级航道建设，有1000吨级船闸两座，500吨级船闸一座。杭甬运河的建成通航给绍兴带来了千载难逢的发展机遇。目前，位于杭甬运河绍兴市区段的绍兴港越城港区中心作业区码头已投入建设，该码头规划占地面积35.267hm^2，建设500吨级泊位17个、作业区岸线长1835m、吞吐量180万t(远景2020年吞吐量为480万t)，是绍兴内河综合性的作业区码头；滨海新城区域港口码头建设如火如荼，上虞杭州湾作业区(外海作业区)、曹娥江向前作业区和沥海作业区等项目均已投入建设。总体而言，横向比较时绍兴水运港口物流业发展相对滞后，如基础设施建设投入不足、航道缺乏系统整治，港口布局散、乱、小，专业化程度低等问题突出。纵向比较受杭甬运河的整治与恢复通航，绍兴发展江海联运的资源条件较好，但起步较晚。

(二)绍兴海洋产业基础

1.结构亟待优化的海洋产业

绍兴海洋经济占GDP比重稳步上升，海洋第一产业在增收提效中持续发展，海洋第二产业在转型升级中逆势增长，海洋第三产业在结构调整中增长平稳(许卫卫，2014)。横向比较，绍兴海洋经济总量相对偏小，在省内沿海7个地市中，绍兴市海洋经济增加值总量最小，占比位列倒数第二；②内部结构论，绍兴海洋经济以第二产业为主，尤其是涉海工业地位相对突出，涉海工业增加值中污染较大的化工、医药中间体占了很大部分；涉海服务业中，海洋交通运输业、滨海旅游业以及涉海服务业未得到长足发展。

2.绍兴在浙江省海洋产业中的定位

2011年《浙江海洋经济发展示范区规划》提出构建“一核两翼三圈九区多岛”的海洋经济总体发展格局，其中将绍兴北部新城区作为绍兴滨海产业集聚区，突出先进适用技术改造提升传统产业，推进战略性新兴产业、风电设备等海洋装备制造业发展。绍兴市委、市政府根据浙江省部署结合杭甬运河开发建设滨海新城。2012年启动建设的上虞曹娥江作业区、上虞杭州湾港区、卧龙电器专用码头、浙能绍兴滨海电厂等成了绍兴海洋经济的新动力。

二、绍兴涉海园区与主要涉海企业分布

(一)绍兴涉海产业园

绍兴共有涉海产业园区12个，分别是绍兴县滨海工业区、绍兴滨海新城江滨区、杭州湾上虞工业园区、上虞经济开发区、绍兴柯桥经济开发区、绍兴袍江

经济技术开发区、镜湖新区、绍兴国家高新技术产业开发区、嵊州经济开发区、诸暨经济开发区、新昌高新技术产业园区、新昌工业园(图 4-4-3)。

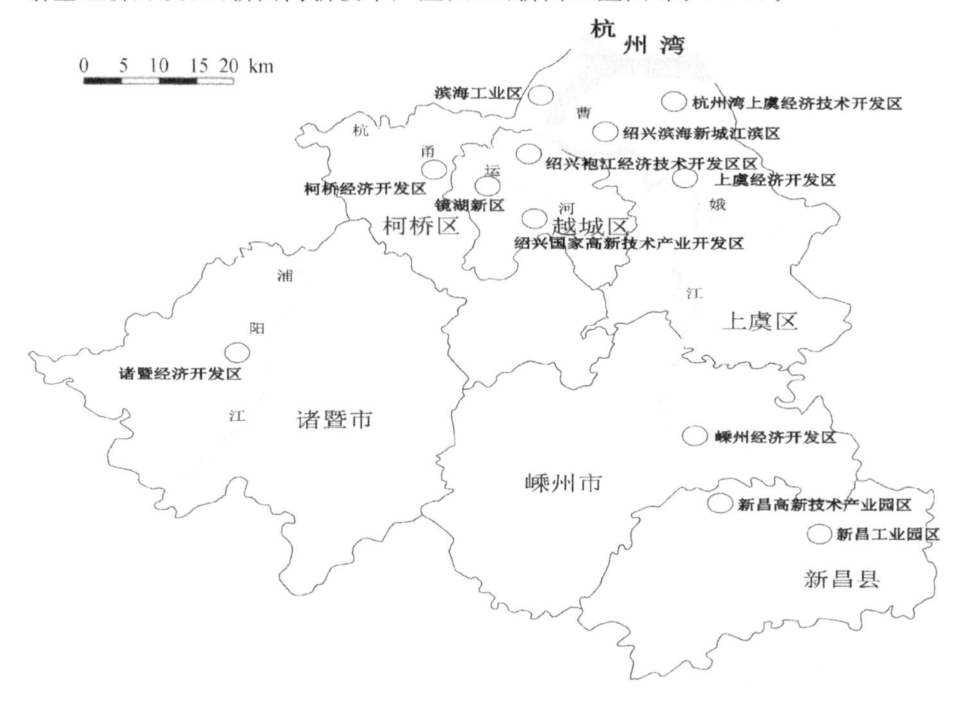

图 4-4-3 绍兴涉海工业园分布

1. 绍兴县滨海工业园

滨海工业园地处绍兴北部,紧邻杭州、宁波,规划控制面积 100km²,是全省首个创建省级生态工业示范园区的开发区。重点构建“一核两区九园”的海洋经济发展空间布局,高效推进海洋经济展。特别是以滨海新城沿海区域为重点,加快推动海洋产业集聚集约发展,带动传统产业向海洋经济领域延伸拓展。主要发展海洋生物医药、临港装备制造、海洋新能源、海洋新材料、滨海旅游业、现代物流业等。加快科技创新公共服务平台建设,实施 119 个技改项目,完成投资 51.3 亿元,占工业总投资的 48.2%;滨海工业区自 2007 年年底被列入国家循环经济第二批示范试点单位以来,20 个主要指标完成情况良好。

2. 绍兴滨海新城江滨区

滨海新城西临杭州机场,东连北仑深水良港,杭甬高速、杭甬运河贯穿其中,总面积为 142km²,为省级工业园区。2013 年,绍兴滨海新城完成国地税收入 2.43 亿元;完成工业产值 36.77 亿元,企业实现销售收入 35.33 亿元,同比增长 40.44%;完成固定资产投资 71.5 亿元,其中基础设施投入 32.43 亿元,工业性投入 40.78 亿元;完成自营出口 1.36 亿美元,同比增长 14.1%。产业定位是发展生命健康、通用航空、高端装备制造和电商物流等产业。全年总投资287亿元,科创园已入驻科技型企业20家,注册资金达3960万元。

3.杭州湾上虞工业园

浙江上虞杭州湾工业园,是国家发改委核准的省级开发区,规划控制面积275km²。园区地处杭州湾南岸,位于上海、杭州、宁波三大城市圈中心地带。园区主要由两大区域组成。先进制造业产业区,规划总面积约80km²,形成了机械装备、家用电器、生物医药、汽车制造等产业集群。滨海新城,紧邻嘉绍跨江大桥,规划面积31.5km²,滨海新城重点发展科技研发产业、金融贸易产业、教育培训产业、休闲旅游产业、城市服务产业和现代文化产业。杭州湾上虞工业园区的工业经济总量已占上虞市的三分之一。园区将以高新技术产业为先导,重点发展机电装备、电子电器、高档纺织、新材料等产业。

4.绍兴柯桥经济开发区

绍兴柯桥经济开发区位于长江三角洲繁华的沪、杭、甬经济带上,面积为33.5km²。开发区是1993年经浙江省人民政府批准设立的省级开发区。2013年,柯桥经济开发区全年实现税收总额20.04亿元,利润总额35.7亿元,规上工业总产值756.7亿元,工业性投入49.3亿元,自营出口16.7亿美元,实到外资1102万美元,农民人均纯收入20406元。园区主要产业为汽车配件、机电一体化、品牌服装。

5.绍兴袍江经济技术开发区

袍江经济技术开发区地处沪杭甬高速公路绍兴入口处,总规划面积66km²,是绍兴中心城市新组团和以高新技术产业为主导的现代化工业新城区,为国家级经济技术开发区。经过13年开发建设,开发区初步形成以机械装备、电子信息、节能环保、生命科学、新材料、食品饮料为主导的六大产业体系。2013年,袍江经济技术开发区规模以上工业企业主营业务收入达720.8亿元,进出口总额为42.4亿美元。

6.绍兴国家高新技术产业开发区

绍兴国家高新技术产业开发区位于绍兴城市东部,管辖区域全部在绍兴中心城市二环线以内。园区规划面积10.44km²,是省级五个重点开发区之一。现有企业180余家,其中商贸服务业企业190余家。2014年实现技、工、贸总收入技工贸收入577亿元,税收总收入达到27亿元,实现进出口总额25亿美元,完成全社会固定资产投资88.5亿元。绍兴国家高新技术产业开发区南部集中发展高新技术产业,以光电系列、集成电路设计封装测试和应用软件为主。一批机械装备、新材料、新能源项目也已落户,文化创意产业呈现出快速发展的态势,网络科技产业园初具规模。

(二)绍兴涉海园区的行业构成

绍兴市的涉海企业并不多,但涉海行业种类较多。(1)医药、生物、材料科技、制冷行业地理位置上分布较为分散,医药行业主要分布于嵊州、新昌、镜湖等片区;生物、材料科技行业主要分布于新昌、嵊州、柯桥、上虞等片区;制冷行业主要分布于嵊州。(2)相较于前述行业的分散格局,旅游、机电、纺织、化工行业分布则较为集中,旅游业主要分布于镜湖;机电业主要分布于新昌、柯桥片区;纺织业主要分布于嵊州、柯桥、上虞片区;化工业主要分布于上虞、新昌片区(图 4-4-4 和表 4-4-1)。

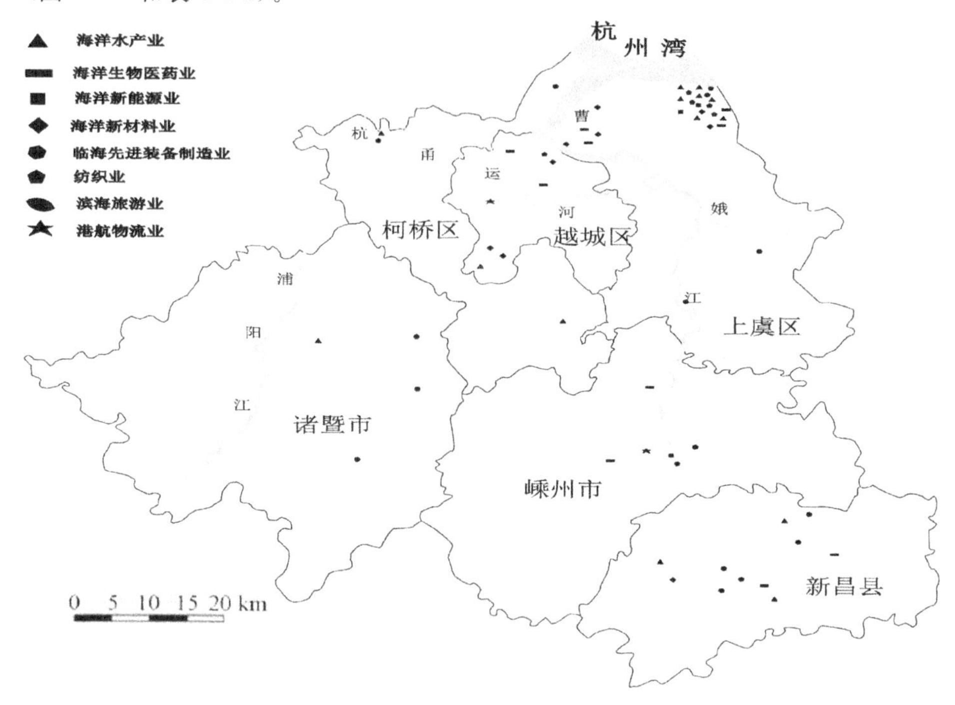

图 4-4-4 涉海园区的海洋行业

表 4-4-1 涉海园区行业分布

行业名称	空间分布	分布	产业聚集地
海洋水产业	越城区、新昌县、柯桥区	分散	绍兴袍江经济技术开发区、新昌高新技术产业园区、绍兴县滨海工业区、绍兴市越城区、绍兴生态产业园
海洋生物医药业	柯桥区、上虞区、越城区、嵊州市、新昌县	分散	绍兴县滨海工业区、绍兴滨海新城江滨区、杭州湾上虞工业园区、绍兴袍江经济技术开发区、绍兴国家高新技术产业开发区、嵊州经济开发区、新昌工业园区、新昌高新技术产业园区

续表

行业名称	空间分布	分布	产业聚集地
海洋新能源产业	上虞区	集中	杭州湾上虞工业园区
海洋新材料产业	上虞区、越城区	集中	绍兴滨海新城江滨区、杭州湾上虞工业园区、绍兴袍江经济技术开发区
临港先进装备制造产业	上虞区、越城区、嵊州市、新昌县、柯桥区、绍兴非园区内	分散	杭州湾上虞工业园区、绍兴国家高新技术产业开发区、嵊州经济开发区、新昌高新技术产业园区、柯桥经济开发区、绍兴非园区内
纺织业	上虞区、柯桥区、越城区、诸暨区	集中	诸暨经济开发区、杭州湾上虞工业园区、绍兴国家高新技术产业开发区、柯桥经济开发区
滨海旅游业	镜湖区	集中	镜湖新区
港航物流业	绍兴非园区内	分散	绍兴非园区内

1. 海洋水产业

绍兴的海洋水产业主要分布在袍江经济技术开发区和新昌高新技术产业园，其中龙头企业是绍兴县天利水产养殖公司和浙江鑫隆远洋渔业有限公司(表4-4-2)。(1)浙江鑫隆远洋渔业有限公司：是一家专业金枪鱼延绳钓生产单位。公司于 2011 年成立，目前公司已拥有金枪鱼延绳钓生产船舶 10 艘，船舶总吨位达到 4800 多吨。每年捕捞金枪鱼 2800 吨，年产值 8000 万元。(2)绍兴县天利水产养殖公司：专门从事南美白对虾大棚养殖，建设南美白对虾摄食大棚、开展南美白对虾双茬养殖技术示范和第一茬养殖苗种加温标粗培育技术示范。养殖的南美白对虾，从投苗到起捕上市仅 60 天，每尾虾体长约 11 厘米，每公斤达 140 尾左右。

表 4-4-2 海洋水产企业

园 区	企业	龙头企业
绍兴县滨海工业区	绍兴县天利水产养殖公司	
绍兴市越城区绍兴生态产业园	浙江鑫隆远洋渔业有限公司	绍兴县天利水产养殖公司
新昌高新技术产业园区	新昌县现代水产发展有限公司	浙江鑫隆远洋渔业有限公司
绍兴袍江经济技术开发区	通威股份有限公司绍兴分公司	

2. 海洋生物医药业

绍兴的海洋生物医药业每个区县都有分布，主要分布在杭州湾上虞工业园区，相关企业是上虞新和成生物化工有限公司、浙江浙邦制药有限公司、浙江新三和医药化工股份有限公司、浙江新赛科药业有限公司、上虞市金腾医药化工有限公司、浙江启明生化科技有限公司和上虞佳友化工有限公司；其中龙头企业有绍兴普施康生物科技有限公司、浙江来益生物技术有限公司和浙江新赛科药业有限公司（表 4-4-3）。（1）绍兴普施康生物科技有限公司是一家由留学人员回国创办的创新型高新技术企业。公司的工作目标与愿景是研发适用国情的血清、细胞等免疫诊断试剂盒及配套装置体系。公司立足免疫检测相关领域，研发和生产全新的微流控免疫分析系统，开发的产品结合了免疫分析和离心微流控技术的优势，提高检测信号和灵敏度。（2）浙江来益生物技术有限公司成立于 2003 年 7 月，坐落于嵊州市经济开发区城北分区。现有员工 300 余人，各类技术人员 80 多人。公司由上市公司浙江医药股份有限公司控股，凭借投资主体浙江医药的强劲实力，将重点发展农药制剂项目，已与浙江大学、浙江农林大学等单位开展技术开发合作。公司现有农药制剂生产车间两个，除草剂可湿性粉剂生产车间和水剂、悬浮剂生产车间。2013 年公司销售 2.2 亿元，利润 2000 多万元。（3）浙江新赛科药业有限公司位于浙江省杭州湾上虞经济技术开发区内，为国有控股企业，是位列世界 500 强的央企华润集团的下属企业，由华润赛科药业有限责任公司和浙江新和成股份有限公司共同出资设立。公司成立于2003年，占地200亩，公司注册资金约8000万元。公司主要生产化

表 4-4-3　海洋生物医药企业分布

<table>
<tr><th>园　区</th><th>企业</th><th>龙头企业</th></tr>
<tr><td>绍兴县滨海工业区</td><td>浙江优创新材料科技股份有限公司</td><td rowspan="8">绍兴普施康生物科技有限公司、浙江来益生物技术有限公司、浙江新赛科药业有限公司</td></tr>
<tr><td>绍兴滨海新城江滨区</td><td>绍兴普施康生物科技有限公司、浙江昌海生物有限公司</td></tr>
<tr><td>杭州湾上虞工业园区</td><td>上虞新和成生物化工有限公司、浙江浙邦制药有限公司、浙江新三和医药化工股份有限公司、浙江新赛科药业有限公司、上虞市金腾医药化工有限公司、浙江启明生化科技有限公司、上虞佳友化工有限公司</td></tr>
<tr><td>绍兴袍江经济技术开发区</td><td>民生药业集团绍兴医药有限公司</td></tr>
<tr><td>绍兴国家高新技术产业开发区</td><td>绍兴振德医用敷料有限公司</td></tr>
<tr><td>嵊州经济开发区</td><td>浙江昂利康制药有限公司、浙江新光药业股份有限公司、浙江来益生物技术有限公司</td></tr>
<tr><td>新昌工业园区</td><td>新昌和宝生物科技有限公司、浙江朗博药业有限公司</td></tr>
<tr><td>新昌高新技术产业园区</td><td>浙江医药新昌制药厂</td></tr>
</table>

学原料药，产品畅销国内并销往美国、欧盟、东南亚等几十个国家和地区。公司专注于特色原料药的生产，通过不断的创新和发展，成为有竞争力和影响力的原料药行业优势企业。

3. 海洋新能源企业

绍兴的海洋新能源企业主要分布在杭州湾上虞工业园区，如上虞市正源油品化工有限公司、新时代集团浙江新能源材料有限公司，其中龙头企业有新时代集团浙江新能源材料有限公司。新时代集团浙江新能源材料有限公司是央企中国新时代控股(集团)公司下属的专业新能源、新材料生产企业，主要从事高端锂离子电池材料的研发与制造。公司目前的产品链包括：钴盐、正极材料前躯体。是国内同行业里少数可以利用钴铜合金进行生产的企业之一。主要钴盐产品氯化钴和硫酸钴的年生产能力达到 1500 吨金属量，铜达到 1500 吨金属量。公司产品主要用于新兴的、潜力巨大的汽车动力电池、3C 高密度锂电池及储能电池领域。

4. 海洋新材料企业

绍兴的海洋新能源企业主要分布在绍兴滨海新城江滨区、杭州湾上虞工业园区和绍兴袍江经济技术开发区，相关企业有绍兴欧尔赛斯材料科技有限公司、浙江嘉利珂钴镍材料有限公司、浙江蓝天环保氟材料有限公司、浙江古纤道新材料股份有限公司、浙江佳宝新纤维集团有限公司，其中龙头企业有绍兴欧尔赛斯材料科技有限公司、浙江蓝天环保氟材料有限公司。(1)绍兴欧尔赛斯材料科技有限公司是全球色谱进样瓶的专业制造商之一，是杭州欧尔柏维公司联合相关资本共同出资设立，总投资 1000 万元。目前欧尔赛斯的客户已经遍布世界各地 50 个以上国家，30 家以上的世界 500 强企业。为超过数 10 家的知名科学仪器公司代工生产，品质值得信赖。2ML 自动进样瓶，色谱进样瓶，1—1000ML 玻璃样品瓶，顶空进样瓶，色谱进样垫，特氟龙硅胶复合垫片，特氟龙橡胶复合垫，气相隔垫，玻璃内插管，微量内插管，塑料内插管为其主要产品。(2)浙江蓝天环保氟材料有限公司专业从事哈龙及其替代品、氯氟烃替代品以及含氟涂料和树脂及氟精细化学品的技术开发和生产经营，是目前国内技术开发实力最强、产品品种最全、生产规模最大的消耗臭氧层物质（ODS）替代品生产企业。公司是国家 ODS 替代品工程技术研究中心和浙江省氟化工工程技术中心的依托单位，在氟化工领域尤其在消耗臭氧层物质（ODS）替代品上具有较强的科研开发和生产经营能力。公司强大的研究开发实力为公司产业的发展提供了有力的技术保证，目前公司产品的技术全部来自于公司自身的研究开发成果。

5. 临港先进装备制造企业

绍兴的临港先进装备制造产业主要分布在嵊州经济开发区、杭州湾上虞工业园区和新昌高新技术产业园区，相关企业有浙江龙盛薄板有限公司和浙江拓进五金工具有限公司和浙江蓝能燃气设备有限公司等；龙头企业是浙江蓝能燃气设备有限公司（表4-4-4）。浙江蓝能燃气设备有限公司创办于2009年9月，是浙江金盾控股集团的下属公司，坐落于浙江杭州弯上虞工业园区内，交通便利。厂区总面积93380m^2，厂房建筑面积24735m^2，办公区建筑面积6300m^2，具有制造大容积无缝气瓶产品的整套先进流水线设备和检验检测试验设备。公司严格按照国家特种设备安全技术规范的规定进行运行。依托金盾控股集团雄厚的专业技术力量、先进的设施设备、精湛的加工工艺和多年的丰富经验，以满足各类用户不断增长的需求。

表4-4-4　临海先进装备制造企业分布

园　区	企业	龙头企业
杭州湾上虞工业园区	浙江龙盛薄板有限公司、浙江拓进五金工具有限公司、浙江蓝能燃气设备有限公司	浙江蓝能燃气设备有限公司
绍兴国家高新技术产业开发区	浙江雷邦光电技术有限公司	
嵊州经济开发区	浙江高翔工贸有限公司 爱默生制冷设备厂	
新昌高新技术产业园区	新昌德力石化设备有限公司 绍兴前进齿轮箱有限公司	
柯桥经济开发区	新昌高新技术产业园区	
绍兴非园区内	绍兴市松陵造船有限责任公司、绍兴市同利型钢造船有限公司、绍兴市水乡船舶制造有限公司、绍兴县钱清海祥船舶修造厂、绍兴市风顺船舶有限公司、浙江双鸟锚链有限公司、绍兴县宇正造船、绍兴县东方船舶修造厂、绍兴县水利船舶修理厂、上虞市农垦船舶修理厂	

6.港航物流企业

绍兴的港航物流业主要分布在柯桥经济开发区，相关企业有绍兴海川物流公司、绍兴内贸海运公司、绍兴市通达航运有限公司、嵊州市海港船务有限公司等，其中龙头企业为绍兴海川物流公司。绍兴海川物流公司是专业从事国内长短途货物运输、公路快运专线运输的公路运输的服务型企业，致力于打造中国最大最专业汽车运输公司。注册资金500万元，车辆运营公司通过ISO9001：2000质量管理体系认证，系全国道路货运二级企业。注重强强联合，与各交通运输集团协力合作，专门为工业产业集群和区域经贸提供综合物流服务。承运由绍兴及周边地区发往全国各大中小城市公路货物运输。

三、企业视角绍兴海洋经济存在的问题

绍兴虽以“水乡泽国”享誉海内外，内河网络发达，但是海洋资源相对较为匮乏，制约了海洋经济的发展。

(一)海洋第一产业存在的问题

绍兴县的马鞍镇和上虞的沥海镇利用得天独厚的海涂资源，渔业生产得到迅猛发展。南美白对虾的养殖面积2001年为180hm^2，至今已到0.58万hm^2，扩大了31倍，2012年全年产量27392t。随着南美白对虾养殖面积、产量的增加，以上虞为主的对虾冷冻加工业也得到了较快发展。全年共计加工对虾12534t，同比增长1.5%，加工量占到对虾产量的45.8%，同比提高1.5个百分点。2012年全市还新增一家远洋渔业企业——浙江鑫隆远洋渔业有限公司，远洋捕捞产量750t，产值1500万元，运回国内75t。

绍兴海洋渔业存在的问题：(1)海水养殖结构与布局不够合理。海洋渔业自然资源有限，由于养殖对虾、扇贝等优质品种见效快、效益高，绍兴海洋养殖业发展很快，大多集中在内湾近岸，港湾利用率高达90%以上，就会导致内湾近岸水域养殖资源开发过度。(2)海洋开发与保护的法规不健全。如滨海水域所有权、使用权、收益分配权不明确等问题，渔业执法手段落后、装备较差、队伍的素质不高等，难以保障海水养殖业健康发展。[18](3)滩涂养殖业污染日益严重。养殖生物产生的排泄物和分泌物大量累积于养殖区的底部，以及部分饵料过剩变成对水体有害的污染物等原因导致了养殖水体富营养化，有害藻类和病原微生物大量繁衍，致使养殖品种病害增加。

(二)海洋第二产业发展中的问题

涉海工业正逐步成为绍兴经济的“后起之秀”。2012年，涉海工业增加值为105.66亿元，涉海工业占全部海洋经济增加值54.2%。其中，涉海工业中占比43.9%的涉海产品及材料制造业增加值46.34亿元，增长11.7%；占比37.3%的海洋设备制造业增加值39.42亿元，增长8.5%；占比13.7%的海洋化工业增加值为14.50亿元，增长15.4%；占比2.4%的海水利用业(主要是火电)增加值2.53亿元，增长7.1%。随着杭州湾上虞工业园区和绍兴县滨海工业区两个省级开发区的相继成立，绍兴汇集了一批大型的涉海工业企业。杭州湾上虞工业园区，引进了来自欧美、日韩、港台等国内外的200余家知名企业，以及国内外上市公司15家，其中世界500强企业4家，形成了机械装备、家用电器、生物医药、汽车制造业等产业集群。绍兴县滨海工业区，已形成石油化工、聚酯化纤、包装材料、生物医药、纺织制造、农产品深加工等六大优势产业集群。2012年，滨海工业园区和杭州湾上虞工业园区年工业总产值分别为859亿元和564

亿元，居全市12个开发区第2和第5位。

(1)海洋第二产业的结构不合理。绍兴海洋第二产业中传统产业如纺织业、化纤业比重过高，以信息产品制造业为代表的高新海洋技术产业起步迟、规模偏小。低端海洋产业的相关企业规模小而利润又低，但是数量较多，容易导致恶性竞争引发价格战，虽然产量较多但是收益并未得到提升。(2)海洋产业技术创新能力薄弱。绍兴海洋第二产业通常又以中小企业为主，更多的是家庭作坊式的生产；企业规模从根本上限制了对科研的投入。(3)海洋企业分工关联度低。现有涉海企业只是在同一园区内简单聚集，园区内的企业之间缺少产业链的分工与技术创新联系，会阻碍园区产业链的提质和规模效益。

(三)海洋第三产业发展问题

海洋第三产业在结构调整中增长平稳，2012年全市涉海服务业增加值26.41亿元，占海洋第三产业增加值的44.2%。滨海旅游业或将成为海洋第三产业新亮点。总体而言，绍兴海洋第三产业存在：(1)发展水平较低。缺乏骨干性海洋第三产业企业，尤其是涉海研发企业较少。(2)层次相对偏低，内部结构不合理。传统行业企业较多，新兴海洋产业企业较少，知识技术密集型企业更少。

第五节　台州市涉海企业构成与布局

台州沿海港湾曲折(图4-5-1)，港门林立，吃水很深，其丰富的海陆经济资源和秀丽的自然人文景观，使台州成为东南沿海海洋经济重镇。

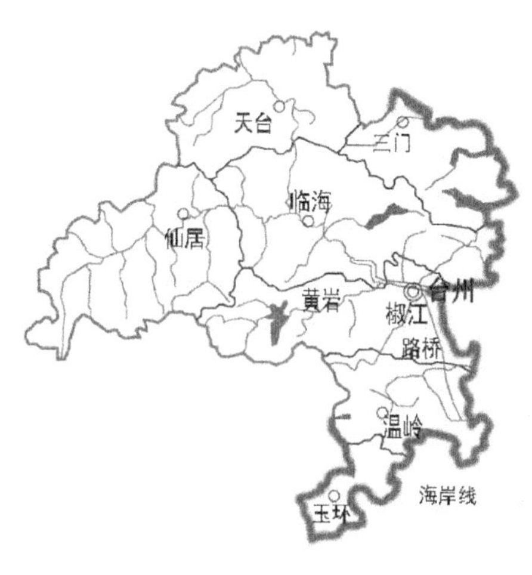

图4-5-1　台州岸线

一、台州发展海洋经济的基础

(一)资源基础

台州地处浙江中部,是海洋资源大市,拥有"港、涂、渔、景、能"五大海洋优势资源,在浙江省占有重要的位置[19]。丰富的海洋资源为台州加快海洋经济发展提供了优越的物质基础和发展空间。

1.港口资源

台州海岸线745km,占浙江省的28%,可开发港口岸线长96.23km,其中可建万吨级以上港口的岸线长达30.75km,自北而南分布着三门湾、浦坝港、台州湾、隘顽湾和乐清湾等港湾以及大小港口15处,还拥有国家批准的渔港20个。台州港由健跳、临海、海门、黄岩、温岭、大麦屿6个港区组成[20]。

2.滩涂资源

台州市所辖海域海涂资源丰富,10m等深线以内浅海面积达4054.1km^2,居浙江省首位。滩涂分布集中成片,处于缓慢淤涨状态,主要分布在台州湾等开敞的河口海湾及三门湾、乐清湾等半封闭海湾内。

3.海洋渔业资源

台州海域海洋渔业资源丰富,面积大于5km^{2}的岛屿695个,拥有大陈、猫头、披山等渔场。三门湾、乐清湾及大陈岛海域是浙江省重要的海水养殖基地和贝类苗种基地,养殖品种类有鱼、虾、蟹、贝、藻等五大类30余种。

4.海洋旅游资源

台州市自古以"海上名山"著称,汇聚着"山、海、岛、城"等多种景观,主要景点有桃渚、长屿洞天两个省级风景名胜区,大鹿岛国家级森林公园和江厦、大陈岛两个省级森林公园,桃渚国家级地质公园,石塘渔港千年曙光公园、一江山岛近代战争遗迹和海蚀风光等[21]。目前玉环的大鹿岛、椒江的海洋公园是国家4A级的海洋旅游产品,解放一江山岛纪念地既是红色旅游经典景区又是国家级的旅游目的地,已开发的旅游线路有玉环的"休闲玉环、海韵渔情"、临海桃渚的"海上仙子国"、三门的"海誓山盟(三门)"、温岭的"曙光石风渔韵"等。玉环还成功举办了中国首届海岛文化节、三门定期举办中国青蟹节等节庆,成立了漩门湾农业观光园区等国家农业旅游示等范点。

5.海洋能源

台州属强潮海区、潮差大、潮汐能源丰富,主要分布在三门湾和乐清湾。台州海域风力资源丰富,沿海和岛屿有效风时高达7000小时/年以上,此外,台州市海域还拥有丰富的波浪能和潮流能。

(二)海洋产业的经济基础

1. 台州发展海洋经济的最强力支撑是制造业的产业配套能力

(1)台州是中国重要工业生产出口基地,拥有着汽车摩托车、医药化工、家用电器、缝制设备、塑料模具、船舶修造等六大主导产业,而且逐步形成与海洋经济配套的临港先进制造业、港航物流、海洋渔业、滨海旅游等四大海洋主导产业[22]。

(2)台州拥有上市企业40余家,有20多个规模上百亿元的"一县(乡)一品"块状特色经济,有78个工业产品市场占有率居全国第一,聚集了"中国模具之乡"、"中国塑料日用品之都"等35个国家级产业基地。制造业的全面开花和兴盛为台州进一步完善海洋经济产业链奠定了坚实的基础。

(3)台州市还拥有一批敬业创新、拼搏进取、头脑聪明、身怀绝技的产业工人,正是他们的辛勤劳动,才使台州有着把优越条件转化为综合经济优势的神奇力量[23]。大批产业工人是台州海洋经济发展所需的优质人力资源。

2. 民营经济优势是台州海洋经济发展的重要资源之一

(1)民营经济是台州发展海洋经济的最大优势,台州是中国股份合作制经济的发祥地,诞生了全国第一个经工商注册的股份合作企业、第一家民营汽车企业、第一条股份制高速公路、第一家工商登记注册的农民专业合作社、第一家政府不控股的地方性城市商业银行等等。

(2)改革开放40多年来,台州创造了以"民营主导+政府推动"为主要特征的"台州现象"。民营经济占台州市生产总值的90%以上、财政收入的70%以上,解决了80%左右的就业。2008年,台州被浙江省委、省政府列为省级民营经济创新发展综合配套改革试点城市。

3. 特有的金融环境是台州发展海洋经济的第三大优势

台州作为全国小微企业金融服务的先行地区,是全国少数几个拥有三家城市商业银行(台州银行、浙江泰隆商业银行、浙江民泰商业银行)的城市之一,在全国有广泛影响的金融支持小微企业的"台州经验"和"台州小微金融品牌",成功组织了台州市政府与国家开发银行等9家银行,签订金融支持台州循环经济发展战略的合作签约,达成了"十二五"期间提供金融支持的框架协议。

二、台州海洋经济发展总体状况

(一)海洋产业结构

台州逐渐形成临港新兴工业、港口海运业、海洋渔业、滨海旅游业主导的海洋产业结构。

1. 临港新兴工业

依托港口条件,台州发展了能源电力、船舶修造、石油化工等临港工业。

(1)能源电力方面,台州现有华能玉环电厂,开发利用风能、潮汐能等新能源。(2)船舶修造主要集中在温岭、椒江、三门,桃渚等地,初步实现了按现代化总装造船厂模式运作的核心企业,但船舶产品缺乏系列化、规模化、集团化、品牌化;高附加值的特种船舶制造业尚未形成。(3)石化产业是大陈岛石油储运基地及以黄礁涂炼化一体化项目为核心,初步建成进口原料深加工、精细化工、高分子加工为主的深加工型石化工业。

2.港口海运业

台州市的港口和码头建设得到了快速发展,台州港在海门、大麦屿、健跳传统三大港区外,新建了临海、温岭、黄岩三港区,形成"一港六区"的新格局,形成各港区功能明确、优势互补、民营化特色明显、各港区联动发展的组合式港口,建成港口、公路、铁路为主干的集疏运网络,推动了海洋运输、仓储、货运及信息服务的发展,构建了椒江葭沚、大麦屿等现代港口物流园区[24]。

3.海洋渔业

(1)远洋渔业稳妥发展,建成集生产、运输、加工、贸易、服务为一体的远洋渔业产业化设施与企业,完成了玉环灵门、栈台、临海红脚岩、三门健跳、路桥金清、椒江大陈中咀、玉环坎门中心、温岭中心、大麦屿等省重点渔港续建工程。台州拥有38个海洋捕捞公司、3个海洋捕捞专业合作社和96个海洋捕捞其他主体,拥有捕捞渔船4679艘、总功率105.74万kW,其中拖网渔船2568艘、功率76.04万kW,围网渔船164艘、功率6.1万kW,刺网渔船1274艘、功率17.56万kW,张网渔船169艘、功率1.45万kW,其他类渔船400艘、功率2.4万kW。

(2)海水养殖业,初步建成大黄鱼、青蟹、对虾、沙蚕、泥蚶、蛏等的海水养殖开发区,全市水产养殖总面积37221hm^2,其中海水养殖面积26169hm^2,淡水养殖面积11052hm^2,池塘养殖面积3478hm^2;水产品种苗工程、水产养殖病虫害防治网络和养殖水域监测预报体系步入良性发展,建成浙江宏野公司、三门湾水产养殖有限公司、三门辉旺水产品有限公司、台州三港等海水养殖专业合作社。

(3)依托中心渔港和渔区城镇对渔业产品集聚作用,建立了海水产品加工示范园区和出口基地,形成了渔业加工龙头企业10余家,如台州兴旺水产有限公司、台州天和水产食品有限公司等,提高养殖产品加工与净化、低值产品精深加工和综合利用能力快速提升。

4.滨海旅游业

以"游海岛、观海景、吃海鲜、购海货、住海滨"为特色的滨海旅游快速发展,打响了"神奇山海、活力台州"旅游的品牌,浙东休闲旅游胜地正在建设中。

以桃渚、温岭东部滨海旅游区、大陈岛、大鹿岛森林公园为依托,形成"一带、两岛、六区"的滨海旅游新格局。一带即甬台温通道以东滨海带,实施旅游资源开发和环境保护,逐步建设各具特色的滨海旅游区块。两岛即大陈岛(包括一江山岛)旅游、大鹿岛森林公园。六区:三门蛇蟠岛旅游景区,以自然景观为主的观光休闲旅游区,包括千洞之岛景区和渔家风情旅游;临海桃渚省级风景旅游区,为人文景观和自然景观兼胜的综合型高等级风景旅游区;台州滨海城市旅游区,为台州市滨海旅游中心集散地和服务中心;台州黄琅滨海旅游区,包括黄礁岛旅游度假村、农业高科技观光休闲园和剑门港海滨休闲娱乐区;温岭东南滨海旅游区,包括石塘千年曙光园、松门海滨旅游区、长屿洞天—方山及江厦森林公园;玉环中国休闲渔都旅游区,包括坎门渔村、南排山休闲旅游区,突出海洋风光和海岛风情[25,26]。

5.海洋高新技术产业

(1)海洋生物医药业,重点培育了海洋药物、海洋化工、海洋保健食品及深水网箱和海珍品良种育苗等开发研制企业,在椒江区内建立海洋创业服务中心、检测中心和重点实验室;在玉环省级海洋科技园区内建立科技创新服务中心;在椒江中心渔港、温岭松门、玉环坎门建成海洋药物和海洋化工制造研究基地;在大陈岛开展深水网箱技术和良种育苗。

(2)海水淡化,开发电水联产热法、核能耦合、膜法低成本淡化、亚海水淡化及海水循环冷却、大生活用水等技术,积极创建海水淡化产业基地。

(二)海洋产业布局

台州沿海县区海洋产业,初步形成"一港、三湾、六区"的发展格局。一港即台州组合港;三湾即三门湾、台州湾、乐清湾;六区即椒江口综合经济区、温岭滨海综合经济区、乐清湾综合经济区、三门湾综合经济区、临海滨海综合经济区和海洋生态经济区。

台州组合港包括海门港区、大麦屿港区、健跳港区、临海港区、温岭港区和黄岩港区:(1)海门港区争取建设大陈石油储运码头,成为台州对外贸易、旅游客运、能源运输及为区域经济发展服务的综合性港口;(2)大麦屿港区建成外贸集装箱、煤炭、石化中转运输和物流园区,成为台州市南部综合性枢纽港;(3)健跳港区推进了在口外牛头门建设万吨级以上散货码头,成为以能源运输为主,兼顾大小件杂货运输的台州北部综合港口;(4)临海港区规划分头门作业区和椒江口内作业区,其中椒江口内作业区以千吨级以下码头泊位为主,头门作业区重点开发深水港。(5)温岭港区和黄岩港区以满足当地经济发展所需的生产、生活物资运输为主,为地方经济服务。

海湾资源开发:(1)三门湾(包括浦坝港)为半封闭强潮海湾,沿岸滩涂、港汊发育,深水岸线不多,正发展海水养殖和休闲旅游。健跳港口门和口外洋市涂、牛山岸段深水岸线,水深 7—10m,深槽稳定,可建设 5 万吨级以上码头泊位。(2)台州湾为开敞型强潮河口湾,湾外海域散布着大陈岛、东矶列岛,海域开敞,海洋生态环境良好,海岛旅游、浅海养殖、休闲渔业郑全面发展。头门岛南岸、上大陈岛西南岸段深水岸线，航道水深条件良好，具有深水港的开发前景。其中大陈岛规划建设 30 万 t 兼靠 40 万 t 石油储运码头。(3)乐清湾(包括漩门湾)为半封闭强潮海湾，湾内环境隐蔽，岸线基本稳定，湾内滩涂和港汊发育，岛屿众多，宜发展海水养殖和休闲旅游。外湾东岸大麦屿岸段水深 10—30 米，水域开阔，拥有发展深水港口的深水岸线。

沿海产业带建设，规划已经编制，正积极实施。规划设想台州沿海将建成资源、产业和生态环境协调发展的六个海洋经济区。(1)椒江口综合经济区，包括椒江、路桥两区沿岸乡镇。重点发展汽车整车制造、缝制设备、家用电器、塑料模具及医药化工等主导产业，以及港口海运、港口电力、船舶修造、水产品加工等临港工业。加快建设椒江渔港经济区，都市休闲旅游区和黄琅滨海旅游风景区。(2)温岭滨海综合经济区，包括温岭市东南的沿海乡镇。重点发展摩托车及汽摩配件等主导产业，提升改造船舶修造业和配套服务业，培育修造船基地，建设现代化船舶和船舶配套产品交易市场。开发海洋医药、海水利用及潮汐能等海洋新兴产业。发展远洋渔业、水产品精深加工、海洋生物医药和功能食品。建设温岭(松门、石塘)渔港经济区。以大港湾为基地，建设优势海水养殖品种(虾、蛏)产业带。综合开发滨海旅游业。(3)乐清湾综合经济区，包括玉环县及温岭市管辖的乐清湾沿海乡镇。重点发展汽摩配件等主导产业，发展港口海运、沿海能源、修造船、水产品深加工等临港工业。积极开发海洋化工、海洋药物、海水利用及潮汐能等海洋新兴产业。建设优势海水养殖品种(蛏、大黄鱼、虾、青蟹等)产业带。加快坎门中心渔港和玉环休闲渔都旅游区的建设。(4)三门湾综合经济区，包括三门县的沿海乡镇。重点发展沿海能源工业、船舶修造业和海水养殖业。建设健跳大型船舶修造基地。开发健跳深水港。发展浅海养殖，建设优势海水养殖品种(青蟹、对虾、蛏、大黄鱼及蚶等)产业带。(5)临海滨海综合经济区，包括临海市的沿海乡镇。重点发展汽车整车制造、医药化工等主导产业。提升改造灵江船舶修造业，积极发展特种船舶修造。建设红脚岩渔港和优势水产品产业带，建设头门岛连岛工程。(6)海洋生态经济区，主要涉及离大陆较远、地理位置相对较独立的台州列岛、东矶列岛和鸡山岛(群)及其邻近海域。在保护海洋生态环境和修复海洋生物资源的前提下，以调整海洋渔业结构为重点，加快海岛旅游业和港口开发[27]。坚持生态立岛、产业兴岛。发展陆岛、岛间交通，改善基础设施。积极开发风能、潮汐能等新能源。

三、台州主要涉海企业构成与分布

(一)海洋原料生产相关企业分布

台州市海洋原料相关企业包括海洋捕捞业、海水养殖业、水产品加工及市场流通等行业的企业(图 4-5-2)。现有海洋捕捞渔船 7869 艘;海水养殖面积达到 387.34km^2。2014 年全市海洋渔业产量 433.94 万 t,拥有 38 个海洋捕捞公司、3 个海洋捕捞专业合作社和 96 个海洋捕捞其他主体,水产养殖龙头企业 30 多家,水产养殖合作经济组织 54 家,社员 3604 户。

图 4-5-2 台州市海洋原料生产相关企业

(二)海洋经济相关企业分布

台州市海洋经济相关企业主要包括港口海运业、船舶修造业、滨海旅游业等行业企业(图 4-5-3),主要产品分为船舶建造、船舶资讯、技术支持;港口投资开发与建设;海岛和沿海滩涂的开发利用;海洋旅游项目开发等。2015 年台州市共有港口海运企业 87 家,其中运力规模 5 万—10 万 t 21 家、10 万—20 万 t 6 家、20 万—30 万 t 1 家、30 万 t 以上 1 家,沿海水运运力突破 393 万载重吨。全市有运输船舶修造企业 95 家,2015 台州市在建船舶 873 艘、完成 751 艘,主要企业有海滨船舶修造有限公司、台州市东海船舶修造有限公司、东方船舶修造厂等[28,29]。台州滨海旅游以生态文化旅游为主线,打造浙江大旅游网的东部重要节点,打响“神奇山海、活力台州”旅游的品牌。

(三)台州市海洋咨询相关企业分布

台州海洋技术咨询相关企业主要为台州相关高新技术产业提供智力支持,如船舶修造业和海洋医药业等(图 4-5-4)。各企业积极与全国涉海院校和科研机构联姻,建设了一批海洋科技创新平台[30,31],如:玉环省级农业高科技园区积极引进国内大院名校与区内企业共建技术创新中心;武汉理工大学在台州设立华东船舶设计研究院,加强了台州船舶产业与世界的联系;浙江金壳生物化学

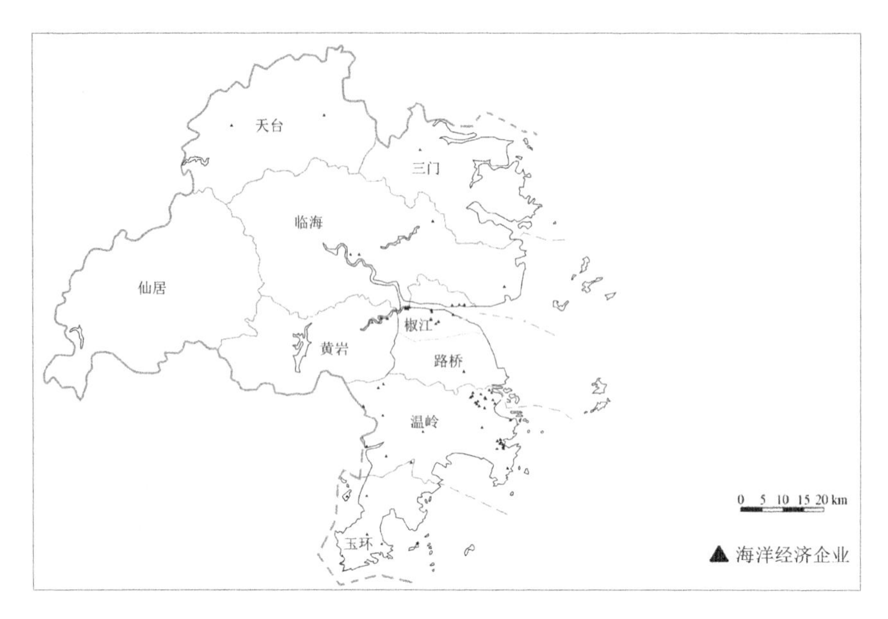

图 4-5-3 台州市海洋经济相关企业分布

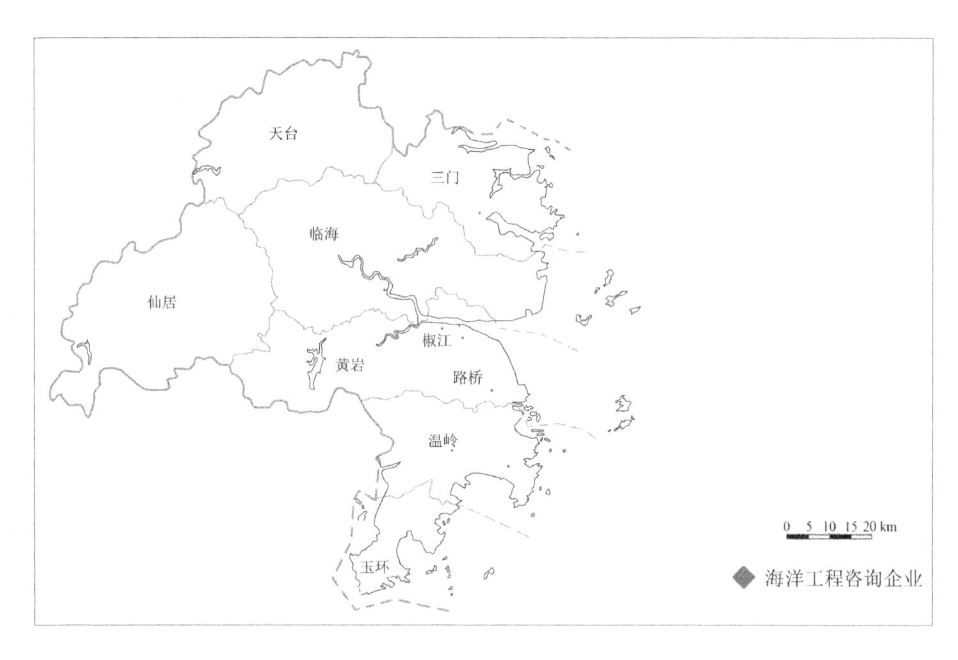

图 4-5-4 台州市海洋工程咨询相关企业分布

有限公司与国内多所科研院校合作，组建实验室，开发新型高端产品 30 多个，申请 10 项发明专利并授权 5 项。

(四)台州船舶修造业企业分布

船舶修造主要集中在温岭、椒江、三门一带,此外还有临海的桃渚造船基地。台州市有运输船舶修造企业95家(图4-5-5),其中有25家能造万吨以上船舶[32,33]。2015年完成工业总产值118亿元(其中船舶出口总额近20亿元),从业人员达2.5万人,主要企业有海滨船舶修造有限公司、台州市东海船舶修造有限公司、东方船舶修造厂、台州远洋船舶修造有限公司、台州市椒江前所船舶修造厂、泰达船舶修造公司、万昌船舶修造公司、台州海滨船舶修造有限公司、回浦船舶修造公司、海航船舶修造有限公司、台州市龙港船舶有限公司等。(1)龙头船舶企业——枫叶造船厂拥有2座五万吨级半船坞型船台(规格:36m×280m)和1座三万吨级船台;船舶舾装码头已经在2007年3月份建成启用,规格:260m×10m×8m,能同时容纳三艘三万吨级以上的船舶进行码头舾装工作。(2)浙江温岭天时造船有限公司建造了由上海彩虹鱼科考船科技服务有限公司投资的国内首艘万米级深渊科考母船"张謇"号,船长97m、宽17.8m;设计排水量约4800t、设计吃水5.65m;巡航速度12节,续航力15000nm,载员60人,自持能力60d。

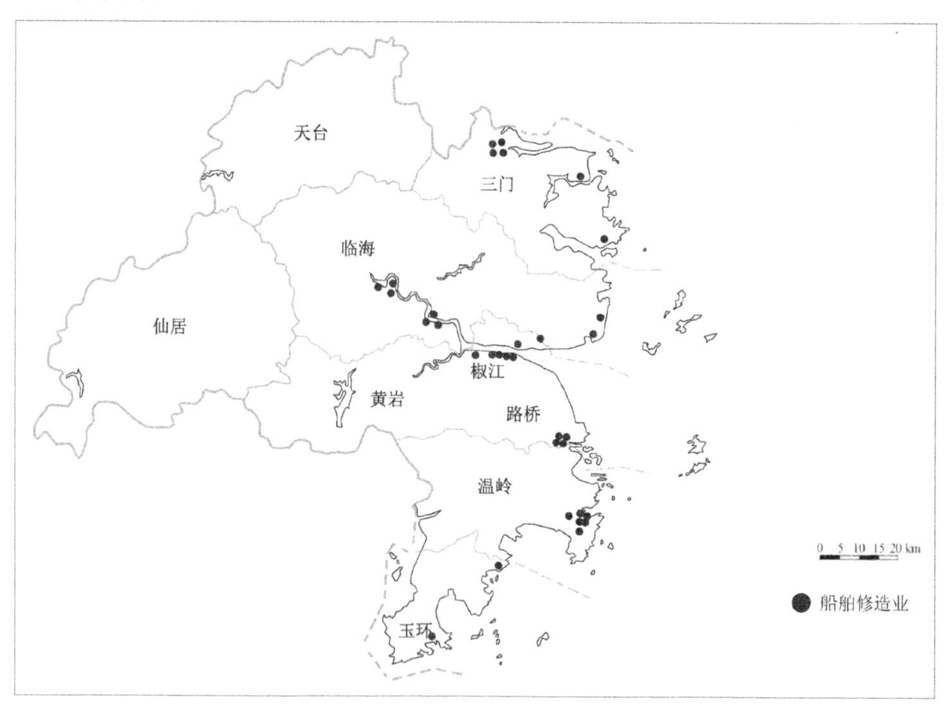

图4-5-5 台州船舶修造企业分布

台州修造船企业分布呈现:①总体沿台州海岸线分布,内陆地区稀少。②

灵江沿线分布特别密集,尤其是临海县桃渚造船基地。③临海县和椒江区分布最为集中,其次是温岭市和三门县,玉环县分布较少。

(五)港口海运业企业分布

台州市的港口和码头建设得到了快速发展,形成"一港六区"的港口新格局,构建了椒江葭沚、大麦屿等现代港口物流园区[34]。2015年台州市共有港口海运企业87家(图4-5-6),主要企业有浙江台州湾港务有限公司、台州海门港埠总公司、浙江大麦屿港务公司、浙江龙门港务有限公司、浙江五星物流有限公司、浙江省三门县海运公司、浙江跃洋海运有限公司、浙江长昌海运有限公司、浙江黄岩海运有限公司、浙江括苍海运有限公司、浙江省台州市大众海运服务中心、三友控股集团海运公司等。

图4-5-6 台州港口海运业分布

台州港口海运企业分布呈现:(1)总体分布于沿海区县,内陆的仙居、天台、临海西部几乎没有分布。(2)较为集中于椒江区行政中心附近,外围则零星分布于三门、黄岩、路桥、温岭、玉环等地[35]。(3)沿海运输船舶1000多艘,分散于海门、大麦屿、健跳、临海、温岭、黄岩六大港区,以大麦屿港区和健跳港区为主。④各企业在各大港区均设有分公司、办事处和作业中心。

(六)海洋渔业企业分布

台州市沿海渔业人口27.2万人,渔业劳动力约17.7万人。现有海洋捕捞渔船7869艘，海水养殖面积达到387.34km²，2014年全市海洋渔业产量433.94万t，其中海洋捕捞产量194.5万t；拥有38个海洋捕捞公司、3个海洋捕捞专业合作社和96个其他海洋捕捞主体，水产养殖龙头企业30多家，水产养殖合作经济组织54家，社员3604户。养殖业以家庭为单位密集分布于乐清湾、三门湾、大陈岛等渔场和沿海养殖基地；捕捞业主要分布于玉环灵门、栈台渔港、临海红脚岩渔港、三门健跳渔港等地区；全市水产品加工及市场流通企业分布于滨海城镇如图4-5-7。

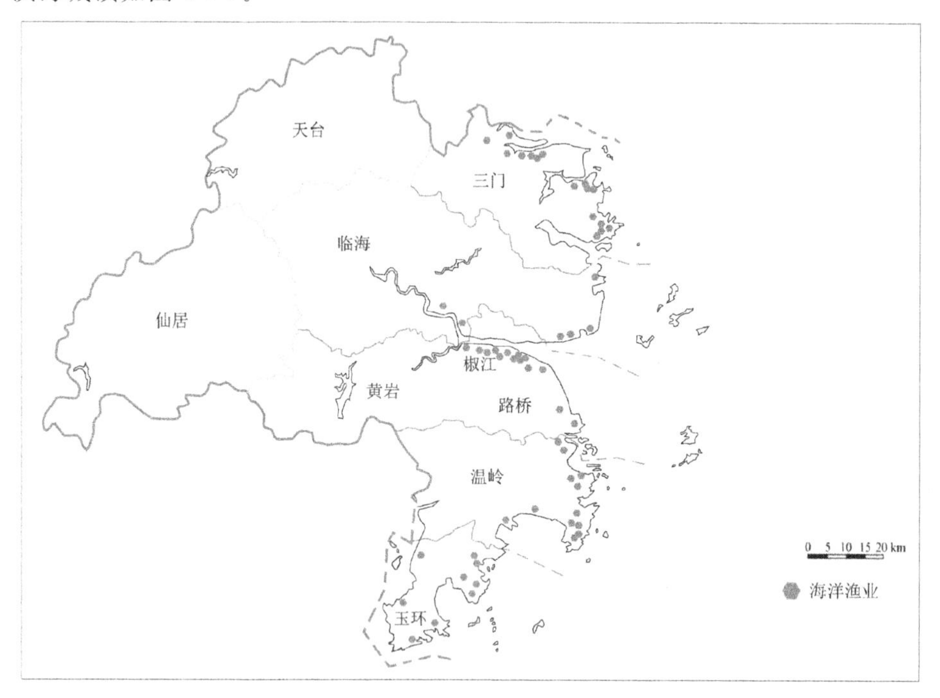

图4-5-7　台州海洋水产加工企业分布

四、企业视角台州海洋经济存在的问题

（一）主要海洋行业存在问题

1.船舶修造业的问题

（1）灵江沿岸船厂过于集中，导致部分位于上游的船厂试航和新船出海较为不便[36]。

（2）温岭市的船厂分布较为松散，集中度不高，导致部分大型机械设备使用不合理，且占地面积较大，造成资源浪费。

（3）部分企业离海岸较远，使得船舶的运输成本加大，制约了企业生产大吨位大规模船舶的能力[37]。

(4)南部沿海地区分布较为稀少,不利于区域性协调发展以及南部沿海的用船需求。

2.港口海运业的问题

(1)企业分布过于集中于市区行政中心附近(主要集中于椒江区),分布不均衡,在其他县区分布较少。

(2)距离港区较远,不便于直接管理。

(3)运输企业多集中于重要港区,不利于各港区综合发展,也对单个港区的作业造成压力。

3.海洋渔业的问题

(1)经营单位众多且规模偏小,虽然已建立成一些大型渔港与养殖基地,但是总体仍然散乱,不便于统一管理和规范,部分区县出现过度养殖,造成海岸生态环境恶化,不利于长期可持续性的发展。

(2)广泛散乱的分布也提升水产品的销售、运输造成的成本。

(3)台州自然灾害频发,松散的海洋养殖分布给抗灾、救灾工作增加了极大的难度,遇上极端灾害时损失重大。

(二)台州海洋经济存在问题

1.海洋产业结构亟待优化

近年,台州海洋产业人均增加值均低于全国平均水平,这说明台州海洋产业粗放型特征明显。台州市海洋三大产业的比例为22.4∶44.8∶32.8,弱于同期全国比例5.4∶47.1∶47.5。台州市主要海洋产业、海洋科研教育服务业和海洋相关产业占全国的比重分别为1.732%、0.003%和0.167%,可见台州市海洋科研教育管理服务业发展最为滞后,这反映出台州海洋经济发展尚缺少与之相适应的科技支撑体系。

2.海洋科技实力不强

与杭州、宁波、舟山相比,台州市海洋科研力量相当薄弱,台州市没有一个专门的海洋科研机构。台州市海洋科技专业技术人员零散在各涉海机构,缺乏学术带头人和高层次科技人员[38]。台州市海洋教育几乎是空白,没有与海洋产业直接对接的专业。

台州海洋科技的创业服务中心、创新服务体系建设相对落后,尤其是对船舶、海洋生物药物、海洋食品精深加工与保健食品等重点产业发展所需要的创新、研发、实验和检测等科技支撑条件亟待整合和加大建设力度,对于海洋科技资源管理体制应强化创新[39]。

台州海洋企业以民营企业为主,具有“低、小、散”的特征,大部分企业没有专门的研究部门和研发人员,缺乏研发能力、缺少自主技术[40]。部分企业规模较大,拥有独立研发能力,但同样存在技术水平不高,科技人才缺乏,投入能力有限，自主创新能力不强，缺乏核心竞争力等问题。

第六节 温州市涉海企业构成与布局

温州是全国首批沿海对外开放城市之一，海域面积 1.1 万 km^2，港、渔、滩涂海洋资源十分丰富[41]。2003—2015 年，全市海洋经济总产出年均增长超过 15%，高出同期国民经济增长速度，海洋经济增加值占全市 GDP 比重接近 20%。

一、温州海洋经济发展的基础

(一)温州海洋经济发展的资源基础

温州市地处浙江东南沿海，全市行政管辖海域面积 1.1 万 km^2，经济管辖区(大陆架)海域达 7.2 万多 km^2，海岸线总长 1031 km(其中大陆岸线 355 km)，500m^2 以上的海岛 436 个，所辖 11 个县(市、区)中有 6 个沿海县(市、区)，洞头区还是全国 14 海岛县之一。

1. 滩涂资源

温州市 2004 年末有 19 万亩。《浙江省滩涂围垦总体规划(2005—2020 年)》规划温州市围垦造地滩涂区67.2万亩，至 2020 年温州市 29 处滩涂围垦建设项目，规模 48 万亩(表 4-6-1)。

表 4-6-1 温州市各岸段滩涂资源及围垦造地规划

岸段代号	岸段名称	海岸状态	滩涂资源/hm^2	围垦造地资源/万亩	主导功能	区域内各县(市、区)造地资源
全市统计			6.4793	67.2		
十四	鲜迭—乐清市岐头	蒲岐以北稳定型；蒲岐以南淤涨型	1.4973	7.03	港口、自然养殖、湿地保护、农业、围塘养殖	乐清市
十五	瓯江	稳定型为主	0.0673	0.37	旅游、港口	其中：永嘉 0.19 万亩，鹿城区 0.08 万亩，龙湾区 0.1 万亩
十六	龙湾上岙—瑞安市上望盐场	淤涨型为主	2.2600	27.55	农业、围塘养殖、湿地保护、综合开发为主	其中：龙湾区 17.61 万亩，瑞安市 9.94 万亩

续表

岸段代号	岸段名称	海岸状态	滩涂资源/hm²	围垦造地资源/万亩	主导功能	区域内各县(市、区)造地资源
十七	飞云江	稳定性为主	0.0373		航运、港口、码头、行洪	
十八	瑞安市阁巷盐场—平阳县仙人岩	淤涨型为主	1.0420	10.97	农业、围塘养殖为主	其中：瑞安市1.39万亩，平阳县9.58万亩
十九	鳌江	稳定性为主	0.1333		航道、行洪	
二十	苍南县新美州—苍南县沿浦	琵琶门以北淤涨型；以南侵蚀型为主	0.7593	9.45	农业围涂、旅游、港口、围塘养殖为主	苍南县
二十一	洞头岛	稳定性为主	0.8207	11.83	旅游、围塘养殖、港口、城建用地为主	洞头县

资料来源：《温州市滩涂围垦总体规划(2006—2020年)》

2.海洋旅游资源

温州滨海旅游分为洞头、南北麂岛为核心的岛桥海洋旅游，苍南渔寮和玉苍山为核心的苍南休闲度假。渔寮、炎亭风景名胜区是典型滨海沙滩旅游，是著名滨海风景区，以黄金沙滩为主集自然和人文景观为一体，是以游泳、度假、观光为主的滨海风景名胜区。温州东侧海域，如半屏岛、大竹峙岛、铜盘岛、西门岛等是典型的海岛旅游。半屏岛开发半屏山环岛游线路，解决了旅游景点间交通联系；大竹峙岛依托国家开发无居民岛的契机，进行整体包装挖掘，打造成休闲度假风情特色岛；铜盘岛在建设海洋特别保护区的前提下，建成集观光、休闲、渔家乐等功能一体的省级风景名胜区。西门岛以全国最北端的红树林群落、湿地水鸟等保护为重点，同时依托雁荡山风景区，加快海岛休闲、滨海游玩、生物观赏等旅游项目开发，打造成为海岛度假休闲胜地。

3.港口资源

《温州港总体规划》明确将形成瓯江口外的乐清湾、大小门岛、状元岙3个大型核心枢纽港区和为中心城市服务的瓯江港区，为温州南部地区经济服务的瑞安、平阳、苍南港区等3个层次的“一港七区”的格局，港口发展重心从瓯江口内向瓯江口外转移。其中，状元岙港区以外贸远洋中转运输为主；乐清湾港区以临港工业和港口物流业为主；大小门岛港区以石化产业为主；瓯江港区是温州港当前生产和建设的主体港区，为保障中心城市生产和生活物资运输服务；瑞安、平阳、苍南港区为温州南部地区城镇建设和发展服务。

(二)温州海洋产业发展的经济基础

1.海洋经济基础较好，产业体系完备

2010年，全市海洋经济总产出为1104亿元，海洋生产总值为403亿元，占地区生产总值的13.8%，海洋经济已经成为地方经济重要的组成部分。近年来，按照"一港七区"总体格局全力推进温州港建设，初步形成了以状元岙、乐清湾和大小门港区为核心，各类中小港口相配套的沿海港口体系和现代物流系统，2010年温州港口货物吞吐量6408万t，集装箱吞吐量41.2万TEU。海洋产业体系日趋完备，船舶工业、能源(电力)工业、港口物流业等临港产业已成为海洋经济主导产业，滨海旅游业、海洋医药、海洋新能源等新兴产业得到不断发展，渔业经济的综合效益不断提升。

2.民营经济活跃，体制机制灵活

作为"温州模式"发源地，民营经济活跃，民营资本实力雄厚，市场经济发展比较成熟，是我省确定的"民营经济创新示范区"[42]。新一轮全市乡镇行政区划已全部调整到位，都市型功能区、中心镇建设稳步推进，温州大都市区新型城市发展体系基本确定，温州大都市核心区的辐射能力、沿海城市功能区和城镇化发展平台将得到进一步增强，带动滨海城市空间拓展和特色主导优势产业提升。洞头作为海岛开发开放的先导区，将更大范围和深度上实行先行先试。

二、温州海洋经济发展总体状况

(一)产业构成①

"十一五"以来，温州重点培育了港口物流产业、临港先进制造业、机电配套、滨海旅游、现代渔业、清洁能源等产业，促进了海洋经济发展[43]。

(1)乐清湾港区，与虹桥镇行政区域一致，面积90.3km^2。"十二五"期间，推进了综合性港区开发，公路、铁路、城市主干道等集疏运网络建成，培育了风电装备、电力能源、船舶制造、海水综合利用、港航物流服务等产业，初步形成国内先进的风电整机及核心配套生产研发基地、浙江省重要的大型潮汐电站基地[44]。

(2)乐清经济开发区，包括盐盆、翁垟街道，面积46.8km^2。"十二五"期间，开发了乐海围垦区，推进产业园区与城镇建设区的融合互动发展，做大海洋装备制造、海洋医药与生物制品、节能环保等海洋新兴产业。

(3)温州市瓯江口新区，包括灵昆、霓屿街道，面积62.5km^2。"十二五"期间，推进了灵霓半岛区域建设，依托状元岙港区和瓯江口产业集聚区的开发，壮大了港航物流服务、海洋装备制造、海洋能源开采服务等海洋新兴产业，做强了滨海旅游等海洋优势产业。

(4)温州空港新区，包括海滨、永兴街道，面积60km^2。"十二五"期间，实施了温州机场扩建和空港物流园区项目，培育了航空运输、物流保税、商务商贸等

① 温州市政府.浙江海洋经济发展示范区规划温州市实施方案.2011年11月，有修改。

产业，壮大了临港产业区的海洋制药设备制造、海洋医药与生物制品、滨海公共交通服务、滨海特色旅游等新兴产业。

(5)洞头大门镇、鹿西乡，陆域面积45.86km^2。"十二五"期间，建设了大型散货中转码头和临港产业启动区，引进大宗原材料的深加工和中转配送物流项目，发展壮大海水综合利用、海洋风能发电、港航物流服务、海洋工程建设材料制造等海洋新兴产业，全方位对台经贸合作扶强海洋船舶制造、滨海旅游、海洋渔业服务等海洋优势产业。

(6)瑞安滨海新区，包括东山、上望、莘塍、汀田街道和丁山垦区，面积172.48km^2。"十二五"期间，实施了瑞安丁山二期围垦造地，培育了滨海旅游、创业居住、总部商务、海洋科技、金融信息等服务功能，壮大了海洋船舶设备及材料制造、海洋医药与生物制品等海洋新兴产业，提升了滨海旅游、海洋水产品加工、海洋渔业批发与零售等海洋优势产业。

(7)瑞安江南新区，包括飞云、仙降、南滨街道(不含瑞安经济开发区)，面积88.6km^2。"十二五"期间，协同飞云江南岸城市功能培育，依托沿江沿海资源选择发展临港产业，推进了飞云江口重要产业发展区的形成。

(8)平阳鳌江新区，即鳌江镇行政区，面积192.4km^2。"十二五"期间，建设西湾围垦回填和市政基础设施，发展了海洋渔业专用设备制造、海洋风能发电、港航物流服务等海洋新兴产业，扶强了滨海旅游、海洋水产品加工等海洋优势产业。

(9)苍南龙港新区，即龙港镇行政区，面积176.6km^2。"十二五"期间，实施江南海涂围垦和临港产业基地建设，壮大了海洋节能环保设备制造、海洋生物医药、海水综合利用、海洋风能发电、港航物流服务等海洋新兴产业，提升了滨海旅游、海洋渔业服务、海洋水产品加工等海洋优势产业。

(二)产业分布

经过"十二五"的浙江海洋经济示范区规划实施，温州初步形成大宗散货港航、滨海休闲旅游、海洋清洁能源及装备产业、海洋科技服务业四大行业主导的产业功能区[45]。

温州大宗散货港航物流基地包括温州港乐清湾港区、状元岙港区、大小门岛港区三大港区核心区域等[46]，初步建成服务体系完善、资源配置合理、要素支撑有力、港产城一体化的区域性大宗散货港航物流中心、全国特色大宗商品加工储运基地。

温州滨海休闲旅游产业基地包括雁荡山—乐清湾旅游区块、洞头—南麂旅游区块、苍南滨海游憩带3个区域，初步建成空间布局合理、区块特色鲜明、产品体系完善、带动效应突出的浙江重要滨海休闲旅游区和海西区重要休闲度假胜地。

温州海洋清洁能源及装备产业基地包括瓯飞潮汐能、海上风电场、苍南核电区块、洞头小门岛，初步建成一批海洋能利用、海上风电和海上油气资源开发项目。

温州海洋科技创新产业基地以温州市海洋科技创业园、温州海洋科技创新园、瓯江口新区科技创新园3个园区为主，联动温州海洋科学研究院、温州科技职业学院以及依托建设的产业化基地。

三、温州涉海园区分布及其产业构成

温州市域现有国家、省、市三级主要涉海产业园区10个，总面积866.84km²，国家级开发区内涉海产业较少，省、市级园区涉海企业数量较多(表4-6-2)。

表4-6-2 温州市涉海园区概览

园区名称	级别	园区简介
乐清湾港区	市	位于浙江南部瓯江入海口北侧，原为潮流通道形港湾。东侧是玉环县，西岸是乐清市，温岭市在其湾顶，湾口是洞头县各岛屿，包括虹桥镇，面积90.3km²，是新型临港产业基地和现代港湾新城。
乐清经济开发区	省	开发区交通便利，生态环境良好，基础设施一应俱全，投资环境优越，包括盐盆、翁垟街道，面积46.8km²，是产业转型升级示范区和功能完善的综合性海洋产业新城。
洞头大门海洋经济示范区	市	包括大门镇、鹿西乡，陆域面积45.86km²，是浙江海洋经济发展示范区和先行区、温州对台经贸合作试验区。
温州市瓯江口新区	省	位于温州都市区东部，瓯江入海口处，与灵昆岛毗邻，北望七都港、乐清港，距温州永强机场仅9km，与77省道贯穿，紧靠滨海大道、沈海高速，区位条件优越，包括灵昆、霓屿街道，面积62.5km²，主要功能是建成集科教、现代商贸、港口物流和临港产业等功能为主，休闲旅游、生活配套为辅的全国一流的生态宜居新型港城。
温州空港新区	市	位于瓯江发展轴线与沿海发展轴线的交会处，东濒东海，南接温州经济技术开发区，北与瓯江口新区相连，西与龙湾城市中心区毗邻，包括海滨、永兴街道，面积60km²，定位为建设成为航空枢纽、战略性新兴产业发展基地、传统优势特色产业“退二提二”新平台、滨海新城区建设拓展区、物流保税等生产性服务业集聚区。

续表

园区名称	级别	园区简介
温州经济技术开发区	国	位于东海之滨、瓯江口南岸，离温州市行政管理中心 21km，温州铁路货运站 13km，龙湾万吨级码头 11km，温州机场 3km，包括天河、沙城、海城街道，面积 75.3km² 是以先进制造业为主导，带动周边区域城市化改造提升，建成城市设施完善、环境优美、才智集聚、产业高端的产业新区。
瑞安滨海新区	市	其东部沿海，东临东海，南依飞云江，西接安阳中心区，北靠塘下镇交通网络发达，地理位置优越，区位优势明显，沈海高速复线、104 国道、滨海大道等主干道贯穿而过，距温州永强机场、温福铁路飞云站仅半小时车程，是长三角经济区与海西经济区开展产品交流、人才集散、信息汇聚的重要区块之一，包括东山、上望、莘塍、汀田街道和丁山垦区，面积 172.48km²，是具有滨江滨海特色的新城区和现代化综合性公共服务中心，瑞安市战略性新兴产业集聚区。
瑞安江南新区	市	与瑞安安阳中心城区隔江相望，东濒东海，南邻平阳县，包括飞云、仙降、南滨街道（不含瑞安经济开发区），面积 88.6km²，是瑞安城市跨江发展的主平台、江南水乡风貌新城区、浙南闽北交通物流枢纽、瑞安高新技术产业基地为目标。
平阳鳌江新区	市	位于平阳县东南，包括鳌江镇，面积 192.4km²，是商贸商务中心、临港产业新区。
苍南龙港新区	市	地处浙江省温州南部，位于浙江八大水系之一鳌江入海口南岸，东濒东海，西接 104 国道、同三高速公路和温福铁路，南背依经济发达的江南平原，北岸为平阳县鳌江镇，包括龙港镇及其周围镇的部分地区，总面积为 32.6km²，其定位是建设海洋水产养殖基地和海洋生物的育种基地。

温州市现有涉海开发区的规模不一、分布不均衡[47]，基本与温州海岸线的走势一致(图 4-6-1)。

每个涉海产业园的规模和功能不一，位于园区内的企业分布也不相同，在此对 10 个温州涉海园区海洋产业的代表企业进行梳理如表 4-6-3。

图 4-6-1　温州涉海产业园

资料来源:根据《浙江海洋经济发展示范区规划温州市实施方案》修改

表 4-6-3　温州涉海园区的代表企业

园区	船舶制造业	海洋渔业	海洋服务业	交通运输业	滨海旅游业
空港新区	顺航船舶制造有限公司、洞头县东海船务有限公司	温州市黄渔国水产食品有限公司、苍南县东昇畜牧养殖有限公司	温州瓯海水利投资开发公司	温州东风运输有限公司、温州物流公司	大自然旅行社有限公司
温州经济技术开发区	温州中船重工船舶设备有限公司、浙江中海重工船舶设备有限公司	温州市鹿城区鼓楼太平洋海鲜食品加工厂	浙江亚科通通信科技有限公司	温州轮渡码头有限公司、温州金洋集装箱码头有限公司	温州市旅游发展集团有限公司
瓯江口新区	浙江省温州航运管理处管理所、海利船舶设备厂	温州海香食品有限公司、华盛水产有限公司	温州市瓯江口投资开发有限公司	温州华电油气运输有限公司	洞头新境界旅游有限公司
滨海新区	瑞安市海利船舶设备厂	瑞安市华盛水产有限公司、温州景园海鲜食品有限公司	瑞安滨海新区开发有限公司	瑞安长途运输有限公司	铜盘岛旅游有限公司
江南新区	天河万顺轻功机械配件加工厂、汇润机电有限公司	温州海香食品有限公司	浙江省温州航运管理处苍南管理所	瑞安物流公司	瑞安旅游公司

续表

园区	船舶制造业	海洋渔业	海洋服务业	交通运输业	滨海旅游业
洞头大门海洋经济示范区	洞头县东海船务有限公司、洞头县东海船务有限公司	锦达味业食品有限公司、浙江金海蕴生物有限公司、星贝海藻食品有限公司	大小门岛开发有限公司		洞头新境界旅游有限公司、巨龙大门岛旅游开发有限公司
鳌江新区	浙江瑞德森机械有限公司，温州合力建设机械有限公司	温州南麂岛海之韵渔业有限公司、温州海虎海藻养殖有限公司	平阳县南麂岛开发有限公司	浙江省鳌江港务公司	温州市雁荡山旅游发展集团有限公司
乐清湾港区	温州中船重工船舶设备有限公司、浙江中海重工船舶设备有限公司	茂水产苗种有限公司、乐清市合丰水产有限公司	乐清市乐清湾港区投资发展有限公司、乐清市胜利塘围垦开发建设有限公司	乐清市涧乐轮渡码头有限公司、温州金洋集装箱码头有限公司	乐清市西门岛旅游开发有限公司
苍南龙港新区	苍南县航运公司、苍南县水泥船制品厂	苍南县大宏水产有限公司、苍南县万事兴海水养殖场	浙江省温州航运管理处苍南管理所	苍南龙港运输有限公司	跟我走国际旅行社有限公司
乐清经济开发区	浙江中海重工船舶设备有限公司分公司	苍南县布利海水养殖场、苍南紫菜加工厂	乐清市经济开发区有限公司	温州乐清市交通运输有限公司	苍南大自然旅行社

四、温州主要涉海企业构成与分布

(一)海洋渔业企业分布

海洋渔业包括养殖、加工等，养殖集中在苍南沿岸、乐清湾、南北麂岛(图4-6-2)，苍南县的渔业养殖企业分布在东海沿岸，形成一条狭长的产业带(图4-6-3)，洞头海洋捕捞和粗加工的企业很多，分散在各码头附近(图4-6-4)。

图4-6-2 乐清湾海洋渔业企业

图 4-6-3　苍南海洋渔业企业

图 4-6-4　洞头海洋渔业企业

(二)船舶修造企业分布

船舶制造业集中在温州市区、瑞安港一带,工业区布局在瓯江河口、飞云江河口、鳌江河口,分别以温州港、瑞安港、鳌江港建设为依托[48],在河口两岸建有修造船工业基地(图 4-6-5)。

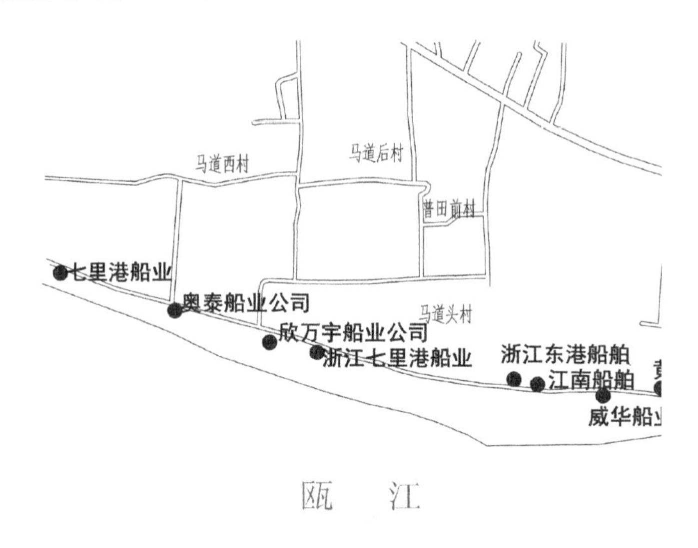

图 4-6-5 瓯江口船舶制造业企业

(三)海洋交通运输企业分布

温州市有乐清湾港区、大小门岛港区、状元岙港区、瓯江港区、瑞安港区、平阳港区、苍南港区等 7 大港区,海洋交通运输企业主要依托港口,集中在温州港、瑞安港、鳌江港的周边(图 4-6-6)。

总体而言,温州海洋产业相关企业分布呈现:(1)优势产业海洋渔业和海洋旅游业分散在全市滨海村镇,每个区县均有养殖加工企业集中度较高的城镇;(2)临港工业,尤其是修造船企业集中沿深水岸线与港区分布,集中在瓯江河口、飞云江河口、鳌江河口等[49,50];(3)一些新兴海洋产业企业尚未形成集聚态势,散布于各类开发区之中,有待进一步引导布局(表 4-6-4)。

图 4-6-6　温州市港区

表 4-6-4　温州市涉海企业分布特征

产业名称		产业空间分布	分布	产业聚集基地
海洋渔业	海洋养殖业	鳌江河口、乐清湾、洞头、南、北麂渔场	分散	乐清湾、鳌江口
	海洋加工业	鳌江河口、雁荡、龙沙	分散	瑞安经济开发区
船舶制造业	船舶制造维修	黄华、七里港、雁荡、平阳、云飞	集中	乐清市七里港镇
	零部件制造	七里港、磐石、柳市、龙湾区	集中	温州经济开发区、空港新区、瓯江新区
海洋交通运输业		温州港、平阳港、瑞安港	分散	温州港、平阳港、瑞安港
海洋建筑业		瓯海区、洞头	分散	
海洋旅游业		洞头、南北麂岛、渔寮、玉苍山	分散	
海洋服务业		龙湾区、鹿城区	集中	鹿城区
海洋油气业		瑞安港	集中	瑞安港

五、企业视角温州海洋经济存在的问题

（一）海洋三次产业的相关企业集中度低但趋向园区化布局

对温州海洋产业相关企业分布分析，发现温州市涉海企业趋向园区集聚态势明显，分布在沿海岸线地区的各级开发区之中[51－53]，其中海洋第一产业相关企业集聚度较低，海洋第二产业相关企业集聚度较高，而海洋第三产业相关企业主要分布在中心城区和港区，但尚未显现集聚趋势。

（二）海洋第三产业的企业发育度低，科技创新水平较差

温州现有海洋第三产业相关企业主要集中在滨海旅游、港口物流、海洋渔业科技服务等，缺乏服务于临港工业和海洋建筑工程业的相关科技创新企业，尤其是缺乏海洋金融与保险企业、对台海洋贸易企业。虽然于 2015 年 12 月 28 日建成温州市海洋科技创业园，吸引了与 10 家大专院校、科研院所共建创新合作平台，筹备组建哈尔滨工程大学（温州）海工技术研究院、海峡两岸（温州）海洋生物科技创新研究院与中日产业合作与技术交流促进中心；与 17 家涉海科技企业签订了预入园意向并入驻装修，涵盖海水淡化、水产品深加工、海洋工程、海洋生物保健品等多个行业和领域，但是这已经落后于同期杭州、舟山、宁波的海洋科技企业招商项目增速。

（三）海洋三次产业的相关企业以中小企业为主

温州市第三次经济普查数据显示，2013 年末温州市第二、三产业的小微企业法人单位 115289 个，占全部企业法人单位的 97.9%。小微企业主要集中在批发零售业、交通运输业、信息传输软件和信息技术服务业、租赁与商务服务业、科学研究与技术服务业、水利环境与公共社会管理业等领域，而这些行业恰是海洋第三产业的主体部分[54,55]。可见，温州海洋三次产业的中小企业比重非常高。

参考文献

[1]国家海洋局科技司《海洋大辞典》编辑委员会. 海洋大辞典[Z]. 沈阳：辽宁人民出版社，1998.

[2]陈本良. 纵论海洋产业及其可持续发展前景[J]. 海洋开发与管理，2000(1)：33-35.

[3]郭晋杰. 广东省海洋经济构成分析主要海洋产业发展战略构[J]. 经济地理，2001(12)：209-212.

[4]张耀光，刘锴，王圣云. 关于中国海洋经济地域系统时空特征研究[J]. 地理科学进展，2006(5)47-56.

[5]徐敬俊.海洋产业布局的基本理论研究暨实证分析[D].青岛:中国海洋大学博士论文,2010.

[6]国家海洋局.中华人民共和国海洋行业标准:海洋经济统计分类与代码(HY/T 052-1999)[Z].1999.

[7]中华人民共和国国家标准委员会.中华人民共和国国家标准:海洋及相关产业分类(GB/T 20794-2006)[Z].2006.

[8]童正卫.浙江省涉海企业集聚度评价及其影响因素分析[D].杭州:杭州电子科技大学,2012.

[9]乔观民,李伟芳,马仁锋,等.人文地理学野外实习与案例研究[M].杭州:浙江大学出版社,2017.

[10]钟建林,杨征帆,赵华明.加快嘉兴港"三位一体"港航物流服务体系建设[J].中国港口,2011(7):15-18.

[11]傅金龙.从陆海联动看环杭州湾区域规划建设[J].浙江经济,2003(23):36-37.

[12]赵玉杰.我国海水综合利用产业发展战略研究[J].海洋开发与管理,2013(9).

[13]潘爱珍.浙江省海洋人才培养的实践与研究[J].高等农业教育,2009(11):39-41.

[14]陈红霞.浙江省海洋科技政策分析与提升路径[J].港口经济,2015(1):48-51.

[15]许卫卫.绍兴市海洋经济发展研究[J].统计科学与实践,2014,4(14):42-44.

[16]金周益,唐建军,陈欣,等.滩涂围垦的生态评价——以浙江省上虞市沥海滩涂围垦为例[J].科技通报,2008,26(6):806-809.

[17]徐佳法.围垦新技术在上虞世纪丘工程中的应用[J].科技与创新,2015,8(3):137-139.

[18]杨黎明.绍兴海洋捕捞渔民转产转业调查与研究[J].中国渔业经济,2005,2(25):44-46.

[19]叶哲明.台州、台州人和海洋—抓住机遇建设美丽的海上台州[J].台州师专学报,1999(5):17-20.

[20]金锋.台州市"十二五"渔业产业发展回顾与"十三五"产业发展思路的探讨[EB/OL].台州市海洋与渔业局网站,2015.

[21]王巾.海洋经济背景下构建台州全产业链的几点思考[J].新经济,2014(Z2):17.

[22]唐跃武,陈国栋,常剑飞.海洋经济背景下台州港竞合发展策略研究

[J]. 港口经济,2014(9):33-35.

[23]曾熙敏. 台州市发展海洋经济的几点思考[J]. 港口经济,2013(4):51-52.

[24]潘朝辉,杨莉莉,孙仲钱,台州湾海洋循环经济产业集聚区建设思考[J]. 台湾农业探索,2015(3):26-29.

[25]楼东,沈公铭. 台州海岛资源分布格局及保护利用模式研究[J]. 中国渔业经济,2012(3):152-158.

[26]郑瑛. 文化旅游在台州海洋经济发展中的意义与开发对策[J],旅游纵览月刊,2014(1).

[27]李振宇,王建琴,褚新东. 打造"海上都市、生态玉环"[J]. 浙江经济,2013(13):50-51.

[28]郑荐平,黄林育. 台州造船业的历史现状与未来[J]. 船舶工业技术经济信息,2004(7):9-12.

[29]郑永华,朱彩红. 温岭市船舶制造业发展现状与前景[J]. 浙江统计,2007(8):30-32.

[30]卢玲贞. 试论发挥区域优势推进台州海洋科技创新[J]. 黑龙江水产,2011(4):41-43.

[31]唐东会,罗文花,方永艳. 推动台州海洋经济发展的科技支撑对策研究[J]. 台州学院学报,2012(4):12-17.

[32]昝爱宗. 台州临港经济渐成气候[N]. 中国海洋报,2004-07-27.

[33]屠海将. 浙江省台州市海洋经济发展战略研究[J]. 经济师,2012(3):231-233.

[34]陆晓明. 台州造船业崛起[N]. 中国水运报,2006-10-01.

[35]潘东兴. 浙江省产业集聚区高质量发展的思考[J],统计科学与实践,2013(6):9-11.

[36]单圣虹,彭勃. 台州港口发展战略研究[J]. 管理观察,2015(18):177-178.

[37]张颂心. 浙江台州船舶工业发展现状及对策[J],全国商情·理论研究,2012(6):19-20.

[38]卢玲贞. 试论发挥区域优势推进台州海洋科技创新[J],黑龙江水产,2011(4):41-43.

[39]杨林,韩彦平,陈书全. 海洋资源可持续开发利用对策研究[J],海洋开发与管理,2007,24(3):27-30.

[40]曹恒龙. 用科学发展观加快台州海洋经济发展[N],浙江树人大学学报人文社会科学版,2005(3):55-57.

[41]浙江省统计局. 浙江海洋经济发展现状及问题[J],中国国情国力,2007(5):63-64.

[42]李国文. 温台地区民营造船业的问题及其发展对策[J],江苏船舶,2006(4):33-35.

[43]屠海将. 浙江省台州市海洋经济发展战略研究[J],经济师,2012,7(3):231-233.

[44]台州市海洋资源利用课题调研组. 充分利用海洋资源加快海洋经济发展[J],中国经贸导刊,2007 (18):38-39.

[45]张兴平. 温州市海洋资源可持续利用对策研究[J]. 浙江大学学报理学版,2002,29(5):579-584.

[46]任远,王勇智. 关于因地制宜科学围海造地的思考——以温州为例[J]. 中国海洋大学学报(社会科学版),2008(2):89-91.

[47]李孟国,温春鹏,蔡寅. 温州海域研究与开发进展 [J]. 水道港口,2012,33(4):277-290.

[48]林建亚. 发展港口对温州市经济的作用[J]. 中国水运(学术版),2006,6(4):186-187.

[49]张翔,许驰. 开发港口资源振兴温州经济[J]. 经济师,2015(6):286-287.

[50]李绪斌. 发展现代大港口服务温州经济[J]. 中国水运(上半月),2008(8):32-33.

[51]李绪斌. 整合港口资源做强做优做大温州港[J]. 中国港口,2011(3):17-18.

[52]贾焕翔. 在总结与展望中推进温州港航新跨越[J]. 中国港口,2011(1):11-12.

[53]陈欧. 温州港口岸线资源开发整合集约利用的研究[J]. 中国港口,2012(4):18-19.

[54]吕卫. 论发挥温州港优势加快沿海产业带建设[J]. 现代商贸工业,2012(24):79-80.

[55]余建业. 温州港集装箱运输发展前景展望[J]. 中国港口,2001,6:28-29.

第五章　宁波、舟山与兄弟城市海洋经济发展态势比较

海洋是21世纪人类社会可持续发展的资源宝库，人类社会正在以全新的姿态向海洋进军。海洋开发对于整个人类的生存是一项具有深远意义的战略行动。建设21世纪海上丝绸之路是我国海洋经济发展的新战略，同时建设长江经济带又是我国区域经济发展的新思路。位于海上丝绸之路与长江经济带交汇点的宁波和舟山，是浙江海洋经济发展的核心区，更是落实国家海洋经济发展新战略和区域经济发展战略的重要区位，对全省乃至全国的海洋经济发展至关重要[1]。因此，全力推进海洋经济核心示范区建设，对浙江海洋经济抢占先机获得先发优势，具有重要的意义。

核心区是一个区域整体的概念。建设核心区对舟山来讲等于拥有了一个广阔的内陆腹地，对于宁波而言等于拥有了一个更为丰富的海洋开发空间。从服务浙江、全国的大局出发，进一步完善两地开放合作机制，扩大合作开发领域，构建差异发展、优势互补、资源共享、共同繁荣的开放合作格局，使核心区建设成为浙江参与区域和国际竞争的战略高地。另一方面，要发挥自身优势，在核心区建设中主动担当重任。宁波作为沿海开放地区和海洋经济大市，在建设浙江海洋经济示范区中，既有基础条件，又有优势潜力，更有重要责任[2]。

一般而言，海域、海岛及其依托城市为核心区，形成我国海洋经济参与国际竞争的重点区域和保障国家经济安全的战略高地。与此同时，现代海洋经济不是封闭的，不仅仅局限于海洋，它是一个综合经济体系；发展海洋经济也不能就海洋而论海洋，就沿海而谈沿海，要从经济社会发展的战略层面来研究和部署，坚持海陆统筹，放大联动效应[2]。根据国家规划和省委、省政府决策部署，今后浙江要形成“一核两翼三圈九区多岛”的海洋经济总体发展格局，其中“一核”就是宁波—舟山海域、海岛及其依托城市。核心区作为建设海洋经济示范区的主战场，是国家战略的主要实践者[2]。

第一节　研究海洋经济核心示范区的视角、内容与方法

丰富的海洋资源、发达的海洋经济和先进的海洋文化是核心区海洋经济发

展的强有力支撑，同一片海域的资源背景、分工协作的产业联系和同源同流的区域文化是核心区统筹发展的重要基础，向海洋要资源、要空间的经济增长态势是核心区海洋经济发展的背景。中国是陆海复合型国家，建设海洋强国必须坚持陆海统筹[3]。

一、日益多样化的研究视角及其融合

海洋产业集聚圈（含带、区、园等）是海洋经济区域核心竞争力的重要载体[4]。无论是基于自然禀赋、还是依靠科技进步，抑或是价值链优化，或者是生态提升的海洋产业集聚圈的培育，应该将整个培养的路径看作统一的整体，它们之间的关系是相互联系、相互依存的。作为海洋产业首先应具有先天性的自然资源，拥有丰富的海洋资源，海洋产业企业才会集群，才会发生初步的集聚过程。海洋技术是海洋产业的第一生产力，在以自然资源为依托的自然禀赋型海洋集聚圈建立之后，维持可持续发展必然要依靠先进科学技术的带动，将科技成果转化成商品，从而创造更大的利润价值。在海洋产业集聚圈发展的过程中，生态提升主要是指的海洋旅游圈的建立，对海洋生态建设的提升，使之能创造经济效益。

在世界海洋经济蓬勃发展，海洋产业的国际分工进一步形成，我国进一步深化改革开放和"海洋强国"战略的背景下，开放经济为视角研究海洋产业升级有助于利用国内外两种资源来实现海洋经济的跨越式发展，又能更好地帮助其找准自身在海洋经济国际分工中的定位[5]。通过分析各主要海洋产业（海洋渔业、船舶制造业、滨海旅游业、港口物流业）发展现状以及存在的问题，从开放经济视角出发探索主要海洋产业转型升级路径。

经济地理学试图分析经济活动非均匀分布问题，演化经济地理学作为经济地理学一个最新的研究思路，其视角主要为分析非均匀分布状态的历史演进过程，或者从历史角度来探究形成经济活动空间异质性的演化机制及成因。其总体的核心思想可概括为反对新古典经济学"理性人"、"一般均衡模型"的假设条件，强调惯例是演化的轨迹、新奇是演化的动力、多样性则是演化的方向，进而发现具体时空背景下的经济变迁规律[6]。

基于国防安全视角的海洋经济示范核心区研究包括国防安全、海洋权益、海洋经济等。对于海洋经济发展各方面的研究对建设海洋经济示范核心区意义重大，示范核心区的发展离不开国防建设的发展，缺少国防安全观念的海洋经济示范核心区发展与帕累托最优相差甚远，并且缺乏国防建设的海洋经济示范核心区必将面临海洋权益流失，海洋经济发展的区域性差异，产业结构同质化，发展与增长粗放化，海洋环境恶化等[7]。

二、区域海洋经济比较的内容及其方法

区域海洋经济体是在一定区域内海洋经济发展的内部因素与外部条件相互作用而产生的生产综合体。区域海洋经济分析应用区域经济学理论和方法，对各海洋经济区的还有经发展环境、发展水平、发展阶段、产业结构、产业布局、发展模式以及区域间经济发展协调性等开展的分析，以研究各类区域海洋经济运行的特点和发展变化规律以及区域间的相互作用、相互依赖关系，更好地发挥区域优势，实现区域间和区域内资源的优化配置。

(一)海洋经济战略定位比较

海洋经济区的定位是建立在陆域经济和海洋基本经济基础上的，本章对海洋经济区战略定位的比较范式，就主要从基本情况、对外开放水平、海洋产业以及战略定位具体内容等方面进行分析。

表 5-1-1 海洋经济区战略定位的比较范式

<table>
<tr><th colspan="3">比较内容</th><th>比较方法</th></tr>
<tr><td rowspan="10">战略定位比较</td><td rowspan="3">基本情况比较</td><td>区位优势比较</td><td>交通网络、岸线长度、腹地面积</td></tr>
<tr><td>经济发展综合水平</td><td>GDP 总量、人均 GDP</td></tr>
<tr><td>三次产业结构比较</td><td>产业结构熵</td></tr>
<tr><td rowspan="3">对外开放水平比较</td><td>进出口额比较</td><td>进出口额值</td></tr>
<tr><td rowspan="2">对外开放度比较</td><td>对外开放度(FO)＝外贸依存度＋外资依存度
外贸依存度(FTR)＝FT/GDP×100%
外资依存度(FCR)＝FDI/GDP×100%</td></tr>
<tr><td>FO＝FTR＋FCR＝(FT/GDP＋FDI/GDP)×100%</td></tr>
<tr><td rowspan="3">海洋产业比较</td><td>海洋总产出比较</td><td>海洋生产总值</td></tr>
<tr><td>海洋各产业比较</td><td>海洋三次产业比重/产值变化</td></tr>
<tr><td>海洋科技和教育投入比较</td><td>海洋科技和教育科研机构/人员</td></tr>
<tr><td>战略定位具体内容比较</td><td colspan="2">结合实际，定位明确，思路成熟</td></tr>
</table>

资料来源：刘宾. 开放型海洋经济区：鲁浙粤战略定位比较研究[D]. 中国海洋大学，2012.

（二）海洋经济发展水平比较分析

1. 锡尔系数分析方法

锡尔系数分析方法最早于1967年由锡尔（Thiel）和亨利（Henri）提出，其特殊意义在于该指标能够将总体的区域差异分解成不同的内部差异和外部差异，从而确定哪个空间尺度的区域差异在总体区域差异中起主导作用。锡尔系数越大表明各地区间的差异水平越大，反之亦然。该系数包括两个锡尔分解指标（T 和 L），两者的不同在于锡尔指标以 GDP 比重加权，锡尔 L 指标以人口比重加权。

2. 数据包络分析法

数据包络分析法是以相对效率为基础，格局多种投入和多种产出对同类型决策单元进行相对有效性和多目标决策分析的一种方法。DEA 是一种比较常用的非参数前沿效率分析方法，通常用于处理多输入尤其是多输出决策单元的相对有效性评价问题。DEA 模型主要有两类：一类是不变规模报酬的 DEA 模型（CRS 模型或 CCR 模型），主要用于测算含规模效率的综合技术效率（STE）；另一类是可变规模报酬的 DEA 模型（VRS 模型或 BCC 模型），可以排除规模效率的影响，来测算纯技术效率（TE）。

区域经济的分析评估受到众多因素的影响，这些因素可以看成是区域系统的多种输入；同时，区域分析问题往往是多目标性的，比如要兼顾经济、社会、环境等多方面的平衡要求，这些目标可以看成是区域经济的多长输出。因此，数据包络分析方法对区域经济评估问题的研究尤为适用。

3. 空间计量方法

空间计量方法打破了传统的空间事物均质性的假定，主要研究在截面数据和面板数据的回归分析中如何处理空间自相关和空间结构的问题。空间计量经济学理论认为，一个地区空间单元上的某种经济现象或某一属性值与邻近地区的空间单元上同一现象或属性值是相关的，几乎所有的空间数据都具有空间依赖性或空间自相关的特征。

使用空间计量分析方法经济问题的主要步骤是：①陈述经济理论或假说，构建空间经济计量模型，收集空间经济数据。②估计空间计量经济模型的参数。模型估计是一般不适用最小二乘法，目前应用较多的是极大似然估计。③检验模型的准确性，进行模型设定。估计模型后，需要对模型进行假设检验，首先进行模型统计性质检验，根据检验结果确定模型形式，然后进行经济意义检验。

（三）海洋经济发展优势分析

海洋经济发展优势是指某个区域在其发展过程中，所具有的特殊有利条件，由于这些条件的存在，使该地区更富有竞争能力，具有更高的资源利用效率，区域总体效率保持在较高水平。区域发展优势作为一个空间概念，具有明显的地域性[8]。

在区域海洋经济发展中，比较优势理论和竞争优势理论都具有很好的指导意义。一方面，海洋经济是一种资源依赖性很高的经济活动，资源禀赋的差异决定海洋产业的分布和空间布局，比如港口、渔业资源，因此在区域海洋经济发展时要考虑海洋资源的静态分布状况。另一方面，海洋产业的发展需要充分考虑上述四个关键要素以及政府行为和机遇的相互作用。

区域发展优势的确定方法主要有：

(1)列举法。为在综合评价地区的生产发展条件、确定区域优势，可采用列举法，将各部门生产发展要求满足的条件和地区可能提供给的条件进行比较，然后加以综合分析，作出评价。

(2)区域主要产业发展阶段识别法。区域经济的兴衰主要取决于其产业结构的优劣，而产业结构的优劣主要取决于地区经济部门，特别是主要产业部门在产业生命循环中所处的发展阶段。如果一个地区的主导产业部门由处于开发创新阶段的兴旺部门组成，这标志着该地区仍然可以保持住发展势头，区域经济发展是健康的。如果一个地区的主导产业部门主要是由处于成熟阶段和衰退阶段的部门组成，则区域经济必然会出现经济增长缓慢、失业率上升、人均收入水平下降等征兆，或已陷入严重的经济危机之中，区域经济发展存在着严重的症状。可借用霍福产品/市场发展矩阵加以分析。

(3)区域产业结构优势识别法。对区域产业结构的发展现状可采用偏离-份额分析法来识别，常用的比较变量是职工人数、国内生产总值的增长量或增长速度。偏离-份额分析法是将一个特定区域在某一时期经济变量(如收入、产出或就业等)的变动分为三个变量，即份额分量、结构偏离分量和竞争力偏离分量，以此说明该区域经济发展和衰退的原因，评价区域经济结构优劣和自身竞争力的强弱，找出区域具有相对竞争优势的产业部门，进而确定区域未来经济发展的合理方向和产业结构调整的原则。

第二节　宁波与大连、青岛、厦门、深圳、舟山的海洋经济发展基础比较

一、六市海洋经济发展的资源环境比较

自然资源是国民经济和人民生活的重要资源和条件，各个区域的自然资源的贫富、结构、分布与交通条件都会对该区域的经济发展产生很大的影响，而海

洋资源在具有自然资源的一般特性的同时又同时具有其自身的特性，对区域海洋经济的发展发挥着非常显著的影响作用，海洋资源环境的禀赋作为衡量国家综合实力，尤其是21世纪经济发展潜力的重要标准无疑是全球经济转向海洋的时代需求。

（一）海洋资源的概念与性质

对海洋资源概念的界定是建立在海洋概念的基础上逐步发展起来的，海洋资源是指在海洋内外引力作用下形成并分布在海洋地理区域内的，在现有技术、经济等条件下以及可预见未来，可为人类开发利用并产生经济价值的海洋物质、能量和海洋空间等，它包括了已经开发利用和尚待开发利用的海洋。海洋资源的主要种类包括海洋生物资源、海水及化学资源、海洋石油天然气资源、海洋矿产资源、海洋能资源、海洋空间资源等。

海洋自然资源作为自然资源中的一种，具有自然资源的一些共性。第一，稀缺性，这是自然资源最基本的性质，也是经济学赖以存在的基础，稀缺性意味着自然资源对于人类的需要在数量上是有限的；第二，地域性，自然资源在地球上的分布是不均匀的，海洋自然资源同样如此，区域与区域之间存在着差异，形成各自不同的发展基础和相应的战略；第三，报酬递增的特性，自然资源的使用效益受人类开发利用活动的制约，当技术先进、开发得当时，自然资源会不断增值，产生报酬递增，否则就会相反；第四，技术性，任何自然资源的开发利用都离不开人类的生产劳动，人类技术水平的高低决定了自然资源开发利用的程度和质量（图5-2-1）。

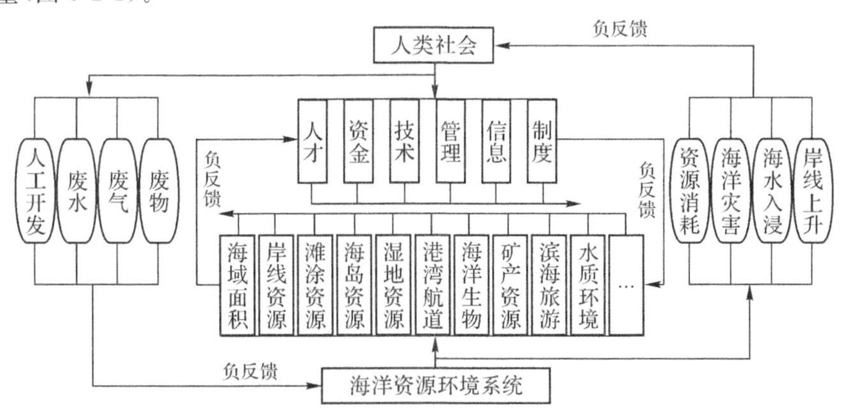

图5-2-1　人类与海洋资源环境系统协同机制

与这些自然资源的共性相比，海洋自然资源还具有整体性、复合性和开发难度大的特点。海洋自然资源通常是在一定空间范围内蕴含着多种的资源要素，是由各种自然资源要素复合而成的综合体，具有多层次、多功能等特点。另一方面，由于海洋自然环境和气候条件与陆地的巨大差异，整个海洋的自然资源在开发利用的过程中，难度要高于一般的陆地资源开发，因此，海洋自然资源的开发往往需要较强的技术储备和经济实力。

(二)宁波等六城市海洋资源环境比较

1. 岸线资源比较

海岸线是区域海洋经济发展的基础资源之一，区域海洋经济主要是通过海岸线向海洋延伸展开的，因此海岸线的长度对海洋开发利用的规模具有重要影响作用。常用岸线系数(Shoreline Index，SI)来反映岸线的不规则程度。岸线愈不规则，岸线曲折多变，则其岸线系数较大，这对于发展鱼类养殖和水生植物种植是一有利条件，可运用于评价不同城市海岸带的重要性。

$$\text{岸线系数：}SI=\frac{L}{A} \qquad (5\text{-}2\text{-}1)$$

(5-2-1)式中 L 是海岸线长度，A 是陆地面积。

从整体上来看，我国海岸线总长为 3.2×10^4 km。通过进一步研究宁波等 6 个沿海地级市海岸线长度，以及通过上式计算出各自岸线系数值等，来反映不同地级市发展海洋经济的资源基础(表 5-2-1)。通过分析可以发现，在所研究的 6 个地级市中，海岸线最长的是舟山(其全部为岛屿岸线)，最短的是厦门，前者是后者的 10 余倍。舟山拥有得天独厚的深水港口和航道资源优势。全市拥有岸线 2388.25km，港域内适宜开放建港的深水岸线 54 处，总长 282 km。其中水深大于 15m 的岸线长 198.3 km，水深大于 20m 的岸线 107.9 km。舟山的海岸线和深水岸线分别占全国的 7.64%和 18.4%，是世界上深水岸线最长的一个城市。6 个地级市的岸线资源优势差异较为明显，其中舟山、大连、宁波的海岸线资源优势较为突出；相比之下，宁波海岸线长度在 6 个地级市中位于中上位置。

表 5-2-1 宁波等六城市岸线资源比较

项目	大连	宁波	厦门	青岛	舟山	深圳
海岸线长/km	1371.34	815.747	127.9	785	2388.25	247
陆地面积/km^2	13237	9816	1699.39	11282	1371	1996.85
海岸线占全国比例/%	4.29	2.55	0.4	2.45	7.64	0.77
海岸线系数/km/km^2	0.104	0.083	0.075	0.07	1.74	0.124

此外，在岸线系数的分析中，各地级市的差异仍然较为明显，舟山的数值最高，主要由于舟山是唯一一个全为岛屿的地级市，较长的岛屿岸线以及较小的陆域面积导致了其岸线系数较大。其次为深圳、大连，宁波的岸线系数排在第四。

2. 管辖海域面积比较

沿海地区的海域面积很大程度上决定了各地区开展海洋开发活动的范围和场所，也同时决定了各地区所能拥有的海洋矿产资源、渔业资源等自然资源的数量，它是沿海地区开展海洋经济开发的重要基础资源之一。宁波等 6 个沿海城市的海域面积大小见表 5-2-2。从统计数据来看，大连市所辖海域面积最大，为 29372km²，占全国海域面积的 0.98%，在沿海地区中具有巨大的优势，这主要是由于大连三面环海，横跨黄、渤两海，故海域面积广阔，是陆地面积的 2 倍多，占全省 81%，居辽宁之首。其中，0—50m 海域面积为 20274km²，50m 以上海域面积为 8081km²。而海域面积最小的是深圳和厦门。

表 5-2-2　宁波等六城市海域面积状况

项目	大连	宁波	厦门	青岛	舟山	深圳
海域面积/km²	29372	9758	491	8445.34	22000	1145
占全国比例/%	0.98	0.33	0.02	0.28	0.73	0.04

3. 海洋滩涂资源比较

沿海的滩涂、浅海是沿海地区发展海洋经济的重要资源，尤其是对滩涂围垦造地、海洋水产养殖业具有重要的意义。宁波等 6 城市沿海滩涂面积情况见表 5-2-3，在 6 个地级市中，滩涂资源优势最突出的是大连，为 1129.9 km²，占全国滩涂面积的 5.21%。其次为宁波，滩涂面积达 872 km²，占全国滩涂面积的 4.02%，潮间带滩涂面积约 1040km²，面积之大居浙江省首位，可直接用于养殖的约 187km²。围涂造地和从事养殖的开发条件优越，是宁波建设沿海工业区的重要后备土地资。拥有 10m 以上的浅海面积约 767km²，其中可直接养殖面积约 33hm²。而滩涂面积最小的为深圳，为 56 km²，占全国的 0.26%。

表 5-2-3　宁波等六城市滩涂面积状况

项目	大连	宁波	厦门	青岛	舟山	深圳	全国
滩涂面积/km²	1129.9	872	123.6	375	227.47	56	21704
占全国比例/%	5.21	4.02	0.57	1.73	1.05	0.26	100

4. 海岛资源比较

近年来，随着《海岛保护法》的出台，我国对海岛的开发与保护愈加重视，各地区都把对海岛的开发利用与保护作为区域海洋经济发展的一项重要任务，而在各沿海地区所辖海域内的海岛也就成了区域海洋经济发展的一项重要自然资源。表 5-2-4 列出了宁波等 6 个地级市的海岛资源状况。

表 5-2-4　宁波等六城市海岛资源状况

项目	大连	宁波	厦门	青岛	舟山	深圳
海岛面积/km²	530	524	144	14.23	1371	5.9164
海岛数/个	251	614	—	69	1390	39
500m² 以上岛屿/个	—	516	24	—	1390	21
海岛岸线/km	840	758	100	132	2444	25.25

注：—处表示数据缺失。

由表 5-2-4 可知，岛屿数最多的为舟山，达 1390 个，且该统计的岛屿面积均在 500 m^2 以上，可供开发的岛屿资源庞大。其中 1 km^2 以上的岛屿 58 个，占该群岛总面积的 96.9%。整个岛群呈北东走向依次排列。南部大岛较多，海拔较高，排列密集，北部由三组列岛组成，即嵊泗列岛、衢山列岛、岱山列岛，地势较低，分布较散。岛屿周围海域渔业资源和贝类资源丰富，发展渔业潜力较大。

其次为宁波，在 500 m^2 以上的岛屿达 516 个，约占全省的 1/5，岛屿面积 524 km^2，岛屿岸线长 758 km。岛屿周围海域渔业资源和贝类资源丰富，发展渔业潜力较大。具备"海洋气候、海岛风光、海洋食品、海上垂钓、海上运动"5 个旅游资源基本要素，人文景观丰富，易于开展自然景观和人文景观一体的海岛旅游。

大连现有岛屿 251 个，面积 530 km^2。黄海北部沿岸海岛主要有里长山列岛、外长山列岛、石城列岛和大、小鹿岛，渤海沿岸主要有长兴岛、凤鸣岛、西中岛、东西蚂蚁岛、虎平岛、猪岛、蛇岛等。长兴岛为长江以北第一大岛、中国第五大岛，面积 223 km^2。

而海岛数相对较少的是深圳，共有海岛 39 个(含有争议的内伶仃岛)，海岛面积共 5.9164 km^2，岛岸线长 25.25 km。受九龙半岛分隔，深圳海域被分为东、西两大部分，东部海域分布有岛屿 28 个，干出礁 25 个，其中面积大于 500 m^2 的海岛 12 个，东部海域最大的海岛为赖氏洲岛，面积 0.0387 km^2，岛岸线长 0.95km；西部海域分布有岛屿 11 个，干出礁 5 个，其中面积大于 500 m^2 的海岛 9 个，西部海域最大海岛为内伶仃岛，面积 4.799 km^2，岛岸线长 11.98 km。尚余多个小岛面积甚小，有 9 个小岛未命名。

5. 湿地资源比较

海滨湿地是海陆交界处或水陆交界带，被誉为"地球之肾"、"天然物种库"、"生命摇篮"、"文明发源地"和"水禽乐园"，和海洋、森林一起并称为地球上三大重要生态系统。近年来，湿地生态系统破碎化、生态组分人工化、生态过程受人类控制化趋势凸显。基于自然湿地与人工湿地的差异(表 5-2-5)，分析宁波等 6 个城市的湿地资源(表 5-2-6)。可以看出，宁波的湿地总面积位于 6 个城市之首，达 3890km^2，其中除宁波市湿地面积的统计口径不一，其他 5 个市中，自然湿地面积和人工湿地大连市最多。另外，比较的城市中，人工湿地的面积均高于自然湿地面积，说明人类对海岸带地区的干扰明显，相当部分的自然湿地已演变为人工湿地。

表 5-2-5　自然湿地与人工湿地的差异

一级指标特征	二级指标特征	表征含义
自然湿地	斑块特征	湿地斑块多样化，斑块之间连接度较高，其内部生境破碎化较低
	气候特征	湿地气候特征反映区域气候特征
	功能特征	湿地主要提供生态系统服务功能
	干扰特征	地主要受制到自然干扰机制作用，治理方式需要基于流域尺度，维护和治理主要依靠专业人员操作
人工湿地	斑块特征	湿地斑块面积较小、分布不均匀，呈孤岛式，斑块之间连接度很低，其内部生境破碎化严重
	气候特征	湿地气候特征与城市区域不同，且因城市功能区的不同而不同
	功能特征	除了提供生态系统服务功能，还提供娱乐休闲、生态教育等难以预测的社会服务功能
	干扰特征	主要受到人为干扰，自然干扰机制作用较小，治理方式以政府决策为主，维护和治理主要依靠市民的参与

表 5-2-6　宁波等六个城市湿地资源状况

项　目		大连	宁波	厦门	青岛	舟山	深圳
湿地资源	自然湿地面积/km^2	496.4	3890	128.74	299.17	109.16	59.30
	人工湿地面积/km^2	741.3		195.15	615.76	260.31	39.20

6. 港湾航道资源比较

海洋交通运输业是海洋经济的重要组成部分，海洋交通运输业发展的重要基础就是港口的建设，港口码头的大小决定了海洋运输业的生产能力，因此各沿海地区港口的资源量就成为区域海洋自然资源的重要组成部分，2011 年沿海地区规模以上港口生产用码头泊位的码头长度、泊位个数以及万吨级泊位个数的情况（表 5-2-7）。

表 5-2-7　宁波等六个城市港湾航道资源状况

指　标	大连	宁波-舟山	厦门	青岛	深圳
码头长度/m	33200	6115	20540	19500	29971
泊位个数/个	198	42	110	75	160
万吨级泊位数/个	76	19	57	59	68

表5-2-7的数据显示，6个地级市中，港口资源主要集中于大连、深圳和厦门，其中大连无论是码头长度还是泊位个数以及万吨级泊位数都居第一，这主要是因为大连基岩海岸分布较多，港湾港阔水深，深水逼岸，掩护条件好，彼此毗连的优良港址资源，可形成各种功能和吞吐能力的大型港口群。此外，大连是我国沿海重要的主枢纽港、东北区域的中心港口、环渤海地区主要集装箱干线港，已与世界上160多个国家和地区的300多个港口建立了往来关系。同时，大连拥有支持港口经济发展的包括东北三省和蒙东地区的广阔腹地。大连港口已使用岸线长37km，拥有码头泊位198个，万吨级以上深水泊位76个，5万吨级以上深水泊位9个，10万t级以上深水泊位3个，为大连市建设“东北亚重要国际航运中心”奠定了坚实的基础。

其次，深圳东部大鹏湾、西部深圳湾、珠江口水域宽阔，平均水深10—20m，为珠江三角洲地区乃至全国范围内难得的优良的港湾资源；深圳港拥有港口主要有：蛇口码头、福永码头、盐田码头赤湾码头、妈湾码头、内河码、东角头码头下桐沙渔涌码头、大铲湾码头。港口综合吞吐能力约2亿t，集装箱吞吐能力1925万TEU。有47家国际班轮公司在深圳港开辟集装箱国际班轮航线238条，是中国国际班轮航线密度最高的城市之一。深圳港集装箱吞吐量连续九年位居世界集装箱港口第四位。

此外，港口资源是厦门主要的海洋资源。厦门港水深一般为10—28m，深水岸线31.7m，可建40个1万—10万t级的深水泊位。港口含有足够的陆域和岸线，安全的泊地和畅通的深水航道，外航道宽1.2—3.0 km，内航道宽200—800 m。多数水深达10m以上，最大水深达30m，万吨级轮可随时进出港口，5万吨级轮可乘潮进出港口，15万吨级巨轮可乘满潮进出港口。可用锚地面积20 km，可泊万吨级以上船舶30—40艘，具有建设10万t级深水大港的优越条件，可建年吞吐量亿t以上大港。其中，厦门港是我国东南沿海著名的天然良港，也是改革开放以来重新崛起的重要外贸口岸。全港共拥生产性泊位81个，其中万吨级以上深水泊位16个(包括5个集装箱泊位)，与国内外60多个港口直接通航，是首批对台客货运直航试点口岸、全国集装箱快运航线首批停靠港之一，开辟了中国香港、日本、新加坡、韩国、美国、地中海全货柜定期航班和至高雄直航航线。

相比其余4个地级市，宁波-舟山的码头长度、泊位数及万吨级泊位数并无优势可言。但宁波-舟山港的港口航道水深条件等则是首屈一指的。宁波的北仑区域可开发港口岸线有121km，海域水深浪静，陆域腹地广阔，拥有天然的深水大港。宁波港口岸线总长为1562km，占全省的30%以上，其中，可用岸线872km，深水岸线170km。航道条件良好，经炸礁疏浚后，北仑港区域可进出30万t级船舶，象山港可进出5万t级船舶，石浦港区域可进出3万t级船舶。港口岸线资源既是宁波经济社会发展的战略性、龙头性资源，也是浙江省发展海洋经济、打造“海上浙江”最为独特的优势和载体。而舟山的港口具有丰富的深水岸线资源和优越的建港自然条件，可建码头岸线有1538km，其中水深大于10m的深水岸线183.2km；水深大于20m以上的深水岸线为82.8km。1987年4月国务院批准舟山港对外开放，随着舟山港不断的开发建设，已逐步形成以水水中转为主要功能的综合性主要港口。全港有定海、沈家门、老塘山、高亭、衢山、泗礁、绿华山、洋山八个港区，共有生产性泊位355个，其中万t级以上41个。2013舟山港年吞吐量达31387万t。

7.海洋生物资源比较

我国是海洋生物资源大国，从生物多样性来看，据资料统计，中国海已记录的海洋生物物种共20278种，其中黄、渤海1140种，东海4167种，南海5613种。

毗邻南海的深圳在海洋生物资源方面具有一定的优势。深圳由于海域辽阔，水产资源极为丰富，有蛇遛、金色小沙丁、金钱鱼、大眼鲷、带鱼、二刺鲷、盲曹、鲈鱼等30—40种名贵鱼种，还有虾、蟹、贝类和藻类。此外，沿岸海域具有经济价值的各类生物资源400余种，其中海洋渔业资源约50多种（包括鱼类40多种、虾类8种、贝类10多种）。现有渔港8个，海水养殖有宝安区、南山区、龙岗区、福田区4处，面积共34.12km^2，海水增殖有矾石贝类护养增殖区和大鹏半岛东部浅海增养殖区2处，面积共3.285km^2。

此外，位于东海之滨的宁波、舟山以及厦门在海燕生物资源方面优势也较为明显。

舟山自古以来因渔业资源丰富而闻名，素有“东海鱼仓”之称，有中国著名的舟山渔场。渔场内共有海洋生物1163种，按类别分：有浮游植物91种、浮游动物103种、底栖动物480种、底栖植物131种、游泳动物358种。以大黄鱼、小黄鱼、带鱼和墨鱼（乌贼）4大家鱼为主要渔产（四大经济鱼类）。捕捞的主要品种有带鱼、鲫鱼、马鲛鱼、海鳗、鲐鱼、马面鱼、石斑鱼、梭子蟹和虾类等36余种。

宁波分布有浮游植物59属197种，浮游动物17个类群167种，底栖动物258种，海洋鱼类资源有182种，分属15目70种130属。东部沿海就是全国著名的舟山渔场，渔业资源丰富，种类多，数量大，种群恢复能力强，特别是象山港由西向东约60km，是我国沿海不可多得的鱼虾贝藻等海洋生物栖息、生长、繁殖和肥育的优良场所，是具有国家意义的“大鱼池”。大目洋渔场、猫头洋渔场、渔山渔场及渔外渔场，与舟山渔场相连，资源丰富，恢复力强，渔期较长。

厦门近海海岸生物种类繁多，约有5 000多种，渔业资源丰富。其中鱼类425种，常见的鱼类有100多种；虾、蟹类80多种；软体动物100多种；沿海大型藻类有140种；此外，还有著名的经济价值产品中国鲎、革囊星虫。厦门湾也是我国著名的渔场之一，仅厦门内海主要的渔场就有6处，厦门海洋捕捞年产量约5万t。厦门海水养殖的种类主要有僧帽牡蛎、缢蛏、坛紫菜、海带、锯缘青蟹和长毛对虾等，海水养殖年产量约3万t。

同时位于渤海湾附近的大连和青岛市海洋生物资源也相当丰富。

大连海域海洋生物有3大类共209科、414种，藻类共150多种，生物类别和数量分别占辽宁省的48%和86%。鲍鱼、海参、海胆、扇贝、对虾、梭子蟹等为全国稀有种：海带、裙带菜、大连湾牡蛎、大连紫海胆、紫贻贝、魁蚶等是大连的地方种。刺参、皱纹盘鲍及栉孔扇贝的资源量占全省的97.6%。种类繁多的海洋生物资源为海洋渔业的发展提供了优质的品种资源。

青岛市辖海岛群处于沿胶东半岛海岸南下的低盐、高营养的沿岸流和黄海外海交汇的锋面附近，沿海浮游生物比较丰富。胶州湾内高于其他海域，沿岸水域高于中心，湾北部的数量远高于湾南部。有浮游植物174种，硅藻门44属127种，甲藻门9属46种，金藻门1种。浮游动物约148种，绝大多数为暖温带沿岸种，河口半咸水中次之。底栖生物有300余种。有青岛文昌鱼、细雕刻肋海胆一日本倍棘蛇尾 、棘刺锚参一胡桃蛤、勒特蛤一菲律宾蛤仔等6个群落。近海岩礁底栖生物约49种。朝间带生物有藻类112种，动物325种，其中软体动物168种，甲壳动物90种，多毛类54种极少数棘皮动物、腔肠动物、星虫和鱼类。青岛沿海游泳生物主要有沿海鱼类、虾类和某些软体动物等，其中鱼类有170余种，优势种有斑鰶、梭鱼、青鳞鱼和牙鲆等23种。有经济价值的海洋无脊椎动物资源主要是甲壳类的中国对虾、鹰爪虾、周氏新对虾、三疣梭子蟹、口虾蛄和软体动物头族类的无针乌贼、金乌贼、枪乌贼等。

8.海洋矿产资源比较(油气资源、矿产资源)

海洋中还蕴藏着丰富的煤、硫、磷、金属矿砂等矿产资源，此外海洋中的石油、天然气产量占世界石油总量的近1/3。

我国海洋油气资源丰富，据有关部门初步统计，我国近海海区的油气资源量为：渤海石油资源约为40亿t，天然气资源量约为1万亿m^3；黄海石油资源量约为5亿t，天然气资源量约为600亿m^3；东海石油资源量约为50余亿t，天然气资源量约为2万m^3；南海石油资源量约为200多亿t，相当于全球储量的12%，约占中国石油总资源量的1/3，天然气资源量约为10万亿m^3。

中国地质学界泰斗李四光生前预言，中国油气资源的未来在东海。东海盆地蕴藏着丰富的石油资源，仅在中国大陆架上的天然气储量就有5万亿m^3，原油储量约为1000亿桶。东海盆地位于中国的福建、浙江省以东、台湾岛以北，韩国的济州岛以南的东海大陆架上，总面积达26万km^2。整个盆地划分为4个坳陷和3个隆起。中国目前已在西湖凹陷，开发出了平湖、春晓、天外天、断桥、残雪、宝云亭、武云亭和孔雀亭等8个油气田。此外，还发现了玉泉、龙井、孤山等若干大型含油气构造。其中仅就春晓油气田其总面积22000km^2，探明天然气储量达700多亿m^3。因此位于东临东海的宁波、舟山、厦门的海洋油气资源非常丰富。

而素有“第二个波斯湾”之称的南海，其油气资源量在我国各海区中具有较大优势。深圳凭借独特地理优势，在海洋油气资源方面显示出其他沿海省市无可比拟的优势。深圳的海洋石油业已经发展到了较高水平。珠江口盆地位于广东大陆外侧、南海北部的大陆架上，面积约17.5万km^2，是一个由晚中生代发育起来的中新生代大型盆地。其上沉积了厚达1万m的中新生代地层，具有良好的石油(气)生存、储藏和覆盖环境。深圳海洋石油业与船舶制造、航运业三者紧密联系。珠江口海洋石油勘探开发的繁荣，促进了深圳造船和航运业的发展，造船和航运业的发展也推动着深圳海洋石油事业的前进。

同时黄海油气盆地也是中国海域主要的油气盆地。

青岛所辖海域即属于南黄海油气盆地。南黄海油气盆地面积约为$10\times10^4m^2$，是中、新生代沉积盆地，以新生代沉积为主。它是陆地苏北含油盆地向黄海的延伸，共同构成苏北-南黄海含油盆地。经初步调查勘探，这个盆地石油地质储量在2亿～3亿吨之间。

大连东面的北黄海盆地的石油产业目前尚处于勘探阶段。但资料表明从1977年至今，朝鲜已在西朝鲜湾发现了一个资源量达30亿t的含油气区，该含油气区已经进入北黄海盆地东部坳陷。与此对应，与东部坳陷地层可以对比的胶莱盆地中，侏罗系莱阳群的暗色泥岩厚达千米。因此，可以推测我国的被黄海盆地东部坳陷具有良好的含油气远景。

9.滨海旅游资源比较

利用得天独厚的资源条件，大连已开发建设了大连南部海滨景区、旅顺海滨景区、金石滩旅游景区等滨海旅游热线，长山群岛、长兴群岛、旅顺神秘五岛等岛群旅游基地及多处温泉疗养胜地，以及海底旅游、海岛旅游、海上看大连等滨海旅游专线项目。截至2011年，大连市拥有3个国家级自然保护区、2个国家级风景名胜区、2个国家级森林公园以及大量省市级自然保护区、风景名胜区等。2011年，大连市接待国内外游客人数4377.6万人次，旅游总收入达650.2亿元，旅游总收入占地区生产总值的10.57%。

青岛是一座山海之城，地处山东半岛南部，东南濒临黄海，地势东高西低。优越的地理位置和气候环境，丰富的历史积淀，使青岛这座山海之城拥有丰富的自然休闲旅游资源和人文休闲旅游资源，青岛的滨海旅游资源可用“一海”、“多岛”来概括。

“一海”即青岛市东部濒临的黄海，优越的地理位置和适宜的气候环境使青岛拥有美丽的滨海一线景观。一万多平方米的海域面积、八百多千米的绵长海岸线，使青岛市拥有第一海水浴场、第二海水浴场、石老人海水浴场、金沙滩等多处沙质良好、风景优美的海水浴场。这些浴场配以丰富多彩的海上休闲项目和沙滩休闲项目，逐渐成为旅游者们喜爱的休闲场所。“多岛”主要是指青岛丰富的海岛资源，青岛市共有大小 73 个海岛，海岛岸线总长为 132km，18 个有居民海岛，其他均为无居民海岛[4]。目前，胶南灵山岛、斋堂岛、即墨田横岛、巨细管岛、黄岛竹岔岛等海岛旅游基础设施相对较完善，建设有陆岛码头、开办有乡村旅馆等，已经具有一定的旅游接待海岛休闲旅游者的能力。这些海岛不仅自然风光秀美、气候宜人，而且渔家风情浓郁，历史文化积淀深厚。

宁波具有独特的海洋文化人文景观与别具一格的滨海自然景观优势，拥有以奉化溪口名人故里、象山松兰山海滨旅游区、镇海海防历史遗迹等为代表的一批旅游景点历史人文景观，拥有河姆渡、招宝山、东钱湖等著名的旅游景观以及松兰山、石浦渔港等具有浓郁海洋特色的休闲场所。

舟山旅游资源丰富，有奇峰异石、金碧沙滩等独特的海蚀、海积地貌，普陀山佛教文化、桃花岛武侠文化、朱家尖沙雕文化，岱山岛、嵊泗“东海蓬莱”，定海这一海洋历史文化名城。且所有景点的地域空间相对集中，其经济价值、生态价值和文化价值较高，有利于吸引国内外游客观光驻足。

厦门自然景观和人文景观都较为丰富。厦门有海岛名山、海岛奇观、群礁、海湾、海峡等 10 种类型，26 种亚类系列的自然景观，有古人类遗址、历史古迹、海岛园馆、海岛风景、海港风貌、海堤大桥等 8 种类型，17 种亚类系列的人文景观；还有其景各异的 20 多个 $500m^2$ 以上有待开发的岛屿等滨海旅游资源。国家级重点风景名胜区——鼓浪屿——万石岩风景区便位于厦门。厦门气候宜人，且邻近台湾，与台湾居民生活习惯相同、语言相通能够很好地吸引台湾的游客。

深圳枕山面海、风光秀丽。70 多 km 长的大鹏湾海岸线，分布着大梅沙、小梅沙、溪冲、迭福、水沙头、西涌等水碧沙白的海滩。海滩沙质柔软，海水水质优良，为建设海滨浴场提供了条件；另外，深圳还拥有山岳、湖泊、森林等自然景观：险峻的梧桐山，幽深的梧岭天池，深圳湾畔 70 多 hm^2 珍稀的红树林等。

大连、青岛、宁波、舟山、厦门和深圳 6 座城市的自然、人文景观中既表现出沿海地区的特有风貌，又各具特色。

在游客来源方面，深圳市的最大客源虽仍然是国内游客，但其入境旅游人数在总游客人群中的比重要比其他 5 各城市的大。各地旅游总收入与游客总数的比值从大到小排序分别是深圳市、大连市、宁波市、青岛市、厦门市和舟山市（表 5-2-8）。

表 5-2-8　2011 年 6 市滨海旅游业状况

城市	旅游总收入/亿元	游客总数/万人次	入境旅游者人数/万人次	星级饭店数量/家	旅行社数量/家
大连市	650.20	4377.60	117.00	176	366
宁波市	751.30	5180.80	107.39	190	324
厦门市	453.44	3522.94	179.92	71	184
青岛市	681.39	5071.75	115.64	153	351
舟山市	235.48	2460.53	27.75	58	118
深圳市	741.20	3732.53	1104.55	146	576

注：游客总数和入境旅游者人数均指过夜游客。

旅行社和饭店在旅游活动中充当着媒介的作用。足够数量的旅行社和饭店可增大各地对游客的吸引力，提高旅游接待能力，是开发滨海旅游资源、加速发展滨海旅游业的重要元素。

在滨海旅游资源配套设施方面，宁波市拥有的星级饭店数量最多，其次是大连、青岛；而深圳市的旅行社数量要远远多于其他 5 个城市，大连市、青岛市、宁波市的数量相当。

另一方面从旅游创收来看，2011 年宁波市和深圳市分别以 751.3 亿元、741.2 亿元的收入名列第一位、第二位要远远高于其他 4 个城市尤其是舟山市。

10. 海洋环境比较

2013 年，大连市近岸海域海水质量状况良好。其中，符合第Ⅰ类海水水质标准的海域面积 18591km²，占全市管辖海域总面积 2.9km² 的 64.1%；符合第Ⅱ类海水水质标准的海域面积 7012km²，占 24.2%；符合第Ⅲ类海水水质标准的海域面积 2177km²，占 7.5%；符合第Ⅳ类海水水质标准的海域面积 806km²，占 2.8%；劣于第Ⅳ类海水水质标准的海域面积 414km²，占 1.4%。海水增养殖区环境质量状况优良；滨海旅游度假区、海水浴场环境状况优良，适宜开展休闲活动。排污检测中有 63.3%的排污口超标排放污水，主要污染物为无机氮、活性磷酸盐和石油类。

2013 年，青岛市近岸海域海水环境质量状况总体良好，第Ⅰ类和第Ⅱ类水质海域面积约占青岛市近岸海域面积的 96.5%，污染较重的第Ⅳ类和劣Ⅳ类水质海域面积所占比例低于 2%，海水环境主要污染物仍为无机氮、活性磷酸盐和石油类。近岸海域沉积物环境质量良好。

青岛市重点海水浴场、滨海旅游度假区和海洋保护区环境质量总体较好；重点海水增养殖区综合环境质量优良，适宜养殖；主要临海工业区和重大海洋工程邻近海域环境状况较好，用海活动未对周边海域环境质量产生明显影响；海洋倾倒区满足倾倒功能要求。

2013 年，宁波市所辖海域第Ⅰ类、第Ⅱ类、第Ⅲ类、第Ⅳ类和劣Ⅳ类海水水质的海域面积分别为 1366km²、2342km²、1561km²、976km² 和 3513km²。劣Ⅳ类海域主要分布在杭州湾南岸、甬江口、大榭—北仑港、象山港、三门湾等海域;第Ⅱ类海域主要分布在领海基线附近海域;第Ⅰ类海域主要分布在领海基线外缘线附近海域。

甬江主要污染物入海总量为 156407t,对宁波市近岸海域海洋环境造成一定压力;监测的 9 个入海排污口均存在不同程度的污染物超标排放现象;海洋垃圾以塑料类为主。但与 2012 年相比,海洋污染程度还是有所减轻。

舟山市海洋功能区的水质良好。南沙海水浴场、普陀和嵊泗列岛风景名胜区、嵊泗滨海旅游度假区环境状况良好;四个海水增养殖区环境质量良好,适宜增养殖;两个国家级海洋特别保护区的环境状况基本能满足功能区环境要求;倾倒活动对海洋倾倒区的水下地形影响在可控范围,对邻近海域的水质环境未造成明显影响,但对底栖生物群落造成一定的影响。

受长江、甬江、钱塘江等大江大河所携带的入海污染物影响,舟山市近岸海域海水环境质量仍呈现较为严重的富营养化状态,大部分海域无机氮含量超过第Ⅳ类海水水质标准。2013 年舟山市近岸海域共发现赤潮 6 起,累计面积约 400km²。全年共发生风暴潮 2 次,灾害性海浪过程 7 次。发现海洋污染事故 3 起,均为溢油事故。

2013 年厦门各海域水质综合评价分类为:大嶝海域和东部海域属于清洁海域,南部海域属于较清洁海域,同安湾属于轻度污染海域,西海域和河口区属于中度污染海域,马銮湾属于严重污染海域。厦门 10 个主要海水浴场水质状况总体良好,但优良等级天数所占比例下降,尤其是鼓浪屿附近海域由于旅游活动所带来的生活污水、交通工具产生的废气等污染物的排放,环境受到了极大破坏。

2013 年,深圳市海水质量呈现延续东优西劣的特点。全市符合第Ⅰ类海水水质标准的海域面积不断减小。陆源入海排污口监测结果显示,这些排污口全年排污次数中,31%不达标。珠江口海域的化学需氧量、无机氮、镉、石油类含量均严重超标。

但在海洋功能区中,南澳和东山海水增养殖区综合环境质量状况良好,适合养殖。海水浴场方面,大小梅沙年度评价为良,水质为优和良的天数占总监测天数的 98%。在滨海旅游度假区中,大部分度假区水质达到Ⅰ类和Ⅱ类海水水质标准,但宝安海上田园风光旅游区水质劣于Ⅱ类海水水质标准,游客不适宜进行水上运动等与人体直接接触的休闲活动。

二、六市海洋经济发展的科教支撑比较

海洋科教包括海洋科学和海洋技术的研发与教育。海洋科学是研究海洋

中各种自然现象和过程及其变化规律的科学，包括物理海洋学、生物海洋学、海洋地质学、海洋化学等；海洋技术是指海洋开发活动中积累起来的经验、技巧和使用的设备等，包括海洋工程技术、海洋生物技术、海底矿产资源勘探技术、海水资源开发利用技术、海洋环境保护技术、海洋观测技术、海洋预报预测技术和海洋信息技术等。可以说，海洋科技是众多传统科技和现代高新技术在海洋领域里的集成。发展海洋科学技术的根本目的是用越来越先进的科学知识和技术手段进行海洋资源和环境调查、勘探，不断获得新的海洋科学知识，发现新的可开发资源，研究新的开发、保护技术和方法，培养海洋开发保护的科技人才队伍，以及提高和增长国民的海洋意识和海洋知识，为海洋经济持续发展、海洋资源和环境可持续利用、海洋公益事业和海洋军事利用服务。

海洋经济是一种基于海洋资源和环境可持续开发利用的全新经济发展模式，培育和发展区域海洋经济，将对海洋科技创新提出更高的要求，海洋科技创新在区域海洋经济发展中的支撑和引领作用也将更加突出。海洋科技创新的持续和快速推进，将有效保障海洋经济发展所需生态资本的可持续供给，促进传统海洋产业升级及发展新兴产业，推动海洋产业高效集聚和集群式发展，壮大区域蓝色经济规模，提升国内外市场竞争力。海洋经济发展能够产生强大的反哺效应，为海洋科技创新奠定雄厚的物质基础。海洋科技创新需要持续不断的资本投入，特别是高附加值产业技术研发及成果转化所需要的资本投入强度会更大，而只有持续发展的海洋经济才能为海洋科技创新提供有效的资本保证。由此可见，促进海洋科技创新与海洋经济发展紧密融合和高效互动，会起到强有力的彼此支撑和促进作用，并由此形成巨大合力，推动海洋科技和海洋经济实现协同发展。

海洋科技对海洋资源环境系统和海洋经济系统的可持续发展有着巨大的影响。人类社会系统与海洋资源环境系统的交互作用主要表现在两个方面。一是人类行为尤其是经济活动对海洋生态系统的冲击，二是海洋生态系统对人类行为的支持与限制。人类一方面希望能从海洋生态系统中持续地取得更多的资源，以满足人类的需求。另一方面希望经济活动给海洋生态系统的冲击要小。要解决这对矛盾，只能依赖发展海洋科技，科技进步可以促使海洋经济和海洋生态系统形成良性反馈作用，海洋可持续利用能力的高低，体现在海洋经济、海洋资源和海洋环境三方面的发展水平上，而这三方面均离不开一个最为关键和起决定作用的因素——科技能力。因此，科学技术在海洋可持续发展能力体系中处于核心的地位。

（一）海洋经济强市建设与海洋科教的互动

海洋科教与区域海洋经济发展具有互动影响的关系。随着海洋高等教育与科研事业的发展，海洋高等教育与社会联系越来越密切。这一过程中，海洋高等教育、研发与海洋经济之间的互动关系愈加突出，也越来越引起人们的重视。海洋科教能够不断地生产和再生产劳动力，提高劳动者的素质，进而促进海洋经济的发展。反过来，区域海洋经济的发展对海洋科教发展具一定的影响作用，如良好的外部环境、有力的物质支持等。

1. 海洋科教对区域海洋经济发展的促进作用

以海洋高等教育为源泉的国民素质与海洋科学技术是提升区域海洋经济竞争力的核心要素，海洋科教传授和创造的新知识是区域海洋经济增长的决定性内生变量，因此海洋科教是区域海洋经济增长的重要推动力量；同时海洋科教对区域海洋经济发展所需要的技术创新具有积极作用，通过海洋科技成果转让使潜在技术优势转化为现实生产力，为区域新兴海洋产业发展提供智力支持。此外，正在逐渐发展成为一项产业的海洋高等教育，本身也直接蕴含着巨大的经济价值，能够为区域海洋经济的发展提供新的经济增长点。海洋科教促进区域海洋经济的发展主要表现在：第一区域海洋经济发展主要取决于区域内是否具有一支数量充足、质量较高、结构合理的人才队伍；第二区域海洋经济发展取决于地方海洋高等教育能否作为区域发展的重要基地直接创造和研发新的科技成果。这些都取决于区域社会智力的开发与区域社会人才的培养，归根到底都是海洋高等教育培养人才、发展科学、社会服务职能的体现。

2. 区域海洋经济对海洋科教发展的支撑作用

海洋经济在地区海洋高等教育的发展过程中起到物质支撑与发展引导的作用。一是海洋高等教育的发展受到区域海洋经济整体发展水平的制约，海洋高等教育的生存和发展离不开地方的支持；二是海洋高等教育的发展受到区域海洋经济整体发展环境的影响，区域海洋经济发展中的产业结构调整与技术结构优化，会影响海洋高等教育的专业设置和培养层次，区域海洋经济的发展定位会引导海洋高等教育更新办学理念、创新发展模式。三是区域海洋科技研发，既是海洋经济发展引擎，又需要区域海洋经济发展提供实验所需的各种素材和资本支撑，尤其是中制、孵化、技术推广等都是海洋经济生产过程中密切相关的活动。

3. 海洋经济强市的人才与企业研发需求现状比较

(1)海洋经济强市建设的人才需求理论

国家海洋经济示范区建设，既是一项系统工程，又是一项区域经济发展战略。区域海洋经济的快速发展，最基本的要求就是物质资料生产与人才资源开发相匹配。人才资源的数量、素质结构是物质资料生产的先决条件和保证条件。海洋高等教育是一种与社会经济发展联系紧密的教育类型，可以为地方生产、建设、管理、服务第一线培养大量实用型、复合型技术人才，为区域经济的发展提供有力的人才资源保障。

海洋经济区建设的人才队伍需求主要包括：一是普通理论型人才和实用型、技能型人才的结构问题；二是传统型专业技术人才和海洋高新技术人才结构协调问题；三是专业高级管理型人才的培养问题。

①基础理论型人才。基础理论型人才，主要是指海洋科研、教学机构的相关科研与教学人员。该类人才培养以面向海洋经济领域的经济学专业人才培养模式的选择上，构建并形成使学生总体上掌握以经济学、管理学为主干学科的基本理论和基本技能，重点培养海洋经济理论和与海洋经济管理相关的人文社会科学、自然科学等有关知识与方法的学习，培养学生的海洋权益与保护意识，夯实专业基础、拓展知识口径、实施因材施教、分方向培养，从传统的重理论知识传授到以综合素质能力培养为重、从重理论教学到以理论与实践并重，并在教学中充分体现海洋经济特色，在教学内容、课程组织、质量保证与控制等方面均能适应海洋经济发展需要的经济学专业人才培养新模式。

②产业技能型人才。产业高技能型人才是指在生产、运输和服务等领域岗位一线，熟练掌握专门知识和技术，具备精湛的操作技能，并在工作实践中能够解决关键技术工艺操作性难题的人员。

③高级管理人才。海洋示范经济区的建设，促使沿海地区企业管理信息化形势的加强。优质人才，特别是既懂经营管理理论，又具有信息技术知识，并熟悉日常业务的复合型高级管理人才，成了企业各项管理工作升级的突破口，也是提高涉海企业市场应变能力的重要手段，是企业参与国际市场竞争与合作的有效助手。

随着海洋经济示范区建设的推进，2010年以来中国沿海区域海洋经济迅速发展的同时加大了对技能型人才特别是高技能型人才的需求，尤其是领军型海洋基础研究与技术成果转化人才、产业高技能型人才和企业管理人才。这已经在全国各地的专场招聘会和中组部“千人计划、万人计划”，以及沿海各省的相关人才计划中，有着显著的说明。各地海洋人才需求显示，专业知识与管理技能皆具备的高级人才十分稀缺，高级管理人才尤其是高科技管理人才区域性流失十分严重。造成这种情况的原因一是行业不同，人才应聘情况也不同，像一些高科技企业人才确实存在短缺与流失；二是本地一些企业缺乏对人才的投资。

(2)海洋经济强市的企业研发需求

区域海洋经济的发展，离不开政府、企业和个人的参与。尤其是创造财富的微观主体企业，在区域海洋经济发展中扮演着重要的角色，而具有研发能力的企业作为企业的典型代表，借助于资本和科技研发市场的繁荣，对区域海洋经济发展的促进作用更是不容忽视。高度重视和发展企业研发能力，将企业研发能力的优势转化为区域海洋经济优势，是增强区域海洋经济实力、促进区域海洋经济发展的有效途径之一。作为中国沿海省份计划单列市或重点城市，包括大连、青岛、宁波、厦门、深圳、舟山在内的众多城市，其具有研发能力的涉海企业无论在数量上还是质量上都不尽人意。如何充分利用涉海企业的研发在产业技术更新、产业人才吸引、技术管理等方面的优势能力，通过大力培育和发展企业研发以促进地方海洋经济繁荣，就成为我国海洋强国战略中亟待解决的问题。

(二)六市海洋科教与海洋强市建设的适应性分析

1.六市涉海科教机构比较

重点围绕涉海科教机构的层次、规模、专业、产出(科研论文等)作为对比分析的基本指标，相关城市的现状(表5-2-9)，可以发现：一是大连、青岛、厦门的海洋科教机构以国家队为核心支撑，而宁波、深圳、舟山以市级单位为核心。在机构的梯队体系上，宁波市落后于兄弟城市，这是计划经济造成的，但是如何改变宁波海洋科教机构的梯度，则需要学习香港全力支持港校(香港科技大学、香港城市大学、香港理工大学)的经验与做法，这是宁波市的可取路径。二是六个城市的海洋科教研究方向，均以所在海域的自然科学、工程技术科学和经济社会科学的全方位研究，在研究深度与广度方面存在较大差异。宁波显然落后于大连、青岛和厦门，但是优于深圳和舟山。三是仅以中文期刊论文产出为指标分析看，宁波市位列中等，但是与其科研投入相比，效率可能仅次于深圳和厦门。

表5-2-9 六市涉海科教机构(非企业类)的情况

	大连	青岛	宁波	厦门	深圳	舟山
科教机构的名称	国家海洋食品工程技术研究中心、国家海洋局海洋环境保护研究所、辽宁省海洋水产科学研究院、辽宁省海洋食品与农产品加工工程研究中心、大连理工大、辽宁省玉璘海洋生物技术工程技术研究中心、辽宁省海洋牧场工程技术研究中心、辽宁省海洋生物资源开发工程技术研究中心、大连市海洋生物制药工程研究中心、大连市甲壳素类海洋生物资源工程研究所、辽宁师范大学、大连舰艇学院	中国科学院海洋研究所、国家海洋局第一海洋研究所、青岛海洋地质研究所、国家海洋腐蚀防护工程技术研究中心、国家海洋药物工程技术研究中心(依托中国海洋大学)、山东科技大学海洋工程研究院、山东省社会科学院海洋经济研究所、山东海洋药物工程技术研究中心、山东省科学院海洋仪器仪表研究所、青岛国家海洋科学研究中心、青岛海洋生物医药研究院、青岛海洋化工研究院、青岛大学、中国海洋大学、海军潜艇学院等	宁波大学、浙江万里学院、公安海警学院、海南省海洋开发规划设计研究院宁波分院、宁波海洋开发研究院、宁波市海洋与渔业研究院、中科院宁波材料所、宁波海洋环境监测中心站	厦门大学、集美大学、国家海洋局第三海洋研究所、福建海洋研究所	深圳大学、哈工大深圳研究生院、北京大学深圳研究生院、香港大学深圳研究院、香港中文大学深圳分校等11所高校、中国科学院深圳先进技术研究院	浙江海洋学院、浙江大学舟山海洋学院、钢铁研究总院舟山海洋腐蚀研究所、舟山海洋文化艺术中心、舟山海洋与海岛研究中心、舟山市海洋文化与经济交流中心、浙江国际航运学院

续表

	大连	青岛	宁波	厦门	深圳	舟山
科教机构的层次	国家级为主	国家级为主	省市为主	国家级为主	市级为主	市级为主
科教结构的规模	现有涉海博士后流动站4个，博士点10多个，国家重点实验室3个、省部级实验室40多个	青岛高校现有博士后流动站13个，博士点121个，硕士点544个。目前共有国家级重点学科12个，省部级重点学科68个，省部级以上研究中心、重点实验室112个。青岛拥有国家海洋地质、国家海洋理化研究的研究所团队	拥有海洋生物育种及健康养殖产业领域重点实验室9家，市级科技创新服务平台1家，企业工程(技术)中心8家、海洋科技工作人员已达2000余人	海洋科技人才2000多人，国家及省市重点实验室、工程技术中心和检测中心58个，博士后流动站20多个。	拥有各类柔性引进创新载体10多家，建有省部级重点实验室20多个等	现有省、市级重点实验室5个，建有柔性海洋创新载体3个(浙江大学舟山海洋学院、中科院舟山海洋研究中心、上海交通大学舟山研究所等)，集聚了约千余名科技人才
科教机构的专业	海洋水利、海洋舰船、海洋水产、海洋生物	海洋地质、海洋物理、海洋化学、海洋气象、海洋水产、海洋经济管理、海洋法、海洋电子	在海洋生物育种及健康养殖产业以及海洋药物及生物制品产业等领域	海洋生物制药，海水淡化和综合利用，海洋高端装备制造业，海洋经济管理	海洋电子与材料、海洋装备制造、海洋贸易	港口物流、船舶修造、渔业与海水产品加工
科教机构的涉海产出CNKI的期刊论文	2836篇：大连理工大学(614)、大连海事大学(540)、大连海洋大学(477)、海军大连舰艇学院(296)、国家海洋环境监测中心(203)、辽宁师范大学(162)、国家海洋局海洋环境保护研究所(105)、大连大学(64)、中国科学院大连化学物理研究所(55)、大连工业大学(55)、大连民族学院(42)、辽宁省大连海洋渔业集团公司(38)、解放军海军海洋测绘研究所(37)、大连市渔政渔港监督管理局(21)、东北财经大学(19)、辽宁省大连测控技术研究所(18)、辽宁省海洋水产科学研究院(34)、大连海洋学校(15)、大连医科大学(12)、辽宁省大连中远船务工程有限公司(11)、中国船舶重工集团大连造船厂(10)、辽宁省大连市环境科学设计研究院(8)	4966篇：中国海洋大学(2071)、中国科学院海洋研究所(836)、国家海洋局第一海洋研究所(647)、国土资源部青岛海洋地质研究所(282)、青岛大学(221)、中国水产科学研究院黄海水产研究所(186)、青岛科技大学(143)、青岛理工大学(116)、海洋石油工程股份有限公司(111)、青岛农业大学(73)、中国钢铁研究总院青岛海洋腐蚀研究所(57)、国家海洋局北海分局(54)、山东省科学院海洋仪器仪表研究所(48)、海军潜艇学院(48)、青岛远洋船员学院(43)、山东社会科学院海洋经济研究所(30)	564篇：宁波大学(416)、宁波工程学院(26)、浙江省宁波海洋渔业总公司(20)、浙江省宁波市海事局(17)、浙江省宁波市海洋环境监测中心(17)、浙江省宁波市海洋与渔业局(17)、浙江万里学院(14)、浙江省宁波市海洋与渔业研究院(13)、中共浙江省宁波市委党校(13)、浙江省宁波市水产研究所(11)	2125篇：厦门大学(1287)、国家海洋局第三海洋研究所(408)、福建省水产科学研究所(148)、集美大学(106)、厦门海洋职业技术学院(49)、国家海洋局东海分局(45)、福建省海洋研究所(45)、中国水产科学研究院东海水产研究所(13)、福建省厦门市海洋与渔业局(12)、厦门理工学院(12)	248篇：中国海洋石油深圳分公司(83)、深圳大学(34)、清华大学(20)、深圳海油工程水下技术有限公司(18)、北京大学(14)、海洋石油工程股份有限公司(14)、广东省深圳市海事局(14)、深圳职业技术学院(13)、广东省深圳市海洋与渔业环境监测中心(12)、中海油能源发展股份有限公司(12)、中国海洋石油南海东部公司(10)、综合开发研究院(中国·深圳)(4)	361篇：浙江海洋学院(224)、浙江省舟山市海洋生态环境监测站(36)、中共浙江省舟山市委(31)、中国水产舟山海洋渔业公司(27)、浙江省舟山市水产局(24)、浙江省海洋水产养殖研究所(19)

注：检索方式“主题＝海洋”且“单位＝城市名”，检索截至2015年1月10日。

与各市海洋经济发展相比，六城现有海洋科教机构存在如下短板：一是海洋高等教育机构的人才培养结构与质量尚不能满足快速发展的海洋经济需求，在海洋高教机构布局不足的城市尤为严重，如宁波、舟山与深圳，主要体现在(1)人才结构不合理、高端人才匮乏，六城市有85%以上的人是从事基础性海洋研究，从事高新技术产业的不足10%，特别是国际化人才、掌握核心技术人才、高新技术领军人才物非常少，面向海洋高技术产业的专业人才以及实用型、技能型人才均比较缺乏，高层次研发和管理人员匮乏的问题比较突出；(2)人才结构的新兴海洋产业适应性差，区域涉海人才培养整合难度大。如青岛市是山东省涉海人才培养的重地，年均毕业本科及以上学历人才占全省的95%，大连、厦门的涉海人才培养产出也如此；而宁波、深圳、舟山则是涉海人才培养的低地，虽然各市在采取各种政策引进科教机构，却无法避免本地高校毕业生留不住、新引进人才不适应的尴尬局面。在新兴海洋产业人才需求的对接上，现有各城市涉海人才培育总体相对单一，有的以基础研究为主、有的以油盐化工为主、有的以水产养殖为主、有的以装备制造为主等等，一些新型行业和重点产业人才数量明显不足，而且主要集中在中心市城区，市域范围内郊区县或部分布局在海岛上的新兴产业企业无法吸引与留住各类人才。(3)涉海人才的发展交流平台建设滞后，一是科学研究与产业化之间缺少纽带和畅通的渠道。科研单位从事基础理论研究优势明显，但在解决与产品相关的技术和工艺方面处于弱势，使科研成果难以转化成产品、发展成产业。二是促进科技成果转化的风险投融资机制不健全。从事风险投资的机构较少，风险资本市场的发展速度与沿海各市的经济规模和增长速度不相称。三是科技中介服务体系发展不充分，门类不全规模小，专业化程度低，人才队伍建设滞后，对政府依赖性大，不能满足企业日益增长的需求。(4)科教机构评价导向导致科教机构成果转化与人才培养综合素质低效。囿于当前科教机构评价机制中注重数量指标(发表文章、申请专利、项目经费等数量)，而不是注重科研成果应用转化和人才综合素质。这就导致，一方面科技成果和专利很多，但多数难以转化应用；另一方面，由于基础研究易于发表文章，于更多的人不愿意从事研发应用或成果转化的工作。在六城市中，深圳市在海洋科技成果转化和涉海人才的综合(职业历练)培养，要好于大连、青岛、宁波、厦门、舟山，而在基础研究方面则以大连、青岛、厦门为最优。

2.六市涉海企业研发机构比较

(1) 大连市企业研发机构发展态势

2013年统计，大连规模以上工业企业拥有科技机构147个，国家级研发机构36个，辽宁省工程技术研究中心和重点实验室145家，对推动企业创新发展、提升城市创新力起到巨大作用。目前，国有大中型企业建立技术研发机构的只占52%左右，开展研发活动的仅为3%左右。目前，大连市人才资源总量达到191万余人，其中专业技术人才67万人，两院院士28人，长江学者37人，国家“千人计划”人才43人。但就现阶段来看，科技创新人才总量仍不能满足经济发展需求，不但高层次创新型人才和领军人才缺乏，而且企业科技人才、技术工人也非常短缺，结构失衡严重。从新引进人才结构上看，偏重于博士研究生，八成以上的高层次人才主要流向高校和科研机构，而不是企业。

2012年大连全社会研发经费支出占GDP比重仅为1.47％，大连规模以上企业科技活动人员为26039人，大连规模以上企业拥有R&D人员20584人；2013年数据显示，大连有效发明专利拥有量为5577件，技术交易额大连为52.3亿元，大连规模以上高新技术产业增加值为1961亿元。

(2) 青岛市企业研发机构发展态势

青岛市2013年企业研发投入占全社会77％，发明专利授权量占比超过50％。新认定高新技术企业125家，总数达642家，共减免所得税15亿元。154个项目获国家创新基金支持，同比增长42％，资助金额实现翻番，达1.4亿元，均居同类城市首位；28个项目获批国家重点新产品。实施蓝色小巨人计划，扶持科技型中小企业113家。引导企业建设研发中心，首批确定培育基地204家。

针对青岛船舶与海工研发“短板”现状，推动与中船重工集团的深度合作，借助其雄厚实力，引进共建高端研发机构和集聚重点企业落户青岛。市政府与中船重工签订战略合作备忘录，确定在青建设中船重工海工装备研究院，目前已完成选址。710所青岛研究所落户高新区，即将开工。725所青岛研究院落户蓝色硅谷并开工建设。中船重工在青的机构达到15家，研发出船舶电力推进系统、水下智能装备等数项国内领先的科技成果，市场前景广阔。

培育壮大高端新兴产业。石墨烯、海洋功能涂料等30余个科技园区建设顺利，光电子器件、清洁能源等新兴产业加快培育。“星光青桥三号”芯片研发成功，填补国内空白。斋堂岛500kW海洋能示范工程投入试运行。海洋生物医药加快发展，海藻纤维国内领先，海洋防污防腐涂料占据国内高端特需市场60％份额。日东电工与青岛市建立战略科技合作关系，启动海洋防腐研发基地建设。

一是推进创建科技城，与24个国家签署82份合作协议。新争取国家级国际科技合作基地9个，中德生态园获批国家国际创新园，青岛国家大学科技园被认定为国际技术转移中心。中乌特种船舶、中挪海洋钻井、中泰高速列车等研发机构签约并即将落户。二是高校院所引进步伐加快。中科院研发园区加快筹建，育成中心正式运行，生物能源所、兰化所等5个院所加快建设，长春应化所、自动化所正式签约。哈工大科技园、西交大研究院、机械总院分院开工建设，华中科大、大连理工等院校与青岛市开展实质性合作。三是央企研发机构加快建设。航天科工微电子产业园开工建设，中电 41 所产业园投入使用，中航动力非晶技术研究院完成规划，中航工业 625 所增材制造中心正式运营。

（3）宁波企业研发活动态势

2013 年全市市级以上重点实验室已经累计达到 70 家。其中，省部共建国家重点实验室培育基地 2 家，教育部重点实验室 3 家，省级重点实验室 12 家。新认定市企业工程（技术）中心 116 家，截至 2013 年底全市已有市级以上企业工程（技术）中心 862 家，其中国家认定企业技术中心 8 家、省级高新技术企业研究开发中心 257 家、省级企业技术中心 82 家。全年新认定 32 家市级企业研究院，其中省企业研究院 11 家。其中，新装备、新材料等优势高新技术产业领域占据近六成。

截至 2013 年年底，全市已累计组建 13 个产学研技术创新联盟，其中省级 1 家，分布于纺织服装、智能家电、半导体照明、新材料、生命健康等诸多我市优势产业。2013 年年底累计全市建成科技创新公共服务平台 38 家，其中科技基础条件公共服务平台 10 家。新建"智慧海洋技术公共服务平台"、"宁波中物激光与光电技术研究所"、"宁波诺丁汉国际海洋经济技术研究院"、"中国技术交易所宁波工作站"4 个平台（表 5-2-10）。截至 2014 年末宁波市企业研究院队伍已初具规模，数量达到 56 家。宁波市对于市企业研究院将根据认定年度前 3 年的企业研发经费总和，按比例给予最高为 100 万元（省级 200 万元）的奖励。

表 5-2-10 宁波市科技创新体系建设概况（2012）

科研创新载体类型		数量
重点实验室	市级以上重点实验室（家）	54
	省部级重点实验室（家）	12
工程（技术）中心	市级企业工程技术中心（家）	746
	省级高新技术企业研发中心（家）	212
	省级企业技术中心（家）	72
	国家级企业工程技术中心（家）	8
技术创新联盟	产学研技术创新联盟（个）	11
引进机构及项目	引进、共建技术开发机构（家）	38
	引进高新技术项目（项）	353
科技企业孵化器	市级科技企业孵化器（家）	23
	国家级科技企业孵化器（家）	6
创新公共服务平台	市级科技创新公共服务平台（个）	34

续表

科研创新载体类型		数量
特色高新技术产业基地	国家高技术产业基地(家)	4
	863计划成果产业化基地(家)	1
	火炬计划国家级科技产业化基地(家)	8
	其他国家级科技产业化基地(家)	1
	省级特色高新技术产业基地(家)	5

(4) 厦门企业研发活动态势

第一次经济普查资料显示，2004年厦门市共有各种企业研发机构80个，机构内的科技活动人员5703个，占企业科技人员的45.1%，机构的科技活动经费支出9.23亿元，占企业科技经费内部支出的37.2%。至2004年末，全市共认定的国家级企业技术中心3个，省级15个，并新设立了宏发电声、虹鹭钨钼、海洋三所3个博士后科研工作站。全市有开展科技活动的工业企业204家，其中大中型工业企业89家，设立研发机构52个，平均每1.7家就设立一个机构，而其他115家有科技活动的小型工业企业，设立研发机构28个，平均每4.1家才设立一个机构。2004年，外商、港澳台、内资企业的研发机构数分别为21个、26个和33个，外商和港澳台企业的研发机构数合计占总数的58.8%，占厦门市企业研发机构的"半壁江山"。

2013年，规模以上工业企业中拥有企业自办的研究开发机构311个，拥有研发(R&D)人员3.63万人；年内申请专利4996件，其中申请发明专利1566件；拥有有效发明专利1936项；R&D经费内部支出76.22亿元；新产品开发经费支出79.11亿元。在制造业产业结构调整进程中，高新技术企业较高的运行质量愈发显现，有力推动了全市工业的平稳发展。2013年全市有规模以上高新技术企业405家，共完成工业总产值2098.84亿元，占全市规模以上工业总产值的44.9%，对全市工业经济增长的贡献率为29.9%。高新技术企业户均产值为5.18亿元，是全市规模以上工业企业平均产值1.83倍；户均创造利润是全市平均水平的2.53倍。

(5) 深圳企业研发活动态势

2005年深圳市有727家技术开发机构，其中679家设在企业，占93%，也就是说，企业已经成为自主创新的研发主体。其中，深圳全市47个工程技术开发中心全部建在企业，21个博士后工作站也都设在企业。它们涉及通信、医疗器械、新材料、机电、计算机、生物、微电子、光电子等多个高新技术领域，首批来深圳设立研发中心的11家国家实验室，研究领域涉及计算机、软件、火灾、新材料、声学、数控技术、模具、医药等，几乎全都是国内相关领域研究的领先者。深圳光电子行业发展迅猛，其中光通信器材已经占据了全国60%以上的市场。目前，国内最大的光通信、光显示、光存储、光电子器材基本上都是在深圳研发或者制造，以华为、中兴、康佳、创维、长城、华强、阿尔卡特、JDSU 、特发光缆等行业龙头企业为代表的产业群，形成了一个稳固的深圳光电子产业研发阵地。

2012 年深圳市加工贸易企业设立各类研发机构 1500 多家，比 2008 年增加 270 多家，研发人数达到 8.9 万人，比 2008 年增加 2.5 万人；高新技术产品加工贸易出口规模从 2008 年的 604 亿美元增加至 2011 年的 835 亿美元，传统产品加工贸易出口则下降了 5 个百分点。2013 年深圳市全年新增重点实验室、工程中心、公共技术平台等创新载体 176 家，累计 955 家。全年新认定国家高新技术企业 591 家，累计超过 3000 家。继获国家技术发明一等奖、科技进步一等奖等 10 个奖项之后，又有 9 项科研成果获国家科技大奖。4G 技术、基因测序分析、超材料、新能源汽车、3D 显示等领域核心技术自主创新能力位居世界前列。新组建 3D 显示、大数据等产学研资联盟。推进生物、新能源、新材料、新一代信息技术等领域的重大科技攻关，组织重大技术攻关项目 66 项，提升了产业核心竞争力。

(6) 舟山企业研发活动态势

2011 年底，舟山市人才总量接近 20 万人，比 2005 年增长了将近一倍；拥有博士和硕士学位的分别为 177 人和 1400 余人，比 2005 年分别增长 510%和 330%；技能人才总量 89635 人，其中高技能人才 11006 人，分别比 2005 年增长 247%和 339%；专业技术人才总数 73700 人，其中高级职称 4976 人，分别比 2005 年增长 53%和 94%。

2012 年舟山市新获批一家省级企业研究院，全市省级企业研究院达到 2 家，分别是“扬帆船舶设计研究院”及“浙江省欧华现代造船技术研究院”，两家研究院共拥有科技人员 437 名，其中高级职称 13 人，中、初级职称技术人员 270 人，年投入研发经费达 2.37 亿元。到 2014 年末舟山市围绕船舶设计到船舶制造产业链，布局建设省级重点企业研究院，增强企业发展后劲。目前共培育 4 家船舶省级重点企业研究院，拥有研发设计人员 650 名，已承担各类各级项目 40 多项。其中，扬帆船舶设计研究院建立了省级博士后科研工作站，浙江正和船舶研究院与中国船舶科学研究中心 702 所合作成立了舟山市首家船舶企业院士工作站——702 所吴有生院士工作站。2013 年，4 家船舶省级重点企业研究院所在依托单位全年共实现销售收入 129.7 亿元，其中，新产品销售收入 51.1亿元，高新技术产品销售收入 59.6 亿元。

以上各市企业研发机构设置与业务活动为统计指标梳理比较可知，宁波市涉海企业研发机构与业务优劣势如下：一是与大连、青岛、深圳、厦门等城市比较，宁波的海洋科技机构与企业研发水平，不管在科研投入、人才队伍、重点领域成果，还是新兴海洋产业培育和科技服务业发展等方面，都还存在比较大的差距。首先是，相对深圳市全社会创新投入相对不足。近年 R&D 经费支出占 GDP 的比例虽由 2009 年的 1.50%逐渐提升到 2012 年的 2.04%，但仍低于杭州、浙江省本级，以及青岛、深圳和厦门的水平。其次，宁波市各类海洋创新要素普遍短腿。如授权发明专利占全部专利的比例、海洋科技人力资源增量、多数企业在创新链中位置等都弱于深圳、青岛、大连，与厦门相当，优于舟山。再次，宁波集聚海洋科教机构与创新人才，缺乏高效的、务实的策略。宁波市国家级海洋科教机构几乎没有，虽然在 90 年代末期积极引进，然而并没有抓住产业转型的人才需求，因此引进的部分院校并没有契合宁波市产业发展趋势。此外，宁波市相较于深圳市而言，缺乏海洋科教的长远战略和落地战略，没能建立产业孵化与创业基金集聚高风险创业企业，因此在没有基础研究，也没有风投资本孵化的情形下，宁波海洋科教发展水平与企业研发水平总体较为落后。

(三)六市海洋科教对海洋强市建设的适应程度差异

1.国家级技术中心数量偏少，缺乏在全国知名的创新龙头企业

宁波市海洋科教机构及其业务活动，相对大连、青岛、厦门、深圳存在国家级海洋科教机构偏少，缺乏知名的海洋类创新龙头企业，并且重大科技成果转化不足，有影响力的科技成果在本地转化的数量偏少，能带动产业集群发展的关键技术和共性技术突破不够。如临港化工、港航物流、船舶修造等是宁波市海洋经济的核心产业，然而相关企业并没有竞争优势的企业研究院，地方也没有公益的领军科研机构，导致宁波市相关海洋产业技术升级依赖引进国外设备、产品研发需借助国内其他城市或国际公司的科研专利，甚至在海洋装备制造业领域沦落为代工基地。

2.海洋科教和海洋新兴产业及传统海洋产业升级结合度不高

宁波市较其他城市，在海洋科技服务业领域发展严重滞后，缺乏高层次的科技创新服务机构，尤其是高校/科研机构与企业之间缺乏科技中介行业，这严重制约了科教研究成果的转化效率，以及资本市场风投无法契合宁波海洋科教的研发前沿，海洋科教与海洋产业升级的整合力度有待强化和探索新路径。高层次的宁波市建设创新型城市领导小组虽然已经建立，但未有效发挥对全市人才工作、产业招商、园区建设的统筹协调作用。总体政府性扶持资金投入比例相对偏低，投入方式以直接投入为止，对初创型科技企业支持不足。以创新为导向的考核机制尚未建立，各市级部门、县(市、区)和产业园区，还没有把高新技术产业招商和高端人才引进放在首要位置。

3.宁波海洋科教政策创新力度弱于深圳、青岛

2011 年以来，宁波市围绕国家海洋经济示范区核心区创新了系列海洋产业

发展的配套政策，但是在海洋科教支持力度和范围、海洋科技成果转化与孵化等方面尚与深圳、青岛存在较大差距。如青岛市系统梳理本市科技政策法规等形成清单《青岛市科技创新政策词典》，并重点围绕国家海洋科学重点实验室，进行多院所协同攻关与资源整合，加速青岛海洋科技城的蓝色梦，并设立了青岛工业技术研究院用于孵化各类涉海相关科技研发成果及其产业化；深圳市围绕重点海洋行业的实施科技路线图战略，推动本市海洋科技的企业攻坚目标化与路线化，并设立了设立海洋产业发展专项，争取落实《财政部、国家海洋局关于加强海域使用金征收管理的通知》(财综〔2007〕10 号)，明确深圳市省级海域使用审批权限；支持金融机构对海洋产业提供贷款、保险和担保等金融服务，鼓励综合运用银团贷款、金融租赁等方式为涉海企业提供融资支持，支持涉海企业利用资本市场融资、开展涉海企业联合发行企业债券试点。

三、提升海洋科教质量促进宁波海洋经济创新发展的对策

(一)推进重点领域体制创新

积极鼓励民资进入战略性新兴产业、科技中介服务、科技金融服务等领域。积极争取国家政策支持，在航运税收、启运港退税、离岸金融、船用保税油供应、商品交易、海铁联运、海岛开发等方面开展试点。研究城镇化发展长效机制，积极稳妥推进户籍制度等改革，提高基本公共服务均等化水平。

(二)强化海洋科教制度创新

进一步突出对县(市、区)提高海洋技术公共服务、增强海洋创新发展能力等方面的考核权重，并按照不同区域功能定位，实行差别化绩效考评办法。创新海域、海岛等的行政审批模式，推广联合审批，削减审批事项，建设网上审批、服务、监督系统，努力成为全国行政效能最高、透明度最高而收费最少的地区之一。

(三)鼓励涉海企业管理模式创新

按照现代企业制度要求，鼓励涉海企业进行管理流程再造，开展 ISO 等现代管理认证，提升企业管理水平。支持行业龙头企业围绕产业链延伸、强强联合和上下游一体化经营，开展跨国、跨地区、跨行业、跨所有制的兼并重组。

四、六市海洋经济发展的政策支撑比较

进入 21 世纪，我国海洋经济飞速发展，取得了令人瞩目的成绩。2013 年全国海洋生产总值达到 54313 亿元，比上年增长 7.6%，海洋生产总值占国内生产总值的 9.5%。如何发展、利用和管理区域海洋经济的集聚，如何促进落后地区海洋经济的发展，缓解区域差距等区域海洋经济发展问题，成为各级政府决策的核心议题之一，也成为学术界和社会所关注的重大实际问题和理论问题，因

此，国家区域政策变迁对海洋经济发展的影响比较研究就很必要。

我国各个区域的海洋经济发展是随着区域政策的不断调整而逐渐演化的，自新中国成立之后，尤其是改革开放以来，不断增强的市场资源配置作用下，国家实施的一系列区域政策促进我国海洋经济高速发展，海洋产业结构不断升级、优化，海洋经济发展空间与结构发生了巨大变化。近年来，国家战略从重视陆域转向统筹陆海，先后批复了国家海洋经济战略区，至此，发展海洋经济成为国家战略的新选择[9－10]。目前，国内外关于国家区域政策对经济发展的影响开展了较多研究，涉及区域政策对区域创新环境、产业集群、制造业区位选择的影响[11－13]，典型区域内区域政策的影响及评价等方面[14－16]，国家区域政策的理论基础、实施效果、影响及评价、中外区域政策对比与借鉴等宏观问题为主[17－21]，区域政策变迁对跨国公司、央企空间布局的影响[22－23]等。但是，有关区域政策变迁对经济特征演变影响的时空规律研究较少，尤其对国家区域政策变迁影响下海洋经济发展的研究极为鲜见。所以，在中国区域政策层级关系复杂、形式内容多样、影响日益广泛的背景下，当前国内针对区域政策和海洋经济发展的专题研究还需要进一步推进。

以环渤海地区、长江三角洲（下称长三角）地区、珠江三角洲（下称珠三角）地区为研究区域，包括大连、青岛、宁波、舟山、厦门、深圳 6 市。在区域海洋经济发展方面，2013 年，环渤海地区、长三角地区以及珠三角地区的海洋生产总值分别为 19734 亿元、16485 亿元和 11284 亿元，占沿海地区生产总值的 15.5％，已成为沿海地区经济发展的重要支柱。

以国家区域政策在 6 个主要沿海城市的变迁数据包括政策发布等级、时间及所属地区，数据来自 2005 年以来相关省市政府网站、发改委网站、新闻报道等。将重点研究国家区域政策与海洋经济发展的相互关系与演变机制，以期为沿海其他城市海洋经济协调有序发展提供有益的理论依据和技术参考。

（一）区域政策变迁影响海洋经济发展的理论基础

1. 区域政策降低海洋经济发展成本

20 世纪 30 年代，“区域政策”概念首次出现，也被叫作是“区域发展政策”、“区域经济发展政策”或是“区域经济政策”，由于使用人员的约定与习惯不同而具有一定的差别，本文将其统一称为“区域政策”，其内涵是根据区域差异而制定的，促使资源在空间上优化配置、控制区域差距过分扩大以协调区域间关系的一系列政策之和。

改革开放以来的经济社会转型期，中国的区域政策包括了一系列的经济制度安排和部门制度安排，是制度变迁的重要部分。通过分析 2005 年以来沿海 6 城市的区域海洋经济政策（表 5-2-11、表 5-2-12、表 5-2-13、表 5-2-14）可以发现，其多采用行政命令手段，以规定、办法、意见、纲要、决定、行政批复等形式出台。

依据政策制定的行政级别，可分为国家级区域政策、省级区域政策及市级区域政策三类；依据政策内容将其分为区划与规划类、通告与意见类、实施与管理办法类、公报与条例类四类；按其功能可以将区域政策归为激励与协调两类政策，其中，区域激励政策指直接推进海洋经济发展的区域政策，对降低海洋经济交易成本具有较大的促进作用。区域协调政策指对发展过程中各区域间相互关系进行协调的区域政策。

沿海6城市的区域政策降低了海洋经济交发展成本，主要有：(1)政策优惠和管制规范，为获得海洋产业发展的资本投入、技术溢出、产业升级等效益，各项区域政策在税收、土地、外贸、外汇等方面均给予了优惠和规制。(2)海洋经济运行环境改善。区域政策直接或间接地改善了地区投资环境，提高了海洋产业的生产效率，促进了海洋产品质量的深化。(3)产权的保障，对企业、渔民等的管理自主权、产权收益。合同执行进行了有效保障，杜绝了政府对其海洋产权的不合理干预。(4)区域间充分的政策竞争。有利于海洋经济相关利益者从更加优惠的税收、配套服务等政策中直接获益，而且节约了海洋高新技术开发区的上市成本。

表 5-2-11　2005 年以来宁波等六市区域(区划与规划类)政策一览表

年份	等级	内容
2011	省级	《厦门市"十二五"海洋经济发展专项规划》海洋经济发展的配套政策与保障措施等
	市级	《宁波市海洋高技术产业"十二五"发展规划》理清海洋高技术产业发展思路
	省级	《浙江省海洋功能区划(2011—2020)》陆海统筹、海陆联动，推进海洋经济可持续发展
2012	市级	《大连市海洋资源开发利用"十二五"规划》将海洋资源开发利用的区域布局划分为"四湾、三区、两岛、一带"的发展格局
	市级	《青岛蓝色硅谷发展规划》规划为"一区一带一园"，即蓝色硅谷核心区、海洋科技创新及成果孵化带、胶州湾北部园区
2013	市级	《宁波市海洋事业发展"十二五"规划》保障海洋资源可持续利用、海洋生态系统平衡和海洋经济平稳运行
	省级	《浙江舟山群岛新区发展规划》建立自由贸易园区，建设舟山自由港区
2014	国家	《青岛市"十二五"海洋高技术产业发展规划》打造"蓝色硅谷"，力争在"十二五"末将海洋高技术产业打造成为青岛市新的支柱产业
	市级	《深圳市海洋产业发展规划(2013—2020年)》
	市级	深圳出台《海洋产业发展规划(2013—2020年)》

表 5-2-12 2005 年以来六市区域(通告与意见类)政策一览表

年份	等级	内容
2006	市级	《辽宁省大连市人民政府办公厅关于印发大连市海洋功能区划的通知》对海洋资源、环境与海域使用状况的调查评价，建立健全海洋功能区划管理和海域使用管理信息系统，全方位跟踪监测海域使用状况和海洋环境质量状况
2008	市级	《关于深圳市加快海洋产业发展建设海洋强市的若干意见》发展海洋产业，提高港口综合服务水平，发展现代海洋渔业与海洋旅游业，利用海洋能源与临海工业，实施科技兴海战略
2012	市级	《中共厦门市委、厦门市人民政府关于加快海洋经济发展的实施意见》理清海洋产业发展思路，制定一系列海洋经济发展政策等
	市级	《舟山市人民政府关于保护梭子蟹渔业资源的通告》加强渔场、港口、码头、市场、水产品交易地的监督
	市级	《舟山市人民政府关于进一步规范渔船管理促进渔业安全生产的若干意见》保障渔业安全生产
2013	省级	《广东省人民政府关于支持前海加快开发开放的若干意见》支持措施涉及授予前海部分省级经济管理权限等 10 个方面，共 36 项支持措施
2014	市级	《青岛市关于加强海岸带设施管理的通知》海岸带设施管理包含近岸陆域和近岸海域共 3291km^2。以土地利用总体规划、海洋功能区划、海域和海岸带保护利用规划为依据，从自然环境与资源现状出发，根据经济与社会发展的需要，统筹兼顾经济效益、社会效益和环境效益

表 5-2-13 2005 年以来六市区域(实施与管理办法类)政策一览表

年份	等级	内容
2008	市级	《大连市推进水产健康养殖示范场建设实施方案》推进水产养殖业增长方式转变，促进渔业持续、协调健康发展，加快发展现代渔业，完善技术，提高生产经营效益等
2009	市级	《大连水上旅游运输管理规定》发展水上旅游运输事业，维护水上旅游运输秩序：资质管理；筹建、开业与增减运力管理；营运管理；安全管理；服务管理等
	市级	《宁波市海域使用金征收管理实施办法》落实《财政部国家海洋局关于加强海域使用金征收管理的通知》(财综〔2007〕10 号)、《财政部国家海洋局关于印发海域使用金减免管理办法》(财综〔2006〕24 号)、《财政部国家海洋局关于海域使用金减免管理等有关事项的通知》(财综〔2008〕71 号)和《浙江省人民政府关于印发浙江省海域使用金征收管理办法的通知》(浙政发〔2009〕8 号)，制定本实施办法，共 24 条

续表

年份	等级	内容
2010	市级	《宁波市海域使用权抵押登记办法》加强海域使用权抵押登记管理，保障抵押当事人的合法权益，根据《中华人民共和国物权法》、《中华人民共和国海域使用管理法》、《中华人民共和国担保法》等有关法律、法规的规定，结合宁波市实际，制定本办法，共21条
	市级	《大连市港口经营管理办法》加强港口经营管理，维护港口经营秩序，保护当事人的合法权益等
	市级	《宁波市海洋环境与渔业水域污染事故调查处理暂行办法》加强对海洋与渔业水域环境的监督管理，及时调查处理海洋环境与渔业水域污染损害事故，保护海洋与渔业生态环境，根据《中华人民共和国海洋环境保护法》、《中华人民共和国渔业法》、《中华人民共和国水污染防治法》等法律、法规、规章的规定，制定本办法，共18条
2012	市级	《青岛市蓝色经济区建设专项资金管理办法》规范青岛市蓝色经济区建设专项资金管理，提高资金使用效益，共27条
2013	市级	《宁波市渔业辅助船舶审批管理规定》根据《浙江省渔港渔业船舶管理条例》、《浙江省渔业辅助船舶安全管理办法》规定，结合实际，制定本规定，共14条
	市级	《宁波市休闲渔业船舶审批管理规定(试行)》加强审批管理，规范审批程序和手续，根据《浙江省渔港渔业船舶管理条例》、《浙江省休闲渔业船舶管理办法》规定，结合实际，制定本规定，共25条
	市级	《厦门市海洋经济发展专项资金管理办法》规范海洋经济专项资金使用管理，提高使用效益
	市级	《青岛市海洋产业发展指导目录(试行)》由鼓励、限制和淘汰三类目录组成，涵盖十个海洋产业类别，共212项产业
2014	市级	《舟山市远洋渔业项目与资金管理办法》对高端远洋渔船引进，远洋新渔场、远洋渔业基地建设，远洋水产品在国内销售市场开发等方面予以补助
	市级	《厦门市海洋新兴产业龙头企业评选办法》规范海洋新兴产业龙头企业评选办法与强化海洋企业品牌培植力度等
	市级	《大连市促进海洋渔业持续健康发展实施方案》海洋渔业生态环境、基础设施装备和渔民生产生活条件改善，综合生产、科技支撑、国际竞争、安全保障能力增强，形成现代渔业发展新格局
	市级	《舟山市水下文物保护管理实施办法》规范全市水下文物保护管理工作，推动依法履职；水陆统筹推进群岛新区文化结构战略性调整，培育海洋文化新的增长点，提升新区知名度和影响力
	市级	《宁波市水生生物增值放流实施办法(试行)》规范渔业资源增殖放流，实现生态效益、社会效益和经济效益相统一的总目标，共23条

表 5-2-14　2005 年以来六市区域(公报与条例类)政策一览表

年份	等级	内容
2005	市级	《宁波市象山港海洋环境和渔业资源保护条例》规划与管理、污染防治、污染防治、生态保护 、法律责任等
2006	市级	《宁波市韭山列岛海洋生态自然保护区条例》保护韭山列岛海洋生态自然保护区的生态环境,促进海洋科学研究和海洋经济的可持续发展,共 25 条等
2012	市级	《舟山群岛新区海洋经济产业发展研究》舟山群岛新区发展目标为近期,中远期,海洋产业体系基本完善,产业国际竞争力增强
2013	省级	《2013 年福建省海洋行政执法公报》分为概述、海洋行政执法基本情况、重大专项执法行动及执法能力建设情况等四个章节;以"海盾 2013"、"碧海 2013"、"护岛 2013"等专项执法行动为抓手,全面推进海域使用管理、海洋环境保护和海岛保护等三大领域执法工作
	市级	《2013 深圳海洋产业发展现状分析》将优先发展海洋电子信息、海洋生物、海洋高端装备、邮轮游艇等四个产业领域,打造成为全国海洋经济中心城
2014	市级	《深圳市 2013 年海洋环境状况公报》深圳市海水总体状况特点,部分海域污染情况加重,全市符合第一类海水水质标准的海域面积比上一年减少 $79km^2$。

2."十二五"六市海洋经济规划的空间发展政策对比

国家自 2009 年 1 月相继批复《珠江三角洲地区改革发展规划纲要》、《支持福建加快海峡西岸经济区的若干意见》、《辽宁沿海经济带发展规划》、《黄河三角洲高效生态经济区发展规划》后,在"十二五"开局之年为落实"国家十二五规划纲要"的海洋经济战略,先后批复了《山东半岛蓝色经济区发展规划》、《浙江海洋经济发展示范区规划》、《广东海洋经济综合试验区发展规划》、《国务院关于同意设立浙江舟山群岛新区的批复》等海洋经济发展规划与重要意见。分析"十二五规划"中六市海洋经济规划(表 5-2-15),从发展目标、思路、方向、措施和原则可知,六市海洋经济发展政策的主要特点表现在:(1)各地区政策较为趋同,但也有较强的针对性。各地区在区域海洋经济发展上的政策主要可以归纳为海洋产业扶持政策、海洋科技人才政策、海洋经济的投融资政策等,制定了针对本区域海洋经济发展特点的相关政策;各地区在政策工具的选择上,主要集中以行政手段和政府主导为主,经济手段为辅;在政策强度上各地区有所差异,从政策强度上来看,青岛和舟山分别凭借半岛蓝色经济区与群岛新区建设,在区域海洋经济的发展政策上将海洋经济的发展作为全市经济发展的中心,其政策扶持力度较大。(2)创新了政策手段,各市在海洋经济的相关制度、政策等方面有了较大突破。从各市海洋具体政策的实施来看,政策手段多由陆域经济管理中借鉴使用,同时也结合海洋经济发展需要进行了主动创新。

表 5-2-15 六城市"十二五规划"关于海洋经济发展的内容比较

项目	目 标	思 路	方 向	措 施	原 则
大连	2015 年打造全国海洋经济发展先行区、海洋环境生态保护示范区；成为重要的海洋综合开发基地；实现海洋经济产值 3000 亿元；海洋经济三次产业比例达到20∶25∶55	科学利用海洋资源，发展海洋经济；坚持科技兴海、依法用海、依法管海、合理开发、科学保护的原则，调整海洋产业布局结构、转变增长方式，以高新技术为手段，重点发展国家战略产业	处理好海洋开发中的若干关系；促进海洋产业结构与布局优化调整；实施科技兴海战略；强化海域使用和监督管理	加强海洋管理，构建海洋循环经济的产业链网络体系；发展海洋循环经济；建立海洋经济资源回收体系模式；加强宣传教育力度，增强市民循环利用海洋资源和保护海洋环境的意识；保护海洋的可持续发展；提高大连市民整体环境素质	坚持陆海统筹发展；加强海洋综合管理；加强海洋生态环境与资源保护；加强海洋生态环境与资源保护
青岛	2015 年建成海洋经济科学发展的先行区、山东半岛蓝色经济区核心区、海洋自主研发和高端产业的聚集区、海洋生态环境保护示范区	海陆统筹、科技带动、集聚发展、重点突破	建设全国海洋经济科学发展先行区、半岛蓝色经济核心与高端产业聚集区、海洋生态环境保护示范区	完善基础设施；健全政策法规体系；开展区域合作；加强组织推进	坚持海陆统筹联动、科技创新支撑、高端产业带动、开放合作共建、保护开发并重
宁波	2015 年建成我国海洋经济发展的核心示范区，海洋经济实力较强、辐射服务功能突出、空间资源配置合理、科教文化体系完善、海洋生态环境良好、体制机制灵活，对浙江海洋经济发展发挥先行示范和龙头带动作用	海陆联动、协调发展，遵循海洋经济自然属性和发展规律，发挥不同区域的比较优势，形成重要海域基本功能区，构建"一核两带十区十岛"空间功能布局框架	打造一个核心区；加快推进"两带"建设；重点建设十大产业集聚区；科学开发利用十岛	发展"三位一体"的港航物流服务体系，发展临港大工业，建设新兴海洋产业基地，完善海洋基础设施网络；推进海岛的有效保护和科学开发；构建海洋科教文化创新体系；加强海洋生态文明建设；建设象山海洋综合开发试验区，建立海洋经济综合开发长效机制；强化规划实施保障	坚持转型发展；坚持集群发展；坚持绿色发展；坚持开放发展
舟山	2015 年建成浙江海洋经济发展的先导区、长江三角洲地区经济发展的重要增长极、海洋综合开发试验区、大宗商品储运中转加工交易中心、东部地区重要的海上开放门户、现代海洋产业基地、海洋海岛综合保护开发示范区、陆海统筹发展先行区。	根据舟山群岛新区的战略定位和发展目标，依托独特的区位条件、资源禀赋、生态环境容量、发展基础和潜力，优化空间布局，充分发挥比较优势，构建功能定位清晰、开发重点突出、产业布局合理、集聚效应明显、陆海协调联动的"一体一圈五岛群"总体开发格局	建设文明富裕的和谐海岛、建设海洋科教文化基地、建设海洋海岛综合保护开发示范区、建设陆海统筹发展、海洋综合开发试验区、现代海洋产业基地、东部地区重要的海上开放门户、大宗商品储运中转加工交易中心	大力推进岛陆一体化，促进岛陆联动；选择和优化主导产业，构建合理的产业体系；走循环经济道路，探索可持续发展新路径；坚持科教兴海和人才强市战略；抓住国家海洋经济战略建设机遇	尊重规律，科学发展；先行先试，开放发展；转型升级，高效发展；陆海统筹，联动发展；生态优先，和谐发展

续表

项目	目　标	思　路	方　向	措　施	原　则
厦门	2015年建成"和谐海洋、生态海洋、安全海洋";海洋总体经济实力实现新跨越;海洋产业发展与升级取得新突破;海洋科技创新能力明显提升;海洋科技成果转化率力争提升至55%以上;近岸海域入海排污口达标率达到90%	依据福建省"打造海峡蓝色产业带、建设海洋经济强省"和我市"岛内外一体化"的战略目标,发展海洋产业,实施"两轮驱动,二三并举"战略,加快海洋制造业和服务业的融合发展,推进海洋综合开发,打造现代海洋产业体系	建设海峡西岸海洋战略性新兴产业发展核心区;建设区域性国际航运物流中心;建成国内一流的滨海休闲旅游度假中心;提升临海工业;发展都市渔业	贯彻海西战略与海洋战略,推动海洋经济体制机制创新;构建科技兴海平台,强化科技兴海能力建设;加大资金投入与扶持,多元化投资主体、建设闽台海洋产业对接集中区;推进科学用海、加强海洋教育,建立海洋人才战略;加强海洋经济的社会服务体系建设,积极进行海洋宣传	坚持先行先试,创新引领;坚持以港兴市、以海强市;坚持陆海联动、区域联动;坚持科技兴海、产业兴海;坚持生态立市、生态立海
深圳	"十二五"期末海洋生产总值力争达到1300亿元以上,占全市生产总值的比重达到9%以上。"十二五"期间,海洋生产总值年均复合增长率力争达到7%	通过近岸海域功能布局优化,海洋生态环保区域合作和海洋经济发展空间拓展,实现海洋空间资源的集约化利用和海洋经济的可持续发展	巩固提升优势海洋产业;加快发展海洋现代服务业;培育壮大海洋新兴产业	出台海洋产业准入政策与用海项目退出政策;建立填海听证会制度,体现"反规划"思路;建立健全海洋生态环境制度,完善海洋法律体系;完善海洋规划体系,保障决策的科学性	统筹协调原则;合作共赢原则;开发与保护并重原则;海洋资源价值最大化原则;科技兴海原则

3. 区域政策对海洋经济的作用方式

将区域政策对海洋经济的影响放在区域政策协调、区域自身发展规律、海洋产业与区域经济发展等复合关系中进行分析,有三种作用方式(图5-2-2):一是直接影响,国家为实现区域政策目标,以行政命令划定特定的海洋经济区域。二是间接影响,中央政府通过区域政策倾斜或直接投资以改善区域的基础设施、公共服务、生态环境等,使区域更具吸引力,从而促进海洋经济发展。三是累积循环影响,通过前一阶段的政策倾斜、发展环境改善、海洋资源、海洋环境及其海洋空间的进一步利用,区域在海洋经济生产要素、海洋科技创新网络、海洋产业结构、海洋经济市场体系等方面得到提升,形成了新的区域海洋经济格局,中央政府在对新格局进行考量后,将重新制定区域政策,同时升级后的区域将对投资更具吸引力,区域将受先前政策和定位的累积循环影响,进入下一个战略周期。

(二)区域政策变迁与海洋经济发展的时空演变

1. 区域政策的定量化分析

以沿海六个地级市为统计单元,依据区域政策的特征及内涵来进行定量化研究。由于国家层面的区域政策与地方层面区域政策主要是协同关系,因而某

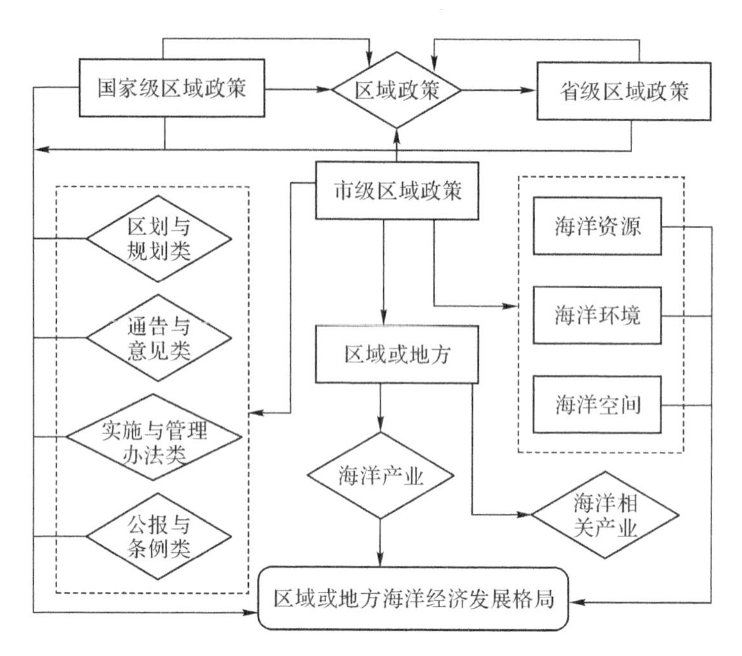

图 5-2-2 区域政策对海洋经济发展的作用影响

一城市的区域政策作用可视为作用于该市的国家区域政策与省市区域政策的叠加。根据作用于某一市的区域政策个数乘以相应的权重再进行求和即得到该地区的政策强度值。

国家级的区域政策一般是国家战略，所用对象是较大的经济区，政策作用强度大、持续时间长、综合程度高，且得到各部委及地方上的政策配套支持，因而其能级最高，对其政策赋予权重 6。省级区域政策作用对象一般为省内的经济区，综合程度较大，作用时间较长，也可以上升到国家战略，但是相对于国家级的区域政策，其所能利用的行政资源与经济资源较少，缺乏相应的配套支持，参考国家级区域政策的权重赋值，其权重可赋为 1.5；市级经济开发区执行与国家级开发区类似的政策，政策主要集中在经济领域，但由于市级开发区的发展平台较低，缺乏品牌效应，同时政策不稳定，经常是国家调控整顿的对象，参考国家级开发区的权重赋值，其权重可赋为 0.5。

设某一城市的政策强度值为 Y，则计算公式为：

$$Y=6n+1.5s+0.5c \quad (5\text{-}2\text{-}1)$$

式中：n、s、c 分别为国家、省、市级的区域政策个数。通过计算分别得出不同城市不同年份的区域政策强度值(图 5-2-3、表 5-2-16)。可以看出，六市的政策强度与海洋经济生产总值的变化态势基本相符，这说明政策对区域海洋经济的作用不可忽视。

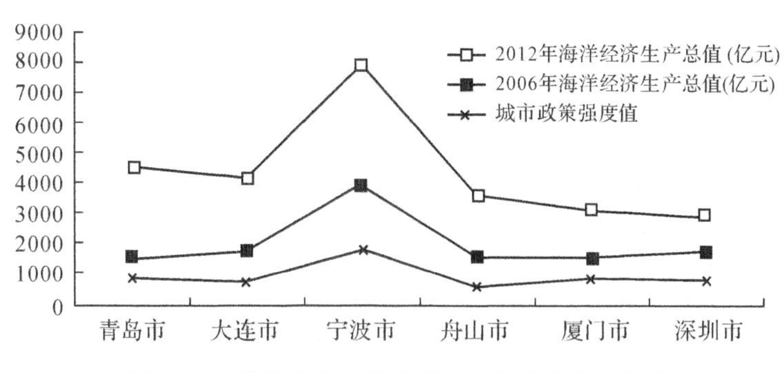

图 5-2-3　海洋经济生产总值与城市能值变化趋势

表 5-2-16　区域海洋经济政策量化一览

维度	要素	指标
分布	环渤海地区	大连市 6 个 青岛市 5 个
	长江三角洲地区	宁波市 10 个 舟山市 7 个
	珠江三角洲三角地区	深圳市 6 个 厦门市 5 个
等级	省级	厦门 2 个、深圳 1 个、舟山 3 个、青岛 1 个
	市级	厦门 3 个、深圳 5 个、大连 6 个、青岛 4 个、宁波 10 个、舟山 4 个
阶段	2005—2009 年	7 个
	2010—2014 年	32 个

2. 区域政策规制与海洋经济地理空间分异

分别位于经济发达的长三角地区、珠三角地区及环渤海湾地区的六市，同时也是我国海洋科技创新资源要素密集地区，是我国重要的海洋科技创新增长极，创新活动异常活跃。海洋经济活动的区域空间分布差异是多因素综合作用下的结果，包括资源、人力资本、技术及区域政策等。就政策制度因素而言，不同地区在经济总量、速度增量上的差别，既受制于初始的要素禀赋类因素，也是地区或部门偏向的政策和制度的作用的结果。

作为国家级保税区的厦门象屿保税区、大连保税区、青岛保税区、宁波保税区及深圳保税区，因国家区域政策的不同使中国经济与世界经济融合的连接点存在地理空间差异，在保税区的带动下海洋经济发展速度略高于其他区域。另外，基于中国海洋战略的一种路径选择和整体构想的“现代海上丝绸之路”构筑，以“战略思维”和“海洋思维”为基础，以“经略海洋”为目标的全球经济合作平台，以浙江舟山群岛新区为例，从国家战略层面、省级策略层面和地方谋略层面的合力运作，重点落实在“现代海上丝绸之路”制度建设上来促进海洋经济发展。基于此来分析，按照历史记录，海上丝绸之路可分为东海丝绸之路与南海丝绸之路。东海丝绸之路以山东半岛为起点，到达朝鲜和日本；南海丝绸之路主要以广州、泉州、宁波等为起点，通往东南亚、马六甲海峡、印度洋、红海，及至非洲大陆等，丰富的海洋资源优势为对接海上丝绸之路建设提供了重要支撑，这将是现代海洋经济发展的一大机遇。

3.海洋经济发展的动力机制分析

(1)区域政策与海洋经济发展的激励机制讨论

好的机制应该在经济活动中实现委托人与代理人的激励相容，所谓激励相容，是指委托人与代理人之间利益和目标直接一致。而激励不相容，指委托人与代理人的利益和目标不一致。海洋企业作为区域海洋经济发展的重要参与者，一个地区的区域海洋经济发展水平归根到底要取决于该地区海洋企业的经济发展水平，因此只有提高海洋企业竞争力和发展水平，才能最终实现区域海洋经济发展水平的提高。区域海洋经济激励机制建立的目的，是要通过建立一套激励机制，促使区域内海洋企业选择与区域海洋经济战略目标一致的海洋经济发展模式，即实现激励相容。所以要求区域海洋经济政策和制度应该能够发挥对经济主体的激励功能，通过促使区域海洋经济的潜在利润在传统模式下无法得到实现，或者技术成本降低使得模式创新变得有利可图，进而将整个地区区域海洋经济的外部收益和成本内部化，使沿海地区社会从外部性到内部化的过程获得收益。在具体的政策制度设置上，可以根据海洋企业的相关属性建立准入制度和补贴制度。

假设每个海洋企业的基本信息为 $U=(U_1,U_2,U_3,U_4)$，

$$A=\{U=(U_1,U_2,U_3,U_4)\mid U_1\geqslant U_1^0,U_2\geqslant U_2^0,U_3\geqslant U_3^0,U_4\geqslant {}_4^0\}$$

若海洋企业的行为，其中 $U_i^0,i=1,2,3,4$ 表示第 i 种信息的给定取值水平，该值通过科学计算应符合区域海洋经济发展的阶段可实施目标以及最终总体目标的实现，并根据区域海洋经济发展的状况进行调整。因此当海洋企业的海洋资源产出水平、海洋资源消耗水平、海洋资源综合利用水平和海洋环境污染水平分别达到一定程度，企业行为可以得到激励，如政府补贴等。若海洋企业的行为

$$A=\{U=(U_1,U_2,U_3,U_4)\mid U_1<U_1^0,U_2<U_2^0,U_3<U_3^0,U_4<{}_4^0\}\text{时，}$$

即当海洋企业的海洋资源产出水平、海洋资源消耗水平、海洋资源综合利用水平和海洋环境污染水平分别低于某一给定水平时，海洋企业行为将处于不允许发生的范围内，因此区域政府应针对这一标准设立相关海洋企业的准入门槛，限制未达标企业的进入，同样这一标准的确定也应是科学合理并不断调整的。需要说明的是上述海洋企业信息集合仅是众多方式中的一种，在实际中应根据不同海洋行业的具体问题设计更为合理的海洋企业信息集合。

(2)区域政策变迁与海洋经济发展机制

区域的交易成本和转型成本是影响海洋经济发展的主要因素,依据上文对两类成本内容的分析及各因子主要影响的成本类型,将影响海洋经济发展的因子分为交易成本影响因子和转型成本影响因子,其定义及指标(表 5-2-17)。为消除区域在面积、人口等总量上的差异,体现发展的累积作用,依据数据的可获得性,选择 2011 年的若干指标数据 (表 5-2-17)进行分析,以海洋经济生产总值(GDP)作为因变量,依据海洋经济发展机制与特征,参考海洋经济影响因子的一般规律,选择政策制度环境、信息获得成本、海洋环境基础、海洋经济密度等作为影响海洋经济总值的主要变量,采用多元线性回归方程对各变量因子进行回归,回归系数用于测定相关因子对海洋经济发展的影响作用,方程如下:

$$Y=\beta_0+\beta_1 X_1+\beta_2 X_2+\cdots+\beta_8 X_8 \qquad (5\text{-}2\text{-}2)$$

式中:β_0 为常数项;$\beta_1,\beta_2,\cdots,\beta_8$ 为回归系数值。

表 5-2-17　影响海洋经济发展的成本因素

符号	含义	指标
Y	因变量	海洋经济生产总值/亿元
X_1	政策制度环境	2005 年以来各市的区域政策强度值
X_2	信息获得成本	年底本地电话、移动电话、互联网普及率/%
X_3	海洋环境基础	工业废水排放总量/万 t
X_4	海洋经济密度	区域海洋生产总值除以相应海岸线长度
X_5	海洋经济发展力	2006—2012 年海洋经济增长率
X_6	海洋科技力量	与海洋发展经济发展有关的发明专利/个
X_7	海洋交通力量	规模以上港口生产用码头泊位/个数
X_8	海洋资源基础	海域面积/km^2

注:数据来源于《中国城市统计年鉴 2011》、《中国海洋年鉴 2011》。

政策制度环境 X_1:海洋经济的发展与国家区域政策密切相关,且受到政策的三种模式影响,可预计政策强度的影响效果为正相关;信息获得成本 X_2:本地电话、移动电话、互联网等是获得信息的主要途径,其普及率越高信息获取越容易,进而减小交易成本,也是跨国公司布局的重要考虑因素;海洋环境基础 X_3:海洋产业的排污一方面可以看出海洋经济生产力。海洋经济密度 X_4:在相应的海岸线资源基础上产生的海洋经济效益;海洋经济发展力 X_5:通常认为区域经济发达的地区生产效率高,市场规范,市场需求旺盛,发展能力也较大;海洋科技力量 X_6:随着经济发展,科技研发已经成为核心竞争力,同时这一指标也反映了区域内劳动力的素质水平,可以预期其影响为正;海洋交通力量 X_7:反映了区域内基础设施的建设水平和区位优势差异,由于码头港口海洋经济生产中具有代表性,故选择码头泊位个数作为指标数据。海洋资源基础 X_8:是海洋经济发展的空间基础,以海域面积为指标。首先对各变量指标数据进行

Z-Score标准化处理并计算其相关系数(表 5-2-18)。

表 5-2-18 海洋经济与其成本因素的相关分析结果

		Y	X_1	X_2	X_3	X_4	X_5	X_6	X_7	X_8
Y	Pearson 相关性	1.000	0.693*	−0.192	−0.040	0.220*	0.511*	0.258*	0.31*	0.219*
	Sig.(单侧)	0	0.063	0.358	0.470	0.337	0.150	0.311	0.197	0.338
	N	6	6	6	6	6	6	6	6	6
X_1	Pearson 相关性	0.693*	1.000	−0.101	−0.044	−0.145	−0.109	−0.438	−0.716	0.059
	Sig.(单侧)	0.063	0	0.425	0.467	0.392	0.419	0.192	0.055	0.456
	N	6	6	6	6	6	6	6	6	6
X_2	Pearson 相关性	−0.192	0.101	1.000	−0.129	0.010	−0.559	−0.007	−0.36	−0.487
	Sig.(单侧)	0.358	0.425	0	0.404	0.492	0.124	0.494	0.225	0.164
	N	6	6	6	6	6	6	6	6	6
X_3	Pearson 相关性	−0.040	0.044	−0.129	1.000	0.636*	−0.345	−0.117	0.394*	−0.067
	Sig.(单侧)	0.470	0.467	0.404	0	0.087	0.251	0.412	0.220	0.450
	N	6	6	6	6	6	6	6	6	6
X_4	Pearson 相关性	−0.220	−0.145	0.010	0.636	1.000	−0.592	0.074	−0.377	−0.747
	Sig.(单侧)	0.337	0.392	0.492	0.087	0	0.108	0.445	0.231	0.044
	N	6	6	6	6	6	6	6	6	6
X_5	Pearson 相关性	0.511*	−0.109	−0.559	−0.345	−0.592	1.000	0.529	0.175	0.640
	Sig.(单侧)	0.150	0.419	0.124	0.51	0.108	0	0.140	0.370	0.086
	N	6	6	6	6	6	6	6	6	6
X_6	Pearson 相关性	0.258	−0.438	−0.007	−0.117	−0.074	0.529	1.000	−0.544	−0.207
	Sig.(单侧)	0.311	0.192	0.494	0.412	0.445	0.140	0	0.132	0.347
	N	6	6	6	6	6	6	6	6	6
X_7	Pearson 相关性	0.431*	0.716*	−0.386	−0.394	−0.377	0.175	−0.544	1.000	0.341
	Sig.(单侧)	0.197	0.055	0.225	0.220	0.231	0.370	0.132	0	0.254
	N	6	6	6	6	6	6	6	6	6
X_8	Pearson 相关性	0.219*	0.059	−0.487	−0.067	−0.747	0.640	−0.207	0.341	1.000
	Sig.(单侧)	0.338	0.456	0.164	0.450	0.044	0.086	0.347	0.254	0
	N	6	6	6	6	6	6	6	6	6

注:* 在 0.05 水平(单侧)上显著。

可以看出,区域海洋经济生产总值 Y 与区域政策 X_1 的相关系数为0.693,且显著性水平小于0.05,证明具有较强的正相关关系。同时发现与海洋经济发展力 X_5、海洋科技力量 X_6、海洋交通力量 X_7 与海洋资源基础 X_8 较强的相关且较为显著。另外,比较相关系数可以看出,区域政策 X_1 >海洋经济发展力 X_5 >海洋交通力量 X_7 >海洋科技力量 X_6 >海洋资源基础 X_8 >海洋环境基础 X_3 >信息获得成本 X_2 >海洋经济密度 X_4,因此,建立海洋经济发展与其成本因素的计量模型具有统计学意义,说明区域海洋经济的发展受政策规制影响较显著。

(三)结论与讨论

海洋经济作为海洋资源、海洋产业与海洋经济区三位一体的综合经济，具有与陆域经济不同的特征。在中国，区域政策对区域海洋经济选择的作用非常重要。本书以沿海六市为研究区域，分析了区域政策变迁与区域海洋经济发展的时空演变与作用机制，主要结论为：海洋经济的发展受区域政策直接、间接和累积循环三种模式影响，并且区域内经济政策强度与海洋经济产值呈较强的正相关关系，具有相似的年际变化规律。此外，对一些关键问题还需做进一步探讨。首先，本书对影响海洋经济发展的政策强度、经济发展水平、区位及交通因素、创新及人才资源等因素进行了初步分析，但海洋经济包含不同的产业门类，不同产业的布局影响因素主因不同，对于海洋经济的多因素综合分析和不同产业布局分析还需进一步展开；其次，在政策的定量化研究中，对各层次政策的权重赋值仅为影响量级上的划分，对政策效应递减等因素也未进行定量分析，针对区域政策的精确定量化研究还需进一步深入；最后针对 6 市的海洋经济创新政策的潜力于方向需要结合当下海洋经济产业布局与科学、技术及创新政策的变迁进行耦合发展(图 5-2-4)，本书只是有所尝试，分析还需要结合实际深入研究。

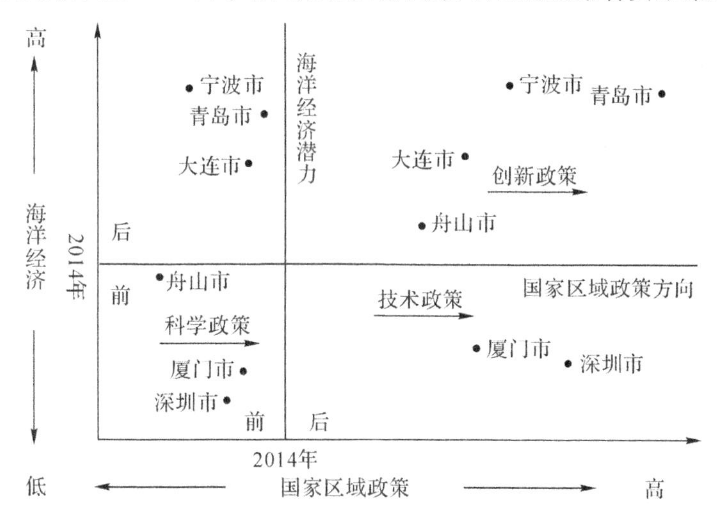

图 5-2-4　沿海六市海洋经济创新政策的潜力与方向波士顿矩阵图

第三节　宁波与大连、青岛、厦门、深圳、舟山的海洋经济发展态势比较

影响经济增长的要素主要有资本、劳动力和技术进步，在市场机制下经济

要素从生产率低的部门向生产率高的部门转移，使资源达到最优配置，产业结构趋于合理，从而推动经济增长。产业结构的演进会促进经济总量的增长，经济总量的增长也会促进产业结构的加速演进。产业结构同经济发展相对应而不断变动，其由低级向高级演进的高度化和产业结构横向演变的合理化，推动着经济发展[24]。对于海洋经济而言，海洋产业结构的高级化与合理化是区域海洋经济可持续发展的重要动力，也是区域海洋经济竞争力持续提升的源泉。

关于海洋产业比较，主要集中在省域层面的海洋产业竞争力或综合实力比较[9,25-26]、海洋产业发展相似性或同构趋势[27]、海洋产业结构演化阶段[28]，以及海洋产业发展核心要素比较，如海洋资源环境[29]、海洋金融[30]、海洋科技[31]。这些领域的主要结论为：(1)海洋产业综合实力或竞争力排序，在省域层面虽然2000年以来呈现波动状态，但是山东、广东、上海、浙江位于沿海地区前列，并且呈现三类(表5-3-1)，相关省份海洋产业发展的比较竞争优势如表5-3-2。(2)沿海省份海洋产业结构趋同性探究[27]，表明2010年我国11个沿海地区的海洋产业同构系数较高，是福建、浙江、江苏和河北四省；最低的是海南省和天津市，说明我国海洋产业结构相似度非常高、产业同构化现象十分明显(表5-3-2)。(3)海洋产业结构演化探索表明全国海洋产业结构业已进入第三产业占据主导地位的三、二、一产业结构模式[32]，但是省份间存在较大差异：①辽宁海洋产业结构中第一产业渔业所占的份额分量较大，仅次于滨海旅游业居第二位，除滨海旅游业外，船舶制造业和交通运输业所占的比重也较大；第二产业中只有船舶制造业发展较好、专业化较强，其他部门如海洋油气、海盐、海滨砂矿、海洋化工、海洋生物制药、海洋电力、海水利用及海洋工程等都没有达到全国的平均水平；第三产业中海洋交通运输业和滨海旅游业发展较好，但产业多元化不明显[33]。②天津海洋产业在全国范围内，海洋油气业、海洋化工业竞争优势明显，海水利用业发展速度远高于全国平均水平，海洋交通运输业的竞争优势在逐步减弱[34]；河北省形成海洋交通运输、滨海旅游、海洋油气、海洋渔业、海洋化工、海洋工程建筑等为支柱的产业结构[35]。③2002年至2011年山东半岛蓝区海洋产业结构呈现出以第二产业为主导、第三产业迅速发展的“二三一”格局，海洋产业结构演进处于中级阶段，并且表现出向高级阶段演进的趋势[36]，已经形成海洋船舶、海洋石油、海洋矿业和海洋生物医药、滨海旅游业、海洋交通运输为优势的产业结构。④江苏省海洋产业业已形成海洋船舶工业主导的“二三一”型产业结构[37]。⑤上海目前仍以传统海洋产业为主体，滨海旅游业、海洋交通运输业和海洋船舶制造业构成了上海三大海洋支柱产业，而海洋生物医药业、海洋电力业等海洋战略性新兴产业增加值在全国的占比明显偏低[38]。⑥浙江省2012年海洋产业结构呈现以海洋旅游、海洋运输、海洋船舶为重要支撑部门的“三二一”型。⑦福建省海洋产业形成以海洋渔业、海洋盐业、海洋交通运

表 5-3-1　中国沿海省份海洋产业综合竞争力类型

类型	省份名称	海洋产业基本特征
强竞争优势省份	广东、山东	海洋资源禀赋条件好，区域社会经济发展的保障能力很强。海洋产业产值、产品产量，在全国都具有比较明显的优势
中竞争优势省份	上海、天津、辽宁、福建、江苏、浙江	天津和上海虽然自然禀赋条件先天不足，海洋产业发展规模不是很大，但是对海洋科研的经费投入较高，海洋产业发展集约程度高，单位海岸线的海洋生产总值分别达到 23 亿元/km、32.6 亿元/km，与最低的地区相差了几十倍。尤其上海，海洋交通运输业、滨海旅游业等产业非常发达，海洋经济发展已成为区域经济发展的重要带动力量 辽宁、浙江、福建的海洋资源禀赋条件较好，应当充分挖掘资源优势，加大海洋资源的开发力度，壮大海洋产业，进一步提升产业竞争力
弱竞争优势省份	广西、海南	海洋产业规模较小，且与海洋经济强省差距很大，需要大力挖掘海洋产业的发展潜力，提升海洋产业规模。加大科研经费投入和科研机构培养，为海洋产业发展提供科技支撑

资料来源：吴珊珊，张凤成，曹可. 基于集对分析和主成分分析的中国沿海省海洋产业竞争力评价[J]. 资料科学，2014，36(11)：2386-2391.

孙才志，韩建，杨羽頔. 基于 AHP-NRCA 模型的中国海洋产业竞争力评价[J]. 地域研究与开发，2014，33(4)：1-7.

表 5-3-2　沿海省份 2007、2009、2011 年海洋产业竞争力比较优势指数

沿海省份	2007			2009			2011		
	区位优势	资源优势	环境优势	区位优势	资源优势	环境优势	区位优势	资源优势	环境优势
天津	0.0047	−0.0013	−0.0034	0.0075	−0.0060	−0.0015	−0.0088	−0.0192	−0.0104
河北	−0.0015	0.0006	0.0009	−0.0025	−0.0021	0.0046	0.0024	−0.0021	−0.0004
辽宁	0.0138	−0.0064	−0.0074	0.0152	−0.0049	−0.0103	0.0156	−0.0090	−0.0067
上海	0.0018	0.0021	−0.0040	0.0043	0.0003	−0.0046	0.0100	−0.0021	−0.0079
江苏	0.0107	−0.0082	−0.0024	0.0223	0.0094	−0.0036	0.0118	−0.0044	−0.0074
浙江	0.0028	0.0022	−0.0050	−0.0035	0.0067	−0.0032	−0.0011	0.0032	−0.0021
福建	−0.0147	0.0007	0.0140	−0.0129	0.0071	0.0059	−0.0103	0.0034	0.0069
山东	0.0043	0.0054	−0.0097	0.0085	0.0041	−0.0126	0.0084	0.0024	−0.0108
广东	0.0056	0.0061	−0.0118	0.0073	0.0038	−0.0112	−0.0010	0.0002	0.0008
广西	−0.0095	−0.0092	0.0187	−0.0085	−0.0102	0.0187	−0.0114	−0.0080	0.0184
海南	−0.0119	0.0019	0.0100	−0.0148	−0.0030	0.0178	−0.0156	−0.0028	0.0184

资料来源：孙才志，韩建，杨羽頔. 基于 AHP-NRCA 模型的中国海洋产业竞争力评价[J]. 地域研究与开发，2014，33(4)：1-7.

输为主导的"三二一"型。⑧广东省海洋产业结构以船舶工业、海洋化工、海洋交通运输为主的"二三一"型结构。⑨广西海洋产业形成以海洋运输、滨海旅游、海洋油气、海洋建筑等为主的"三二一"型结构,海南海洋产业结构为海洋水产、滨海旅游为主的"一二三"型结构。(4)中国海洋产业发展,普遍存在高度依赖海洋资源环境,尤其是海洋水产、海洋矿业、海洋油气、海水利用等传统产业[39];新兴海洋产业发展的技术支撑[31]与金融催化严重不足[40],国家海洋经济政策,尤其是示范区政策存在创新不当或者空间竞争失衡等问题[41]。

区际海洋产业结构比较研究常用方法,主要采用综合定量方法,如偏离份额分析法(SSM)、因子分析(FA)与主成分(PCA)、区位熵(LQ),以及集对分析与PCA组合等,重点比较海洋三次产业产值的若干年份比重、增加值的比重,以及各省份海洋产业的资源环境基础、科技支撑水平、社会氛围等。比较数据的来源,主要是《中国海洋统计年鉴》、各省份海洋经济公报及个别副省级城市的统计年鉴。因此,海洋产业结构比较研究以省域为研究单元的相关实证数据源、方法和理论,已经非常成熟;但是受制于各城市海洋经济统计数据,既无官方一致的统计口径,又无相关公开出版的统计年鉴,更无可以借鉴的海洋产业各行业的企业属性与基本业务普查数据。

为此,本书尝试构建的各城市海洋经济主要产业的相关指标及其数值剥离办法,如无特别标注之处,相关数据均源自剥离数值。根据剥离数据,运用定量定性方法比较分析宁波市在六城市的海洋产业结构的竞争优劣势(表5-3-3)。

表5-3-3 沿海省份2010年海洋产业同构系数

地区 \ 相似系数 \ 地区	上海	浙江	江苏	广东	广西	海南	福建	山东	天津	河北	辽宁
上海	—	0.976	0.939	0.983	0.934	0.910	0.979	0.957	0.872	0.924	0.963
浙江	0.976	—	0.987	0.997	0.981	0.890	0.999	0.996	0.943	0.979	0.997
江苏	0.939	0.987	—	0.986	0.962	0.809	0.981	0.997	0.984	0.999	0.981
广东	0.983	0.997	0.986	—	0.963	0.869	0.995	0.993	0.945	0.978	0.987
广西	0.934	0.981	0.962	0.963	—	0.919	0.984	0.975	0.910	0.953	0.993
海南	0.910	0.89	0.809	0.869	0.919	—	0.905	0.848	0.694	0.784	0.906
福建	0.979	0.999	0.981	0.995	0.984	0.905	—	0.992	0.931	0.972	0.998
山东	0.957	0.996	0.997	0.993	0.975	0.848	0.992	—	0.969	0.993	0.992
天津	0.872	0.943	0.984	0.945	0.91	0.694	0.931	0.969	—	0.991	0.934
河北	0.924	0.979	0.999	0.978	0.953	0.784	0.972	0.993	0.991	—	0.973
辽宁	0.963	0.997	0.981	0.987	0.993	0.906	0.998	0.992	0.934	0.973	—

资料来源:陈秋玲,于丽丽.我国海洋产业空间布局问题研究[J].经济纵横,2014,(12):41-44.

一、六市海洋产业发展历程

(一)大连市海洋产业发展历程

包特·力根白乙将大连市海洋产业发展历程划分为四个阶段,即海洋经济事业恢复发展阶段(1949—1965)、海洋传统产业鼎立发展阶段(1966—1978)、海洋产业多元格局发展阶段(1979—2005)和海洋经济与陆地经济互动发展阶段(2006—),并取得长足的发展,但其第三产业结构依然未能呈现出最优的"倒三角形"态势,且主要产业基本集中在海洋渔业、港口及海洋交通运输业、滨海旅游业和海洋船舶制造业等少数部门。

1.海洋经济事业恢复发展阶段(1949—1965)

1949年5月,旅大地区行政公署撤销水产局,设立水产科。1950年10月,旅大行政公署改称旅大市人民政府,不久下设水产局。1951年,苏联政府将大连港移交旅大市人民政府;1952年春,辽宁省海洋水产科学研究院的前身营口渔业指导站迁至大连,并改称大连渔业指导站。9月,大连海洋大学前身东北水产技术学校始建。1953年8月,东北水产技术学校改名为大连水产学校;同年,大连海事大学前身大连海运学院成立。1956年,金州区、长海县、旅顺口区、庄河市、瓦房店市水产科学研究所(捕捞研究所、海水养殖研究院的前身)渔业技术推广站相继成立。1958年5月,全国掀起"大跃进"浪潮,大连开展群众性冬季海洋捕捞运动,结果不仅没有完成既定的生产任务,反而破坏了渔业资源,同年9月,大连海洋学校的前身辽阳专区水产学校始建。1959年1月,辽阳专区水产学校改名为旅大水产学校,同年5月,大连市水产研究所的前身旅大市水产研究所成立。同年,渔业生产开始由渤海、黄海北部渔场扩展到黄海南部和东海渔场。1960年8月,大连渔轮公司船舶研究所的前身旅大水产修造船厂设计工艺科成立。同年,经国务院批准大连港正式对外开港,成为国内三大海上运输中心之一。1964年7月,国家海洋局成立,大连海洋经济事业逐步成为具有相对独立性的事业。这一阶段,大连地区建立了海洋与水产管理部门以及教育和科技机构,同时海洋渔业、海洋运输业和海盐业三大传统产业得到恢复和初步发展。

2.海洋传统产业鼎立发展阶段(1966—1978)

1966年5月,全国"文化大革命"运动开始,大连渔业盲目追求高产量、高指标,大量造船加速机帆化,沿岸和近海渔业资源、生态平衡遭到严重破坏。1967年3月,旅大市水产系统实行军管,直到1973年7月才解除军管。1973年,大连港年度货物吞吐量首次突破2000万t,达2154万t。20世纪60年代后半期海盐生产发展缓慢,20世纪70年代后期海盐产量剧增,大连成为全国四大产盐基地之一。这一阶段,大连地区海洋产业开发所需资金和技术条件均不成熟,因而海洋资源的开发利用仅限于“渔盐之利”和“舟楫之便”，继而海洋经济呈现出海洋捕捞业、海盐业和海洋运输业三足鼎立局面。

3.海洋产业多元格局发展阶段(1979—2000)

1979年2月，旅大市海洋渔业指挥部成立，3月旅大市水产局革命委员会改称旅大市水产局。1981年2月，随着旅大市的更名，又改称大连市水产局，进入21世纪，更名为大连市海洋与渔业局。1983年，确定大连港发展战略，始建多功能的现代化港口体系。1985年4月，大连揭开了发展远洋渔业的序幕；1986年，辽宁省政府提出“海上辽宁”建设战略构想，大连即成为其先导区。1989年1月，大连湾港区基本形成。进入20世纪90年代，海洋化工、海水利用、海洋药物等逐步成为独立产业。1991年，大连盐业有限公司的前身大连市盐业公司成立。1993年，大连港大窑湾港区开港，对新市区的形成与发展具有划时代意义。1996年《中国海洋21世纪议程》颁布，给大连经济注入了活力。同年，辽宁省政府召开“海上辽宁”建设动员大会。1999年5月，中国最大的海水淡化工程—长海县海水淡化工程竣工。进入21世纪，大连海洋医药、海洋生物和海水利用等新兴产业亦得到初步发展。2001年，大连港年度货物吞吐量突破1亿t。2003年1月，落实《建设“大大连”规划纲要》，推进“海上大连”建设。2005年，辽宁在实施振兴东北老工业基地战略中，提出开发环渤海经济圈的“三点一线”的区域发展战略，正式提出环渤海经济圈与环黄海经济圈结合的“五点一线”的战略构想，12月整合重建大连船舶重工集团有限公司，成为中国造船工业的“旗舰”。这一阶段，随着海洋经济发展水平的提高以及资金和技术的逐步积累，大连地区海洋产业发展的重点逐步转移到海洋船舶、海洋牧场建设等海洋第二产业，海产品加工、包装、储运等后继产业亦呈现出快速发展的趋势。同时，海盐业由盐类系列产品，扩展到盐化工产品。大连地区逐步进入现代海洋开发时代，开始发展规模化海水增养殖业和海上娱乐、旅游事业，开展海水淡化和综合利用，海洋食品加工及海洋药物和保健品开发等也得到了一定的发展。

4.海洋经济与陆地经济互动发展阶段(2006—)

2006年初，辽宁把“五点一线”战略构想列入“十一五”经济社会发展规划。大连通过“五点一线”沿海经济带的牵动，将海洋经济向陆域经济渗透与辐射，带动从海域经济到沿海经济再到陆域经济的梯次发展，促进其沿海和内陆地区经济发展的良性互动。同年4月，大连地区实施《大连市海洋功能区划》，标志着海域管理工作步入新的历史时期。大连港年度货物吞吐量突破两亿吨，大连游客人数突破2000万人次，均实现历史性跨越。2007年，大连市政府提出促进滨海旅游业的“双十五”工程——“建设15个高端旅游项目和提升改造15个重点海滨浴场”，大连被国家旅游局和世界旅游组织命名为“2006中国最佳旅游城市”。大连实施《大连市海域使用管理条例》，为规范海域使用管理秩序提供了充分的法律依据。2008 年，大连制定《大连东北亚国际航运中心发展规划》，强化了面向东北亚的区域综合运输体系建设，宣传促销“奥运在北京，观光到大连”的旅游主题，大连游客人数突破 3000 万人次，同时大连海洋经济总产值首次突破 1000 亿元大关。2009 年 7 月，《辽宁沿海经济带发展规划》上升为国家战略。2010 年 3 月，大连水产学院更名为大连海洋大学，海洋教育事业和人才培养获得了充分的发展。2011 年大连海洋经济总产值首次突破 2000 亿元大关，2012 年大连市实现海洋经济总产值 2339 亿元，形成海洋水产、海洋船舶与工程制造、滨海旅游、海洋交通运输、海洋生物医药为主的海洋产业结构，建成了大连湾、旅顺、长兴岛三大造船海工基地；在瓦房店、普兰店、旅顺和金州新区建成市县乡三级鲍鱼、扇贝、海参等生态养殖技术示范推广基地等。该阶段，大连地区一些传统海洋产业借助新技术成果实现了技术升级，规模进一步扩大，发展模式更加集约化。同时，海洋第三产业重新进入高速发展阶段，尤其是海洋信息、技术服务等海洋服务业得到快速发展。

(二)青岛市海洋产业发展历程

1. 新中国成立至 1978 年的海洋产业恢复、起步阶段

青岛海洋产业始于盐业、渔业、港口业，海洋晒盐和渔港始于春秋时期，港口被迫对外开放始于清朝末年的德国殖民入侵。清朝末年至新中国成立，青岛海洋水产备受日本掠夺式捕捞与养殖、港航产业受到多国殖民。新中国成立后，青岛相继全面恢复海洋渔业、海洋运输、海洋盐业等产业，并重点建设海洋科教事业，如中科院海洋所、国家海洋局第一研究所、青岛海洋大学、中国水产科学院黄海研究所等。到 1978 年，青岛海洋产业初现海洋水产、海洋运输、海洋船舶、海洋盐业为主的“一二三”结构。

2. 1978 年至今的海洋第二、三产业快速发展阶段

青岛市是我国 1984 年首批确立的 14 个沿海对外开放城市之一，“九五”以来，青岛市海洋经济保持年均 10%以上的增速，经济总量逐年攀升，海洋产业结构不断优化和升级。自 1991 年省委、省政府提出建设“海上山东”战略以来，青岛海洋开发出现不断向广度和深度进展的崭新局面，取得了显著成效。“九五”期间青岛市发挥海洋科技力量密集的优势，每年拿出 100 万元海洋科研经费和 5000 万元海洋开发贷款加快海洋城建设，欲将青岛建成我国海洋教育城、海洋科技城和海洋高新技术产业城，建成多功能综合性大型自由港和滨海旅游地。2002 年青岛市海洋产业产值 407.26 亿元，约占全国海洋产业总产值的 5.0%、山东省海洋产业总产值的 43%，海洋水产业、滨海旅游业和港口运输业是青岛市海洋产业的三大支柱，其中海洋水产业和滨海旅游业产值分别为 136.88 亿元和 150.52 亿元，占全市海洋产业产值的 70%以上。2008 年青岛市八大产业集群已逐步成为全市工业发展的主导力量，其中造船产业集群 84.66 亿元，港

口产业集群(配套工业)34.86 亿元。2010 年青岛市主要海洋产业总产值达 1600 亿元,同比增长 6.7%;主要海洋产业增加值 620 亿元,同比增长 6.9%。其中,海洋第一、二、三产业总产值分别为 102.1 亿元、751.8 亿元、829.2 亿元,海洋经济三次产业结构为 10.3∶36.2∶53.5。2012 年青岛市海洋经济增加值实现 1114.4 亿元,增长速度为 19.9%,占全市 GDP 的比重达到了 15.3%,对 GDP 增长的贡献率达到了 26.9%。增速分别高于全国 12 个百分点、全省 4.9 个百分点,名列沿海城市前茅。

目前,青岛市已拥有现代海洋渔业、海洋盐业、海洋化工业、海洋电力业、海水利用业、海洋船舶工业、海洋工程建筑业、海洋交通运输业、滨海旅游业以及海洋科教与信息服务业等十几种产业门类,形成了较为完备的海洋产业体系。

(三)宁波市海洋产业发展历程

1.宁波海洋产业发展的重要事件

1979 年 6 月,国务院批准宁波港正式对外开放。1984 年 4 月,宁波被列为全国沿海 14 个对外开放城市。国务院批文中确定把宁波"建设成为华东地区重要的工业城市和对外贸易口岸"。1988 年 4 月,北仑港被列为我国四大深水港之一。1992 年 11 月,宁波保税区经国务院批准设立,规划面积 2.3km^2,成为浙江省第 1 个保税区。1995 年 12 月,国务院关于建设上海国际航运中心,提出建立上海国际航运中心和组合港。1992 年 6 月,党中央、国务院召开的长江三角洲和沿江地区规划会议上确定把宁波建设成为长江三角洲地区重化工业基地和长江三角洲地区南翼经济中心的目标。1994 年 6 月,中共宁波市委第八次代表大会建议,并经市人代会共同确定,宁波城市的发展方向和奋斗目标:建设成为社会主义现代宁波市海洋经济发展历程化国际港口城市。2006 年 1 月 1 日,宁波港和舟山港正式合并为宁波—舟山港。宁波—舟山港一体化战略顺利实施,使沿海港口物流、战略物资储运优势得到了进一步发挥。2008 年 2 月 24 日,国务院批准设立宁波梅山保税港区,系中国第五个保税港区。2010 年 6 月,宁波梅山保税港区实现首期封关运作,保税港区功能逐步得到完善和放大,带动周边地区联动发展,为发展海洋经济奠定坚实基础。2008、2009 年杭州湾跨海大桥、舟山跨海大桥相继运营通车,改变了宁波与上海、舟山的交通区位,加速了宁波、舟山形成更紧密的海洋经济共同体建设。2010 年 5 月,国务院《长江三角洲地区区域规划》明确提出"把长江三角洲地区建设成为亚太地区重要的国际门户"。2010 年 7 月,浙江入选海洋经济发展试点省,浙江打造"海上浙江"和"港航强省"正是宁波发展海洋经济、建设海洋经济强市,拓展新的发展空间、培育新的增长极、推进宁波转变经济发展方式的重点所在。2011 年 2 月 25 日,国务院正式批复《浙江海洋经济发展示范区规划》,标志着我省海洋经济发展上升为国家战略。该《规划》确定宁波为核心区之一。2011 年 2 月,市"十二五"规划纲要提出实施“六个加快”发展战略，实现现代化国际港口城市新跨越，提出“加快打造国际强港，建设海洋经济强市”，科学规划海洋经济发展，集约利用海岛、岸线、海域等海洋资源，推进经济发展方式转变和现代化国际港口城市建设。2012年2月，市第十二次党代表报告提出，要发挥港口龙头作用，建设海洋经济发展核心示范区。具体指出要大力实施国家海洋经济发展战略，充分利用“两个一万公里”空间，积极推进海陆统筹，实现“海洋经济大市”向“海洋经济强市”跨越，不断增强对浙江海洋经济发展的示范带动作用。

2.宁波主要海洋产业的转换与升级

2001至2012年，宁波市海洋渔业有了较大的发展，海洋捕捞面积除了2005年由于受台风影响大幅下降外，基本上都保持了稳定，还略有增长。海洋养殖产量基本上没有变化。但是海水养殖面积在2004年和2005年有了大幅的升高，主要是由于海水网箱养殖由内湾浅水区向开敞深水区转移。2006年产量的急剧下滑是由于船舶交通费用的增加造成了渔民支出的减少导致的。海水养殖业的发展改变了仅靠海洋捕捞的海洋渔业发展局面，有利于渔业资源的恢复和渔业产量的稳定，同时也改善了海洋渔业的构成比例，从而使海洋渔业结构不断优化。

宁波港的货物吞吐量在1998年已经居全国第二位，近15年年均的增速都达到了30%，一直保持着大陆沿海第二的位置。集装箱吞吐量更是实现了惊人的增长，从2001年突破百万大关，每年都保持100万标准箱左右的增长量，平均年增长率高达97%，到2006年达到706.8万标准箱，在内地沿海主要港口排名第四位，世界排名第十三名；集装箱航线达到163条，其中国际干线82条，近洋航线37条，月航班700多班，形成了覆盖全球的集疏运网络2013年，宁波港口集装箱航线总数为235条，远洋干线达117条，月均总航班超过1400班。与此同时，宁波港口集装箱作业效率和服务质量进一步提升，马士基“天天班”和1.8万TEU船作业效率位居全球第一。全港年货物吞吐量完成4.96亿t，增幅达9.5%，创历史新高，位居中国大陆港口第三、世界第四。其中外贸货物吞吐量2.76亿t，同比增长12.62%；集装箱吞吐量达1677万TEU，增幅7.03%，箱量排名保持大陆港口第三位，仅次于上海和深圳港。

受象山湾、杭州湾、三门湾的旅游开发，自2001年以来宁波海洋旅游产值从23718万元持续上升，年增长率超过24%，海洋批零贸易餐饮年均增长率也超过了17%，都远高于国内生产总值的增长速度14%。但是，以滨海旅游、滨海批零为代表的海洋第三产业在整个海洋经济中的比例过低。

宁波市海洋经济第二产业2004—2006年产值分别是9552095万元、12751317万元、14477979万元，分别占到了当年本市海洋经济总产值的77.15%、82.15%、82.29%，远远高于同期其他沿海港口城市，成为海洋经济的主要组成部分。2009 年海洋第二产业总产值为 1955.9427 亿元，占海洋产业总产值比重为 79.15%；到 2012 年，宁波市实现海洋总产值 3972.7 亿元，比 2011 年增长 9.57%；实现地区海洋生产总值 1043.1 亿元，比上年增长 9%，海洋生产总值占地区生产总值的 16%。其中，海洋第一产业平稳增长，海洋第二产业企稳回升，海洋第三产业得到较快发展。海洋第一产业增加值 70.2 亿元，比上年增长 7.5%；海洋第二产业增加值 606.1 亿元，比上年增长 10.1%；海洋第三产业增加值 366.8 亿元，比上年增长 8.5%。总体上表现出三个特征：一是海洋经济总量不断壮大，海洋生物医药等新兴产业迅速崛起，其中海洋金融保险业增加值达 98 亿元，位居海洋产业前三强。二是海洋特色工作明，“三位一体”港航物流服务体系、杭州湾产业集聚区、梅山国际物流产业集聚区、象山“两区”、海洽会等特色工作的不断推进和实施，有效助推了宁波市海洋经济的发展。三是区域中的引领作用提升，宁波市海洋经济发展在浙江乃至长三角地区的海洋经济发展中的地位和作用日益突出，2012 年宁波市海洋生产总值占浙江省比重达到 21.5%。

（四）厦门市海洋产业发展历程

厦门是福建省的重要城市，与台湾隔海相望，是对外交流的重要窗口城市，拥有历史悠久的海洋文化与海洋航运及贸易，具有独特的区位、资源和传统优势。厦门拥有强大的海洋科技力量，汇聚了国家海洋局第三研究所、厦门大学、集美大学、福建省水产研究所和海洋研究所等众多专业从事海洋科研的机构，海洋科研人员与研发能力位居全国第二。近年来，通过大力实施“国家海洋学者”和“海纳百川海洋人才行动计划”，充分调动了科研人员的活力。2000 年以来，厦门市海洋经济总量不断攀升，区域海洋经济发展规模不断加大，海洋经济在社会和国民经济发展中的地位日趋突出（表 5-3-4）。以海洋渔业为代表的海洋第一产业的产值呈下滑状态，年均增长率－16.9%；海洋第二产业中最重要的临港工业的产值则是稳步快速上升，年均增长率 20.3%；代表海洋第三产业的滨海旅游业年均增长率 10.55%；港口货物吞吐量年均增长率 22.5%、水运客运量年均增长率 10.4%。

“十二五”期间，厦门市海洋经济整体继续呈现良好发展态势，海洋经济增加值年均增幅为 13.58%。其中，2011 年全市共实现海洋经济增加值 284.4 亿元，同比增长 15.2%，占全市国内生产总值的 11.2%。2012 年全市共实现海洋经济增加值 318.4 亿元，同比增长 12.0%，占全市国内生产总值的 11.3%。海洋渔业作为海洋传统行业，正在从海洋捕捞向休闲渔业、水产深加工业以及健康养殖方向转型。2012 年，渔业产值达到 6.31 亿元，其中，海水产品产值为 3.13亿元，占渔业产值的近 50%。

表 5-3-4　厦门 2000—2007 年海洋产业主要行业产值

指　标	2000 年	2001 年	2002 年	2003 年	2004 年	2005 年	2006 年	2007 年
地区生产总值 X_1 /亿元	501.9	558.3	648.4	759.7	887.7	1006.6	1168.0	1387.9
渔业总产值 X_2 /亿元	15.9	16.5	16.5	11.1	11.7	11.1	6.5	4.4
滨海旅游业总产值 X_3 /亿元	138.9	158.1	173.4	185.3	210.7	230.3	253.0	279.0
临港工业总产值 X_4 /亿元	314	358	450	564	759	850	947	1152
海洋生物制药总产值 X_5 /亿元	9.1	9.6	9.4	8.5	10.7	10.6	11.5	11.9
进出口商品总额 X_6 /亿美元	100.5	110.8	151.8	187.0	240.8	285.7	327.9	397.8
水运客运量 X_7 /万人次	318.0	338.9	363.0	361.8	487.2	544.1	596.1	636.9
港口货物吞吐量 X_8 /万 t	1965	2099	2735	3404	4261	4771	7792	8117

数据来源：2001—2008 年《厦门年鉴》，2001—2008 年《厦门经济特区年鉴》。

厦门市海洋经济的范围涉及多种行业，协作性强，发展各具特色。2013 年海洋交通运输业作为厦门市海洋经济的支柱型产业，居海洋产业之首。近期，随着厦门市对外贸易的快速成长，厦门港口运输业得到了发展，保持着持续增长的利好态势，港口货物吞吐量达到 17227.32 万吨。此外，厦门市滨海旅游业增速迅猛，尤其休闲度假旅游产品呈现快速发展的态势。其中，厦门市的游艇产业飞速发展，厦门市现有游艇企业近 50 家，拥有一定规模和品牌效应的游艇制造企业 14 家，业务涵盖游艇配套设备的加工、游艇会所等服务行业。

（五）深圳市海洋产业发展历程

经过 30 多年的发展，深圳海洋经济取得了令人瞩目的成就，海洋生产总值占全市生产总值比重达 10%左右，是名副其实的支柱产业。全市海洋渔业占海洋经济的比重逐年下降，2004 年只有 0.7%；海洋交通运输业和滨海旅游业所占比重分别达 37.6%和 15.9%。因此，深圳市海洋经济已越过了以海洋第一产业为主的发展阶段，呈现出明显的城市型海洋经济的特征。“十一五”期间，深圳海洋经济受外部因素影响呈现波动回升。2006—2008 年深圳海洋经济总量保持了较快增长，海洋生产总值从 833 亿元增长到 981 亿元，年均增长率为 8.5%。

2008年首次海洋工作会议上将“实施海洋立市、建设海洋强市”作为大力发展海洋产业及建设海洋经济强市的战略选择，对海洋产业结构进一步优化，形成以海洋交通运输业、滨海电力产业、滨海旅游业、海洋油气产业、海洋渔业以及海洋服务业为支柱的海洋经济体系。据不完全统计，2008年全市海洋经济总值约1166亿元，对全市生产总值直接贡献率达14.6%，海洋产业已经成为深圳重要的支柱产业之一。2011年主要海洋产业在经历国际金融危机造成的波动后全面回升，海洋生产总值达到998.42亿元，占本地生产总值比重为8.68%。目前，深圳市海洋产业已初具规模，海洋优势产业特色突出，海洋产业环境也日趋完善。2012年，该市海洋生产总值约1000亿元，约占全市生产总值的8.3%，占广东省海洋生产总值的10%。

(六)舟山市海洋产业发展历程

1.传统海岛经济阶段(1978—1990)

舟山市开发利用海洋资源有着悠久历史。长期以来，渔业在舟山国民经济中所占比重较高。当时的海洋经济产业单一，产业层次低，主要以渔业为主。1984年，舟山市将经济工作重点从以渔业为主转为抓工业、渔业、港口业和旅游业。1987年1月经国务院批准舟山撤地建市，1987年4月舟山港对外正式开放，1988年4月舟山市列入沿海经济开放区，为舟山海洋经济发展逐渐注入活力，开始由以渔业为主向工业和涉海服务业方向发展。

2.建设海洋经济大市的规模发展阶段(1991—2002)

进入20世纪90年代，舟山开始改革渔业经营体制。至1992年，渔村普遍推行股份合作制，实现了从计划经济向市场经济的转变。1991年，江泽民视察舟山并题词“开发海洋振兴舟山”，高瞻远瞩地指明了舟山经济社会发展的根本方向。1993年、1998年浙江省委、省政府先后两次召开全省海洋经济工作会议，提出了建设“海洋经济大省”的战略构想。之后在《舟山市国民经济和社会发展“九五”计划和2010年远景目标纲要》中，开始明确把开发海洋作为舟山经济和社会发展的根本战略，《舟山市国民经济和社会发展第十一个五年计划纲要》中，则提出了建设海洋经济大市。1992年全市第三产业增加值占GDP比重首次超过第一产业，1993年超过第二产业。三次产业结构比例从1991年的一二三(36.2∶32.3∶31.5)转变为2000年的三一二(22.2∶38.5∶39.3)。

3.海洋经济快速增长阶段(2003年以后)

2003年8月召开的全省海洋经济工作会议，进一步明确了加快建设“海洋经济强省”的目标。同时，作为“八八战略”的主要内容之一，把发展海洋经济作为全省新的经济增长点，并对舟山的海洋经济发展给予高度重视，进一步凸显了舟山在浙江乃至长三角区域中的战略地位。2005年市委、市政府提出做大做强海洋经济。2006年舟山市“十一五”规划中提出舟山经济发展的“主攻方向就是海洋经济”。2007年，中共舟山市第五次党代会提出了“以港兴市、服务富市”的战略目标。2008年，全市海洋经济总产出1049亿元，海洋经济增加值由2001年的80亿元扩大到326亿元，海洋经济增加值占GDP的比重由59.8%提高到66.4%。7年间，海洋经济增加值年均增长18.1%，增速高于同期GDP增速约2个百分点。海洋三次产业结构比例由2004年的18.0：43.1：38.9调整为2008年的10.0：46.2：43.8。2008年，全市海洋经济第一产业实现增加值43亿元，占全市生产总值中第一产业增加值87.5%；海洋第二产业增加值170.6亿元，占全市生产总值中第二产业增加值的75.4%，其中涉海工业125亿元，占全市工业增加值的76.1%；海洋第三产业增加值112.1亿元，占全市生产总值中第三产业增加值的52.2%。海洋第三产业中交通运输、港口和仓储业实现增加值48.4亿元，海洋旅游业17.0亿元，两个行业增加值合计占到海洋第三产业的58.3%。2013年全市海洋经济总产出2195亿元，增长12.1%。海洋经济增加值644亿元，增长10.0%，高出GDP增速1.5个百分点，海洋经济增加值占GDP比重达到69.1%。

二、六市海洋产业结构的基本特征

（一）大连海洋产业结构的特征

1.海洋经济三产结构

大连地区海洋经济统计正在经历一个分离并逐步完善的过程，目前公开出版物或网络中能够找到的相关数据只能追溯到1998年，而且时间序列上是间断的。从可得性、可比性和突出性的要求出发，这里选三个年份的情况进行比较。1998—2010年期间，大连地区海洋经济虽然受到东南亚金融危机以及国际金融危机蔓延、出口市场萎缩以及人民币持续升值和全球性流感的影响而在海洋渔业、船舶制造、滨海旅游等主要海洋产业领域遭受巨大的冲击，然而，大连地区海洋经济总产值从1998年的223亿元增至2007年的965亿元，再增至2010年的1515亿元；三次产业产值比例则从42：25：33依次演进为33：39：28和26：23：51，海洋经济产业结构在不断调整中得到优化和完善。大连地区海洋经济第一产业、第二产业和第三产业结构从“哑铃型”到“橄榄型”转型，与发达海洋城市以及发达海洋国家相比，其岸线海洋经济密度（即海洋经济总产值与海岸线长度之比）、合理度、高级度仍然比较低。但是，显而易见的是正在趋向最优的“倒三角形”结构。

2.海洋产业部门结构

大连地区海洋资源类型较多且储量丰富，为各类海洋产业的形成和发展提供了坚实的资源平台。30多年来，大连地区海洋捕捞业、港口及海洋交通运输业、海盐业等传统产业不仅取得发展壮大，而且还先后涌现出海洋化工业、滨海旅游业、海洋能利用业等一批新兴产业，同时海水养殖业、海水利用业等产业已初具规模。目前，大连地区已初步形成了集海洋第一产业、第二产业和第三产业于一体，传统、新兴和未来产业纵横交错的海洋产业体系。

从产业规模看，大连地区海洋产业主要有海洋渔业、港口及海洋交通运输业、滨海旅游业、海洋船舶制造业等产业（表 5-3-5）。其中，海洋渔业时至 2008 年其产值一直位居海洋产业首位，虽然，其 2009 年被滨海旅游业所取代，但是依然占比 36%，对海洋经济的贡献度非常大。相比之下，海洋装备制造、海洋化工、海水产品加工、海洋药物、海洋能电力、海洋空间利用和工程建筑等海洋第二产业比较薄弱。从 2010 年产值看，从第二位的产业起，相邻位次之间的绝对值相差甚大，体现出产业发展的不平衡性，如第二位的海洋渔业高出第三位的海洋船舶制造业 228 亿元；第三位的海洋船舶制造业高出第四位的港口及海洋交通运输业 261 亿元。

表 5-3-5 大连市 1998—2013 年海洋渔业、港口及海洋交通运输业、滨海旅游业、海洋船舶业、海洋药物等产值、位次的演变

年份	产值/亿元	比重/%	位次	产值/亿元	比重/%	位次	产值/亿元	比重/%	位次	产值/亿元	比重/%	位次	产值/亿元	比重/%	位次
1998	94.2	42.24	1	11.3	5.07	4	61.4	27.53	2	53.5	23.99	3	2.60	1.17	5
2003	235.0	49.58	1	18.6	3.92	5	126.0	26.58	2	71.4	15.06	3	23.6	4.85	4
2010	550.0	36.30	2	61.0	4.03	4	566.0	37.36	1	322.0	21.25	3	16.0	1.06	5

（三）青岛海洋产业结构的特征

1. 海洋三次产业结构合理，新兴产业前景良好

2012 年，海洋经济第一、第二、第三产业增加值分别为 83.3 亿元、507.6 亿元和 523.5 亿元，三次产业结构比例为 7.5∶45.5∶47。青岛市海洋交通运输、滨海旅游、海洋渔业、船舶制造等传统海洋产业占海洋产业增加值比重为 67.3%，海洋装备制造、海洋生物医药、海水利用等海洋新兴产业占 32.7%。从全国来看，青岛市传统海洋产业优势不明显，海洋交通运输、滨海旅游、海洋渔业、海洋船舶等产业增加值分别占全国 3.9%、3.2%、2.3%和 1.8%；相比较而言，新兴海洋产业却占据优势，海水利用、海洋生物医药、海工装备分别占全国的 52.3%、14.7%和 9.5%，有可能成为支柱产业。

2. 产业集群初步形成，产业链条需延伸

目前，青岛市港口物流、船舶制造、海工装备、海洋生物等产业已形成产业集聚，前湾物流园、明月海洋生物产业园具备一定规模。但从发展层次看，相关产业大多处于产业链中低端，缺乏核心竞争力。如海工装备产业，上海长兴岛

海洋装备产业基地围绕中船、中海、振华重工等大企业，建立了上千公顷的制造基地，拥有4所国家级企业技术中心以及“ZPMC”和“JN”等知名品牌，产业链条完善。而青岛海西湾基地集聚的多是制造组装企业，缺少高端设计、核心零部件制造、技术服务等高附加值环节。

3.基础科研力量较强，成果转化能力不足

青岛市是我国海洋科技创新机构的主要聚集地，拥有中国海洋大学、国家海洋局第一海洋研究所、中国科学院海洋研究所、农业部黄海水产研究所等28家具有广泛国际影响力和知名度的海洋科研与教育机构，约占全国的31.8%；拥有近万人的海洋科技队伍，副高级职称以上的海洋专业人员多于全国的30%。但海洋科技应用型人才比例不足1/4，加之海洋创新型企业较少，海洋科技成果转化平台建设相对滞后，创新激励机制不够完善，导致海洋科技成果转化率不足20%。尽管青岛市海洋科研人员数量约为浙江省的近3倍，但在成果转化应用数量上仅与其相当，转化效率差距比较大(见表5-3-6)。

表5-3-6　沿海省市海洋科技成果转化对比

省市区	海洋科研机构数/家	海洋科研人员数/人	成果应用/项
天津	14	2467	73
辽宁	17	1993	26
上海	15	3370	231
江苏	12	3090	259
浙江	17	1396	124
福建	12	1004	47
山东(青岛)	22	3610	124
广东	25	2795	391
广西	9	446	13
海南	3	197	1

资料来源：数据来源于2011年出版的《中国海洋经济统计年鉴》

(三)宁波海洋产业结构的特征

2001年至2003年，海洋第一产业产值比重不断上升；2003年至2006年，海洋第一产业产值比重呈快速下降趋势，特别是2003年(15.97%)至2004年(5.59%)；2006年至2009年，海洋第一产业产值比重呈逐年上升趋势。

2001年至2003年，海洋第二产业产值比重不断下降；2003(45.7%)年至2007年(82.1%)，海洋第二产业产值比重迅速上升；2006年至2009年，海洋第二产业产值比重略有下降，但仍占据保持绝对的地位。

2001年至2003年，海洋第三产业产值比重基本不变，保持在30.35%（2002年）—38.36%（2003年）；2003年至2009年，海洋第三产业产值比重逐年下降，保持在12.15%（2005年）—18.11%（2008年）。

2010年宁波市海洋渔业（10%）、海洋运输业（19.7%）和滨海旅游业（0.37%）与全国平均水平相比较（分别为19.3%、28.8%、28.7%），其增加值比重十分低；以海洋油气业（16%）为代表的能源产业占整个海洋产业的比重过高；以海水利用和海洋生物制药为代表的新兴产业发展较为缓慢、比重极低；2013年，宁波市完成海洋生产总值1137.8亿元，其中海洋新兴产业增加值预计达500亿元，约高出全市GDP水平1.5个百分点。总体看来，宁波市海洋产业结构过度依赖于海洋运输业与临港重化工业，不利于宁波市海洋产业结构的调整和优化。

（四）厦门海洋产业结构的特征

厦门拥有滨海城市、海岸、海岛、滨海山岳、海洋生态、海洋历史文化等海洋资源，并且海洋科教资源位居沿海第二。2013年，厦门海洋产业实现总产值1856.59亿元，同比增长13%。厦门海洋产业结构呈现如下特色：

厦门船舶工业发展早，是全国12个“国家船舶出口基地”之一。当地的船舶企业抱团取暖，由厦门船舶重工、瀚盛游艇公司、唐荣游艇工业公司等牵头成立了船舶出口基地支，打造船、艇、造、修、配套、贸易、设计、流通等产业链。2013年实现产值21.61亿元。

滨海旅游业是厦门海洋产业主导业之一。小嶝岛休闲渔业、五缘湾、马銮湾垂钓基地、白哈礁休闲基地等一批休闲旅游基地相继建成。其中，游艇产业被厦门市政府列为厦门十三大百亿产业链之一。目前五缘湾游艇港已入驻游艇相关企业32家，长期停靠大小游艇超过220艘，成为厦门游艇产业的新名片。

2013年，厦门拥有海洋生物医药企业46家，初步形成了以海洋生物制药、保健制品和海洋物种资源开发为主的海洋生物产业链，2013年海洋生物医药业实现产值24.66亿元。在厦门海沧生物医药港齐聚了157家生物医药企。厦门蓝湾科技有限公司就是其中的一家龙头企业。公司专业从事海洋生化药品、保健品、食品的研发、生产和销售。公司生产的“高纯硫酸氨基”，是全球唯一纯度超过99%的硫酸氨基葡萄糖产品，凭借蓝湾氨糖、蓝湾壳聚糖、蓝湾壳寡糖、蓝湾润节牌氨糖软骨素等一系列的高新技术产品，实现了从“中国制造”到“中国创造”的过程。

概而言之，厦门已初步形成以海洋新兴产业为主导，以传统海洋产业为辅助的海洋产业结构。海洋新兴产业初步形成以海洋生物制药制品和海洋物种资源开发为主的海洋生物产业链；以邮轮母港建设，游艇设计、研发、制造、展销中心和消费服务为主的邮轮游艇产业链；以海上试验场建设、海洋新型防波浪设施、海洋工程设备等为主的海洋高端装备产业链。而厦门传统海洋产业以船舶修造、滨海旅游及临港工业为主。

(五)深圳海洋产业结构的特征

目前,深圳市海洋经济中三次产业的总量和规模呈现“三二一”型,显示出了海洋经济高级化的结构特征。统计数据显示,2006—2012 年全市海洋交通运输业、海洋油气业、滨海旅游业三大优势产业增加值合计均占当年全市海洋生产总值 95%以上。2012 年,深圳海洋生产总值约 1000 亿元,约占全市生产总值的 8.3%,占广东省海洋生产总值的 10%。深圳已形成了以海洋交通运输、滨海旅游和海洋油气三大产业为主导的海洋产业体系,而以海洋电子信息、海洋生物、海洋高端装备等为代表的海洋新兴产业总体规模尚小。

涉海企业中,已形成招商局国际、中集集团、中海石油深圳分公司、华侨城等一批年营业额百亿级的涉海核心企业。以及盐田港集团、招商蛇口、华侨城、浪骑游艇会、中海油(深圳分公司)、中信海直、海斯比等涉海领军企业,开通了 239 条国际集装箱班轮航线,吸引了康菲、哈斯基等全球前五大油气服务公司,海洋经济的都市化、集群化、高端化、品牌化特征日益凸显。初步形成以前海、大鹏东西两翼为重点,以深圳湾、大鹏湾、大亚湾、珠江口所形成的天然海洋湾区为核心,初步形成湾区经济集聚发展态势。

(六)舟山海洋产业结构的特征

舟山市海洋产业结构已经稳定处于二三一型,形成以涉海工业、交通运输港口业、海洋旅游、海洋渔业四大产业为主体的海洋产业体系(表 5-3-7)。

表 5-3-7　2005—2013 年舟山市海洋经济三次产业结构

年份	三次产业比例
2005	20.2∶42.5∶37.3
2006	17.5∶45.6∶36.9
2007	14.9∶49.1∶35.9
2008	13.2∶52.4∶34.4
2009	11.9∶54.5∶33.6
2010	13.3∶54.8∶31.9
2011	5.1∶47.9∶47.0
2012	9.8∶45.2∶45.0
2013	5.4∶48.8∶45.8

1978 年海洋经济产业单一、产业层次低，主要以渔业和水产加工为主。近年来，海洋经济结构从 2001 年的 24.1∶31.3∶44.6，演变为 2008 年的 13.2∶52.4∶34.4。海洋经济已从以渔业为主向以工业及港航为主转变，从传统海岛经济向现代海洋经济转变。

近年来，舟山市围绕船舶修造、海水养殖、水产品精深加工、海水淡化、海洋工程等海洋经济重点产业，组织实施了一批重大科技项目及一批关键技术和共性技术的攻关项目。技术创新促进了企业做强做大，推动了海洋经济持续快速增长和产出效率提高。2008 年，海洋经济相关行业从业人数为 30.9 万人，占全社会从业人数的 48.9%，而海洋经济增加值占 GDP 的比重则达到了 66.4%。2008 年海洋经济的劳动生产率为 10.5 万元/人，而同期全社会劳动生产率为 7.8 万元/人。其中，部分涉海行业经济效益较好。2008 年规模以上企业实现利税总额 35.6 亿元，比 2001 年增长 4.8 倍；其中船舶修造业实现利税 24.3 亿元，比 2001 年增长 14.4 倍，船舶修造业实现利税占规模工业企业的比重由 2001 年的 2.7%提高到 68.4%。

三、六市海洋主导产业及其发展综合竞争优势对比

（一）六市海洋主导产业判别方法

海洋主导产业选择指标较多且相互间的关联度较高，鉴于相关城市各海洋产业行业数据不齐，且统计口径无法统一，在此根据六城市海洋产业结构发展历程和海洋产业结构基本特征，定性判识六市海洋主导产业。

定性判别六市海洋主导产业的基本原则：(1)参照近年各市海洋产业结构变化特征、趋势和海洋产业结构总体演化规律（表 5-3-8）；(2)参照 2012 年各市海洋产业发展状况（表 5-3-9）；(3)参照各市海洋经济十二五规划或远景规划。

表 5-3-8　海洋产业结构演进阶段

阶段	特　征	形态
1. 起步阶段	以海洋水产、海洋运输、海盐等传统产业为发展重点	一、三、二
2. 海洋第三、第一产业交替演进阶段	滨海旅游、海洋交通运输等海洋第三产业在产值上逐渐超过海洋渔业	三、一、二
3. 海洋第二产业大发展阶段	海洋产业发展重点转移到海洋生物工程、海洋石油、海上矿业、海洋船舶等海洋第二产业	二、三、一
4. 海洋产业发展的高级化	海洋信息、技术服务等新型海洋服务业成为海洋经济发展支柱	三、二、一

表 5-3-9　2012 年各市海洋经济产值

城市	经济生产总值（亿元）	第一产业产值（亿元）	第二产业产值（亿元）	第三产业产值（亿元）	地方财政收入（亿元）	渔业（亿元）	交通运输业（万吨）	滨海旅游业（亿元）
宁波	6524.70	270.00	3516.70	2738.00	1536.50	136.73	45303.00	862.80
大连	7002.80	451.40	3634.80	2916.70	750.10	743.00	40000.00	767.20
厦门	2815.17	25.30	1363.85	1426.02	739.46	304.00	13641.83	539.88
深圳	12950.00	63.01	5737.63	7206.12	1482.08	14.50	30335.00	294.13
青岛	7302.10	324.41	3402.23	3575.47	2449.69	1114.50	41460.00	807.60
舟山	853.18	83.06	382.94	387.18	133.45	147.73	15244.00	266.76

（二）六市海洋主导产业定性判别结果

如表 5-3-10 可知，六市海洋主导产业中存在较大的同构趋势，总体围绕传统海洋产业（交通运输、船舶修造、滨海旅游、海洋渔业）发展，正逐步衍生出新兴海洋产业，如海洋工程装备、海洋生物医药、海洋电子信息等。

表 5-3-10　各市海洋产业发展战略

	海洋主导产业	海洋主导产业位序			
		1	2	3	4
大连	海洋渔业、港口及海洋交通运输业、滨海旅游业、海洋船舶制造业	港口及海洋交通运输业	海洋船舶制造业	滨海旅游业	海洋渔业
青岛	海洋船舶与海工装备、海洋生物医药、滨海旅游、海洋交通运输、海洋渔业、海水利用	海洋船舶与海工装备	海洋生物医药	海洋交通运输	滨海旅游
宁波	海洋油气开采及加工业、海洋生物医药业和海洋化工、海洋运输业、海洋渔业、海洋船舶制造业和海洋旅游业	海洋油气开采及加工业	海洋运输业	海洋船舶业和海洋旅游	海洋化工与生物医药业
厦门	海洋生物产业、海洋船舶与高端装备、滨海旅游、海洋运输	海洋船舶与游艇为主的高端装备制造	海洋生物	滨海旅游	海洋运输
深圳	海洋交通运输、滨海旅游和海洋油气、海洋电子信息、海洋生物、海洋高端装备	海洋交通运输	滨海旅游	海洋电子信息	海洋高端装备
舟山	涉海工业、交通运输港口业、海洋旅游、海洋渔业	船舶与海工装备制造	海洋运输	海洋旅游	海洋渔业

(三)各市海洋主导产业综合发展能力竞争优势评估

竞争优势评价，是为了使用更为准确的衡量指标并解决多指标间信息重复问题，真正发挥多指标、多角度衡量的优越性，依据全面性原则、可操作性原则、科学性原则、可比性原则以及前瞻性原则，从市场竞争、发展潜力、要素支撑、创新支撑、创新支撑五个方面建立了评价指标体系(表 5-3-11)，需要说明的是相关优势行业在此以其所在的行业大类的相关统计数据为计量原始数据。

表 5-3-11　指标体系及其权重

一级指标	二级指标	权重
产业发展竞争力/0.246	优势产业产值竞争力	0.079
	优势产业就业对全行业贡献力	0.063
	优势产业固定资产投资对全行业贡献力	0.050
	优势产业劳动生产率对全行业贡献力	0.055
产业潜在竞争力/0.197	优势产业产值增长潜力	0.078
	优势产业固定资产投资增长潜力	0.058
	优势产业从业人员增长潜力	0.060
产业要素支撑力/0.224	全员劳动生产率	0.065
	土地开发强度	0.059
	人均资本	0.045
	企业资产获利能力	0.055
产业从创新支撑力/0.215	研发经费占财政支出比重	0.053
	高新技术产品出口比重	0.026
	技术创新力	0.051
	高新技术产业创新能力	0.037
	人才吸引力	0.048
产业环境支撑力/0.118	单位 GDP 能耗	0.035
	建成区绿化覆盖	0.031
	工业固废综合利用率	0.028
	工业废水排放达标率	0.024

资料来源：参照《2012 年中国城市竞争力蓝皮书：中国城市竞争力报告》和《中国城市创新报告(2013)》修订

在采集面板数据时，包括城市、产业两个维度，以 2010 年为截面，基础数据主要来源于 2011 年《中国统计年鉴》、各城市统计年鉴、统计公报等，个别数据来源于各城市政府网站、行业协会及已有的研究资源。

指标权重的确定，根据海洋经济、产业经济等领域专家对海洋主导产业竞争优势指标体系中各指标给出的权重，采用TRIMMEAN函数，即去除数据集中的最大值和最小值后的均值法。最终得到海洋主导产业竞争优势评价中各指标权重见表(表5-3-11)。

在依据确定评价指标体系及权重之后，对六城市2010年相关数据进行计算得到各城2010年截面数据，通过标准化处理，得到各市海洋主导产业综合发展能力竞争优势，大连市为0.5412、青岛市为0.5758、宁波市为0.4612、厦门市为0.4211、深圳市为0.8357、舟山市为0.452(表5-3-12)。可知六市海洋主导产业综合发展竞争优势水平从大到小依次为深圳市、青岛市、大连市、宁波市、舟山市和厦门市，即各市海洋主导产业综合发展能力最强的为深圳市、相对最弱的为厦门市，大连市、青岛市、宁波市、舟山市位列中间。

表5-3-12　六市海洋主导产业综合发展能力竞争优势

一级指标	二级指标	大连	青岛	宁波	厦门	深圳	舟山
产业发展竞争力	优势产业产值竞争力	0.0377	0.0383	0.0274	0.0096	0.0790	0.0271
	优势产业就业对全行业贡献力	0.0159	0.0215	0.0174	0.0064	0.0630	0.0219
	优势产业固定资产投资对全行业贡献力	0.0202	00108	0.0189	0.0054	0.0500	0.0098
	优势产业劳动生产率对全行业贡献力	0.0550	0.0482	0.0237	0.0205	0.0302	0.0221
产业潜在竞争力	优势产业产值增长潜力	0.0774	0.0780	0.0345	0.0243	0.0646	0.0782
	优势产业固定资产投资增长潜力	0.0040	0.0062	0.0038	0.0003	0.0580	0.0002
	优势产业从业人员增长潜力	0.0305	0.0600	0.0389	0.0036	0.0229	0.0314
产业要素支撑力	全员劳动生产率	0.0538	0.0650	0.0419	0.0404	0.0368	0.0345
	土地开发强度	0.0043	0.0038	0.0062	0.0207	0.0590	0.0200
	人均资本	0.0450	0.0438	0.0374	0.0286	0.0315	0.0364
	企业资产获利能力	0.0406	0.0550	0.0390	0.0416	0.0385	0.0376
产业创新支撑力	研发经费占财政支出比重	0.0415	0.0138	0.0150	0.0438	0.0530	0.0102
	高新技术产品出口比重	0.0076	0.0048	0.0082	0.0081	0.0260	0.0045
	技术创新力	0.0139	0.0133	0.0510	0.0213	0.0503	0.0102
	高新技术产业创新能力	0.0295	0.0289	0.0178	0.0370	0.0312	0.0013
	人才吸引力	0.0065	0.0031	0.0001	0.0097	0.0480	0.0002

续表

一级指标	二级指标	大连	青岛	宁波	厦门	深圳	舟山
产业环境支撑力	单位 GDP 能耗	0.0069	0.0000	0.0063	0.0237	0.0117	0.0243
	建成区绿化覆盖	0.0310	0.0298	0.0257	0.0277	0.0309	0.0589
	工业固废综合利用率	0.0279	0.0280	0.0251	0.0244	0.0279	0.0211
	工业废水排放达标率	0.0229	0.0235	0.0229	0.0240	0.0231	0.0021

(1)深圳市优势产业产值贡献能力、就业贡献能力和固定资产投资贡献能力远远高于其他城市，同时深圳市优势产业劳动生产率对全行业贡献低于青岛和大连两市。

(2)从产业发展潜力上看，深圳市居于首位，青岛次之，两者差距较小。大连市排在第三位，宁波、舟山、厦门随后。其中，青岛市的产值增长潜力最强，较全国相比均值达到 1.3391，大连市和深圳市均超过 1.32，宁波、舟山、厦门市不足 1，即产值增长潜力较全国平均水平低。从各产业来看，主要是近年船舶转向海工装备制造、滨海旅游业和海洋生物医药的巨大投入所带动的。

(3)从要素支撑上看，居于首位的是青岛，后依次分别为深圳、大连、厦门、宁波、舟山。各指标中，青岛市的全员劳动生产率和企业资产获利指数居于六市首位，即劳动者技能水平较高。在土地开发强度上，最高的为深圳，其次为厦门市，说明两市海洋经济发展土地要素较为丰富。在人均资本上，大连市的人均资本水平最高，青岛次之，说明两者的资本要素较为密集。

(4)从产业创新支撑上看，深圳市最高，厦门次之，宁波、大连、青岛、舟山位列其后。深圳市的研发经费占财政支出比重、高新技术产品出口比重及人才吸引力指数均处于首位，说明深圳市的研发投入力度大、高新技术产业全场占有率相对较高、吸引人才能力强。宁波市和深圳市的技术创新指数较高，申请专利数量靠前，自主研发能力较强。厦门市和深圳市的高新技术产业创新力较强，说明两市相对全国来说，高新技术产值高，产业升级能力较强。

5. 从产业环境支撑上看，厦门市位居首位，深圳市排在第二，大连、青岛、宁波分别排在其后。单位 GDP 能耗最低的为大连市，其万元 GDP 能耗为 0.617 吨标煤，节能减排力度较大；最高的为青岛市为 0.770 吨标煤，节能减排压力大。建成区绿化覆盖率相近，但大连市最高，宁波市最低。工业固体废物综合利用上青岛市最高、厦门市最低，工业废水排放达标厦门市最高，说明城市在治理环境污染和安全隐患上做了一定的工作，为节约资源、保护环境、保障安全、促进工业经济发展方式转变做出了贡献。

(四)海洋主导产业综合发展竞争优势评估结果的验证分析

根据 2012 年中国社会科学院城市竞争力课题组发布的《2012 年中国城市

竞争力蓝皮书：中国城市竞争力报告》，对全国近300个城市竞争力的排名中，各城市排名先后依次为深圳、大连、青岛、宁波、厦门、舟山，分别位于第5、8、10、14、21、79位。在2011年度，排名变为深圳、青岛、大连、宁波、厦门和舟山，分别位于第5、9、11、22、30、60位，排名顺序与前述海洋主导产业综合竞争优势评价结果排名相同，即在一定程度上验证了城市优势产业综合发展能力。

(五)宁波海洋主导产业综合发展优势的全要素诊断分析

综合比较宁波市与其他五城市在海洋主导的产业发展竞争力、产业潜在竞争力、产业要素支撑力、产业从创新支撑力、产业环境支撑力等支撑要素的竞争力(表5-3-13)，可知：一是宁波市海洋产业的产业发展竞争力弱于深圳、大连、青岛，优于厦门、舟山；二是宁波市海洋产业的产业发展潜在竞争力排在六城市最后；三是宁波市海洋产业发展的产业要素排在六城市之后；四是宁波市海洋产业发展的产业创新支撑力仅好于舟山，排在沿海计划单列市末位；五是宁波市海洋产业发展的环境支撑力位列深圳、大连、青岛之后，优于厦门、舟山。由此，可知在海洋经济时代，宁波市海洋产业发展若仍走传统临港工业主导的老路，将无法实现海洋强市梦。

表5-3-13　宁波与其他五城市海洋主导产业发展支撑要素比较

支撑要素	大连	青岛	宁波	厦门	深圳	舟山
产业发展竞争力	0.1288	0.1188	0.0874	0.0419	0.2222	0.0809
产业潜在竞争力	0.1119	0.1442	0.0772	0.0282	0.1455	0.1098
产业要素支撑力	0.1437	0.1676	0.1245	0.1313	0.1658	0.1285
产业创新支撑力	0.099	0.0639	0.0921	0.1199	0.2085	0.0264
产业环境支撑力	0.0887	0.0813	0.0800	0.0998	0.0936	0.1064

四、基于六市比较视角的宁波市海洋产业优化战略举措

(一)宁波市海洋产业较其他五市存在的问题

1.海洋产业总量与结构都处于弱势状态

宁波市海洋经济的规模不够大，落后于青岛、深圳、大连等城市，只处于中等水平，海洋经济增加值占地区GDP的比重在2012年仅为15.99%，低于大连、青岛等城市。宁波市海洋产业三次结构呈现为“二三一”型，深圳、青岛、大连、舟山市的海洋产业结构呈现“三二一”型、厦门市海洋产业结构也呈现“二三一”型。在海洋第二产业内部，宁波市海洋第二产业以临港化工为主、修造船工业为辅，其余五城市在海洋第二产业中新兴海洋产业比重较高，其中大连市海洋第二产业以修造船、临港化工均衡发展，其余四市海洋第二产业内部以海洋

电子、海洋生物医药为主。因此宁波市海洋第二产业的结构过于依赖资本和资源环境，缺乏技术创新性。宁波市海洋新兴产业规模较小，2012 年海洋高技术产业产值占海洋经济总产值的比例不到 3%，海洋装备制造、海洋药物及生物制品等海洋新兴产业尚处起步阶段。这远落后于青岛、厦门和深圳。

2. 海洋产业结构趋同化严重

目前，宁波与大连、青岛、舟山、厦门等港口城市都有大力推进石化、修造船及海工转型等传统临港工业的倾向，在产业发展定位方面存在明显趋同；此外，省内台州、温州等沿海城市和宁波在临港工业上已经存在同质化局面，区域竞争将日趋严重。

3. 相较于其他城市宁波海洋产业综合竞争优势明显受到科技人才与创新能力制约

一是宁波海洋科研人员不足，突出表现在海洋科研单位较少、专业技术人员严重不足、人才结构矛盾突出等。目前宁波市的海洋科研部门大多集中在海洋渔业和临港工业方面，涉海高新技术人才和海洋航运、金融等服务业方面的人才尤为稀缺。在海洋人才现实总量与潜在总量等方面，更是落后于青岛、厦门、大连，略优于深圳、舟山。二是宁波市海洋科技投入仍显不足，突出表现在海洋自主创新能力和高技术研究平台建设比较落后、科技对海洋经济的贡献率偏低、海洋科技成果转化率不高等方面。相较于深圳、青岛、厦门，宁波市不论是海洋科教平台建设投入，抑或是海洋企业研发创新孵化财政支持力度，又或是相关人才落户或创业，都没有深圳灵活与务实，也没有厦门与青岛的扶持力度强。

(二)围绕海洋新兴产业与海洋科技孵化器能力提升优化宁波海洋产业结构

1. 走高端化发展、链条式集聚培育宁波海洋新兴产业

培育发展海洋新兴产业。首先研制符合宁波特色的海洋高技术产业发展路线图，深化具体的财税金融等扶持配套政策。其次用好国家海洋经济创新发展区域示范专项资金，加大对重要环节的资金扶持力度，提高补助资金使用效率。再次是推进新兴海洋产业链式集聚与重点突破，推进象山临港重装备产业园、三门湾现代养殖基地等一批海洋经济重要项目建设。

加快发展海洋(物流、滨海旅游、油气开发)的服务业。首先，大力发展涉海物流业，并推动国际海事服务业落地与本土化发展，重点推进宁波航运交易所、宁波国际贸易展览中心建设，加快发展货代咨询、船舶经纪等商务中介与海事保险服务。其次是围绕游艇和海洋科考加速滨海旅游产业开发。推动象山港—石浦—三门湾滨海旅游带发展，加快宁海湾海度假基地等项目的建设。再次是加快海洋商贸等服务业发展。

2.围绕海洋新兴产业加快建设海洋科教支撑体系

战略层面：以伦敦、挪威、新加坡为原型，探索宁波作为中国国家海洋知识枢纽的可行性与战略举措。重点探索发展航运金融、海上保险等高端航运服务业、海工装备制造业、海洋研发技术交易等在宁波新兴产业中的具体路径与实现方略。

指南层面：抓紧研制宁波市海洋科技规划，重点在于系统梳理我市海洋经济教育和研究资源，编制和出台《宁波市海洋科技体系建设战略与行动指南》。

行动层面：首先积极构建宁波市海洋科技创新平台和海洋科技人才培养基地。既要依托在宁波海洋科研院所，建立省级乃至国家级重点涉海实验室、中试基地等，鼓励市内外企事业单位与科研院所联合共建海洋科技孵化器、共性技术研发平台；又要加强涉海院校实力和涉海人才培养。

五、宁波海洋经济发展的重点方向

（一）六市海洋主导产业及其同构趋势

十二五以来六市重点发展的海洋产业（表 5-3-14），可知：一是六市海洋主

表 5-3-14　各市海洋主导产业发展战略

	海洋主导产业	海洋主导产业位序			
		1	2	3	4
大连	海洋渔业、港口及海洋交通运输业、滨海旅游业、海洋船舶制造业	港口及海洋交通运输业	海洋船舶制造业	滨海旅游业	海洋渔业
青岛	海洋船舶与海工装备、海洋生物医药、滨海旅游、海洋交通运输、海洋渔业、海水利用	海洋船舶与海工装备	海洋生物医药	海洋交通运输	滨海旅游
宁波	海洋油气开采及加工业、海洋生物医药业和海洋化工、海洋运输业、海洋渔业、海洋船舶制造业和海洋旅游业	海洋油气开采及加工业	海洋运输业	海洋船舶制造业和海洋旅游业	海洋化工与生物医药业
厦门	海洋生物产业、海洋船舶与高端装备、滨海旅游、海洋运输	海洋船舶与游艇为主的高端装备制造	海洋生物	滨海旅游	海洋运输
深圳	海洋交通运输、滨海旅游和海洋油气、海洋电子信息、海洋生物、海洋高端装备	海洋交通运输	滨海旅游	海洋电子信息	海洋高端装备
舟山	涉海工业、交通运输港口业、海洋旅游、海洋渔业	船舶与海工装备制造	海洋运输	海洋旅游	海洋渔业

导产业中存在较大的同构趋势总体围绕传统海洋产业(交通运输、船舶修造、滨海旅游、海洋渔业)发展,正逐步衍生出新兴海洋产业,如海洋工程装备、海洋生物医药、海洋电子信息等。二是宁波市与大连、青岛、深圳、舟山存在严重的同构趋势,这既说明各市没有理清自身海洋产业发展特色,又说明中国沿海城市的海洋经济发展的结构差异较小。因此,区域海洋经济发展的跨越式发展亟待通过海洋科教、政策等的综合创新,突破发展惯性和区域恶心竞争。

(二)宁波市发展方向:高端化发展海洋新兴产业与服务业、链条式集聚催化海洋新产业园

1.培育海洋新兴产业

重点发展海洋装备制造、海洋生物利用、新能源、新材料等产业,其中,海洋装备制造业要以高技术专用船舶与海洋工程装备为重点,努力朝技术自主化、装备成套化、产品品牌化的方向发展;海洋生物产业重点发展海洋生物育种、海洋药物、海洋生物保健品和海洋生物功能材料等产业;新能源产业重点打造宁波天然气资源配置基地,加快发展海岛核能、潮汐能;新材料产业要积极开发绿色环保、高性能的防腐材料和海洋去污材料等。当前要务:一是研制符合宁波特色的海洋新兴产业发展路线图,深化具体的财税、金融、用海/岛、知识产权、风险投资等的配套政策;二是用好国家海洋经济创新发展区域示范专项资金,加大对重要环节的资金扶持力度,提高补助资金使用效率。

2.加快发展生产性海洋(物流、旅游、油气开发)服务业

首先,大力发展涉海物流业,推动国际海事服务业落地与本土化发展,重点推进宁波航运交易所、宁波国际贸易展览中心建设,加快发展货代咨询、船舶经纪等商务中介与海事保险服务。

其次,围绕游艇和海洋养殖加速发展现代海洋渔业、海洋装备制造业的研发能力及科技成果孵化与产业化服务活动。

再次,加快海洋商贸保税及其丝路电商等发展。

3.采取链条集聚提升宁波海洋产业空间组织水平与板块功能

围绕三江口海事服务业、北仑保税区物流与电商贸易、象山临港重装备产业、三门湾现代养殖,推进新兴海洋产业链式集聚与重点突破,塑造与城市职能相适应的宁波现代海洋产业功能板块。

第四节　促推宁波、舟山海洋经济转型发展的策略

一、破解瓶颈因素、抓住新兴海洋产业发展机遇窗口，提速两市发展速度

（一）抓住新兴海洋产业发展的机遇窗口，抢占发展优先权

根据机会窗口理论，新兴产业的产生和发展大多产生于技术断裂、经济衰退之际，当前的国际形势无疑是我国调整产业结构、加快两市国家科技发展进程和工业化进程的重大机遇期。因此，要根据新兴产业的发展趋势，结合两市产业发展现状、产业发展的重点和海洋产业发展方向，确定两市给予这些企业以创新创业的机会和有利条件，最大限度地引导新兴海洋产业在两市的发展。

（二）加强海洋科教、政策、海洋资源环境等要素的培育和创新利用，营造有利于新兴海洋产业发展的环境

在海洋科教要素上，建立良好的引进、培养和使用高端人才的机制，加快吸引高端领军人才到两市创新创业，制定和出台相关政策，形成开放、流动、人尽其才的用人机制，为优秀人才的脱颖而出营造政策环境。同时，重视新兴海洋产业集群和市场需求的培育，人才和技术是新兴海洋产业发展的胚胎，但是新兴海洋产业的兴起并真正发展成为两市支柱产业，仅仅依靠技术是不够的，某项新技术只有在竞争中脱颖而出变成行业的主导标准，建立完整的产业链和企业集群，获取足够的市场和充足的用户，才能发展成为一个新兴产业。

此为，抓住海上丝绸之路规划机遇提升两市海洋经济发展的政策创新空间的国家支持水平，以海洋资源环境保护与整体规划为依据推进两市岛屿资源分类开发，海域区块的利用。对于相对成熟的临港工业岛，坚持集群化、循环化和高端化发展石化、能源、专业物流等；对于新兴的港口物流岛，要全面发挥其保税的政策优势，打造国际中转、国际采购、国际配送、转口贸易等核心功能海洋新兴产业集聚区；对于尚待开发的综合利用岛，要加强顶层设计，精心谋划对台自由贸易园区。

二、提升港航物流业结构与规模，全面带动两市临港工业转型升级与布局优化

两市在港口生产规模方面取得了先发优势，今后应进一步提高港口经济的辐射力和集聚力，从培育海洋经济核心竞争力的高度，着力构筑在浙江省港航

物流服务体系中的首要地位。在大宗商品交易平台方面，要坚持有限发展、重点发展、突破发展的原则，以液体化工、铁矿石、煤炭、塑料、镍金属、船舶等货种为重点，统筹规划建设一批大宗散货储运基地和交割仓，完善配套设施，形成集储存、交易、运输为一体的交易服务体系，力争形成大宗商品交易的“两市价格”。在集疏运网络方面，把集装箱运输作为港口发展的重中之重，积极推动以海铁联运为重点突破口的多式联运，加强与省内港口尤其是舟山港的合作发展，争取以港口为纽带提升两市城市的资源配置能力。在金融、信息等港航服务支撑方面，可考虑与舟山合作，共同争取把宁波—舟山港纳入上海国际航运发展综合试验区，同等享受外贸集装箱转运、启运港退税、离岸金融、保税交割、汽车整车进口等特许政策，以有效集聚更为优质的港航物流服务资源。

三、深化改革开放，完善海洋资源环境与科技政策，推动海洋资源环境高效保护与利用

（1）坚持市场化改革方向，加快海岸线、海域使用权、海岛等海洋资源的市场化建设，探索以海洋为内容的城市资产经营方式。大胆突破阻碍海洋产业发展的体制机制，积极争取国家以及省有关部门支持，以全球化视野配置国际海洋资源，先行先试探索建立有利于海洋产业发展的体制机制，以主体开放、科技创新、生产方式创新、产业组织创新、商业模式创新、金融创新与体制机制创新，实现海洋产业的开放创新发展。探索建立根据海洋经济发展规划和产业政策调控海域使用方向和规模的机制；根据海洋资源环境承载力、开发密度和用海需求，建立海洋主体功能区规划制度。

（2）制定两市海洋产业发展指导目录，建立重点海洋产业项目和工程审批“绿色通道”，加快用地预审、海域使用、环境批复、规划选址等审批事项办理进度。进一步完善差别化供地政策和海域使用政策。对重点区域和项目给予优先安排，实行优惠的海域使用金政策；鼓励战略性新兴产业合理用海，严格控制过剩产能的用海供给，限制落后用海方式，大幅降低海域消耗强度。

（3）利用海域使用金，大力推进海岸带生态修复；开展深港生态环保合作，深入开展深港两地交界海域综合整治。加快“数字海洋”建设，建立覆盖两市“三湾一口”近岸海域的集海、陆、空于一体的海洋环境立体监测网络。建设两市海域石油、有毒有害化学品污染应急监测及快速处理综合体系。

参考文献

[1]程刚. 浙江海洋经济核心区发展战略研究——以宁波舟山联动发展模式为例[M]. 北京：经济科学出版社，2015.

[2]王辉忠. 加快建设海洋经济核心示范区[J]. 政策瞭望. 2011(7)：14-17.

[3]刘明. 陆海统筹与中国特色海洋强国之路[D]. 北京：中共中央党校,2014.

[4]毛小敏. 我国海洋产业集聚圈培育路径研究[D]. 湛江：广东海洋大学,2013.

[5]占丰城. 开放经济视角下舟山海洋产业升级研究[D]. 杭州：浙江大学,2015.

[6]刘志高,尹贻梅,孙静. 产业集群形成的演化经济地理学研究述评[J]. 地理科学进展,2011,30(6):652-657.

[7]张晓伟. 基于国防安全视角的我国海洋权益与海洋经济研究[D]. 长春：吉林财经大学,2014.

[8]杨吾扬,梁进社. 地域分工与区位优势[J]. 地理学报,1987,3:11-20.

[9]马仁锋,李加林,庄佩君. 长江三角洲地区海洋产业竞争力评价[J]. 长江流域资源与环境,2012,21(8):908-914.

[10]殷为华,常丽霞. 国内外海洋产业发展趋势与上海面临的挑战及应对[J]. 世界地理研究,2011,30(12):1519-1526.

[11] Maillat Denis, Territorial dynamic, innovative milieus and regional policy[J]. Entrepreneurship & Regional Development, 1995, 7(2):157-165

[12]Michacel E Porter. Competitive advantage, agglomeration economies, and regional policy[J]. International Regional Science Review, 1996, 19(1—2):85-90.

[13] Wiberg Magnus. Political participation, regional policy and the location of industry[J]. Regional Science and Urban Economics, 2011, 41(5):465-475.

[14]Cristina del Campo, Carlos M F Monteiro ,Joao Oliveira Soares . The European regional policy and the socio-economic diversity of European regions. A multivariate analysis. European. Journal of Operational Research, 2008, 187:600-612.

[15] Louw E , Van E der Krabben, Premus H. Spatial development policy: Changing roles for local and regional authorities in the Netherlands [J]. Land Use Policy, 2003, 20:357-366.

[16] Johannes Becker, Clemens Fuest. EU regional policy and tax competition[J]. European Economic Review, 2010, 54:150-161.

[17]陆大道,刘卫东. 论我国区域发展与区域政策的地学基础[J]. 地理科学,2000,20(6):487-493.

[18]陆大道,刘毅,樊杰. 我国区域政策实施效果与区域发展的基本态势

[J]. 地理学报,1999,54(6):496-498.

[19]张可云. 区域政策项目评价的基本问题与分析框架[J]. 地域研究与开发,2006,25(2):14-19.

[20]刘勇,毛汉英. 中外区域政策对比研究[J]. 地理研究,1995,14(4):51-52.

[21]郭腾云,陆大道,甘国辉. 近20年来我国区域发展政策及其效果的对比研究[J]. 地理研究,2002,21(4):504-510.

[22]刘可文,曹有挥,肖琛,等. 国家区域政策对央企空间布局的影响[J]. 地理研究,2012,31(12): 2139-2152.

[23]刘可文,曹有挥,牟宇峰. 长江三角洲区域政策变迁与跨国公司布局演变[J]. 地理科学进展,2013,32(5):787-806.

[24]苏东水. 产业经济学[M]. 北京:高等教育出版社,2010.

[25]吴姗姗,张凤成,曹可. 基于集对分析和主成分分析的中国沿海省海洋产业竞争力评价[J]. 资源科学,2014,36(11):2386-2391.

[26]孙才志,韩建,杨羽頔. 基于AHP-NRCA模型的中国海洋产业竞争力评价[J]. 地域研究与开发 ,2014,33(4):1-7.

[27]陈秋玲,于丽丽. 我国海洋产业空间布局问题研究[J]. 经济纵横,2014(12):41-44.

[28]胡王玉,马仁锋,汪玉君. 2000年以来浙江省海洋产业结构演化特征与态势[J]. 云南地理环境研究,2012,24(4):7-13,24.

[29]孙才志,李欣. 环渤海地区海洋资源、环境阻尼效应测度及空间差异[J]. 经济地理,2013,33(12):169-176.

[30]刘东民,何帆,张春宇,等. 海洋金融发展与中国的海洋经济战略[J]. 国际经济评论,2015(5):43-56,5.

[31]谢子远. 沿海省市海洋科技创新水平差异及其对海洋经济发展的影响[J]. 科学管理研究,2014(3):76-79.

[32]石秋艳. 我国海洋产业结构演化的过程研究[J]. 广东海洋大学学报,2014,34(2):38-43.

[33]刘锴,杜文霞,郭琳. 基于SSM法的辽宁海洋产业结构优化研究[J]. 资源开发与市场,2014,30(9):1103-1105.

[34]王燕,陈欢. 基于Arcelus-SSM模型的天津市海洋产业结构评价[J]. 现代管理科学,2014(1):69-71.

[35]牛彦斌,黄森,霍永伟. 新形势下河北省海洋经济发展现状分析及对策研究[J]. 石家庄经济学院学报,2014,37(4):39-43.

[36]于谨凯,刘炎. 基于“三轴图”法的山东半岛蓝区海洋产业结构演进研

究[J].中国海洋大学学报(社会科学版),2014(5):1-7.

[37]陈长江,胡俊.江苏海洋产业价值链的灰色关联分析[J].海洋开发与管理,2013(5):59-64.

[38]刘洋,徐长乐,徐廷廷,等.上海海洋产业结构优化研究[J].资源开发与市场,2013,29(3):284-288.

[39]陈金良.我国海洋经济的环境评价指标体系研究[J].中南财经政法大学学报,2013,(1):18-23.

[40]赵巍,孙军,李艳秋.金融发展与江苏省海洋经济增长关系的实证研究[J].区域金融研究,2014,(11):27-31.

[41]刘海英,亓霄,陈宇.海洋财政政策与海洋经济发展关系的协整分析[J].中国海洋大学学报(社会科学版),2014.(1):24-30.

附　录

浙江省海洋开发规划纲要(1993—2010)节选

浙江是海洋大省。海域面积(指内海和领海面积)4.24万平方公里,若包括大陆架及专属经济区则达26万余平方公里。全省海岸线总长6500多公里,居全国第一位。面积500平方米以上的海岛300余个,占全国海岛总数的1/3强。全省11个市、地中有7个依接海洋,沿海县(市、区)有33个,其中海岛县(区)6个,占全国的半数。

浙江拥有丰富的海洋资源,其中开发潜力最大的是"港、渔、景、油"四大资源。深水港口资源得天独厚,全省可建万吨级以上深水泊位的岸线有26处,累计166公里。

开发海洋,浙江既有着良好的开发条件,又面临着十分难得的机遇。当今世界为人口、资源、环境三大问题所困扰,已有越来越多的沿海国家开始将战略目光投向占全球面积70%的海洋。据预测,到本世纪末,世界海洋经济总产值将达到30000亿美元,在世界经济总产值中的比重将由目前的5%提高到16%左右。二十一世纪将是"海洋世纪"。开发海洋是我省走向二十一世纪所面临的一项紧迫任务,我们必须不失时机地加快实施"海洋开发战略"。

一、海洋开发的基本指导方针和总体目标

我省海洋开发必须贯彻以下基本指导方针:

——坚持以开放促开发,积极利用外资,发展外贸出口和国际经济技术合作,把海洋经济发展纳入开放型经济轨道。

——坚持深化改革,坚持以公有制为主体、多种经济成分共同发展,特别是积极推进多种形式的股份经济,贯彻社会主义市场经济原则,充分调动省内外

各方面力量参与海洋开发事业的积极性。

——坚持基础设施先行，加快交通、通信、电力、水利等基础设施建设。重视改善海岛地区的基础设施条件。

——坚持依靠科学技术，不断增加海洋科技投入，积极开发、引进和推广海洋开发技术，大力培养海洋科技开发人才。

——坚持统筹规划，综合平衡，突出主导功能。注重综合开发。处理好近期与远期、局部与整体的关系。

——坚持开发与保护并重，严格依法治海，强化海洋管理，确保海洋资源的永续利用。

本世纪末下世纪初，是我省发展海洋经济的重要时期。为使海洋经济成为浙江经济发展新的增长点，这一时期，海洋开发应突出抓好五个方面：一是抓好以深水港为重点的港口群体建设；二是进一步扩大沿海地区对外开放，提高开放层次，大力发展开放型经济；三是强化对海洋自然资源和空间资源的开发，促进海洋产业发展；四是加快海岛基础设施建设，改善投资环境和生活环境；五是加强海洋国土整治，确保在海洋经济大发展的同时，海洋生态环境得到较好保护。总的奋斗目标是：把浙江建设成为以国际深水大港为依托，港、渔、工、贸、游综合发展，沿海地带对外高度开放、经济繁荣发达，生态环境优良，人民生活水平不断提高的"海洋经济大省"。

具体说来，到 2010 年，基本实现下列目标：

——基本确立宁波北仑—舟山港在我国中部沿海地区的国际深水枢纽港地位。在我省形成分工合理、优势互补、功能齐全、大中小配套的沿海港口群。

——基本实际沿海市、县的全方位对外高度开放，形成与国际市场对接的比较完善的开放型经济体系。

——基本建立以港口海运业为主导，海洋水产业为基础，港、渔、工、贸、游为主体的海洋产业体系，使之成为我省国民经济的重要支柱。

——基本建成基础设施比较完善，经济比较发达，生活比较便利，两个文明协调发展的海岛环境。

——基本实现海洋经济与海洋生态环境的良性循环。

二、海洋产业发展重点

根据我省海洋资源状况和进一步开发的可能条件，现阶段拟选择港口海运业、海洋水产业、临海型工业、海洋旅游业以及内外贸易作为海洋产业的发展重点。同时，有计划地积极扶持和发展新兴海洋产业，特别是开发东海油气资源和发展海洋高新技术产业，以形成新的海洋产业优势。

(一)港口海运业

港口资源丰富、建港条件优越是浙江发展海洋经济的最大优势,必须加以充分地开发利用。港口建设要与上海浦东开放开发密切结合,为长江三角洲及沿江地区的开放开发服务。

浙北沿海宁波、舟山和乍浦的港口开发建设及海运业发展,必须遵循市场经济规律,按优势互补原则,与上海港加强协作,共同组建“东方大港”,发挥整体优势。

充分发挥北仑深水大港作用,使之发展成为我国中部沿海洲际集装箱运输的干线枢纽港,以及为其滨海工业服务的工业港。

舟山港域岛屿深水岸线资源十分丰富,宜作为我国中部沿海和长江沿江地区的远洋大宗散货、矿石、煤炭、石油和件杂货的水水中转港。要抓紧制订规划,在规划指导下,视经济发展积极安排开发建设。要进一步提高舟山市的开发度,加快舟山港域的全面开发。

乍浦港毗邻上海,区位条件优越,其开发建设要主动与浦东接轨。抓紧一期工程的配套建设,充分发挥现有运能,同时积极做好二期工程前期准备工作。将乍浦港建成杭嘉湖及苏皖邻近地区的主要出海口和为杭州湾北岸滨海工业服务的工业港,并使之逐步成为长江三角洲深水港群的重要组成部分。

浙中南沿海要以温州港和海门港为开发重点。特别是温州港,作为我省南部及闽、赣、皖等部分地区的主要出海口,要做好规划,加快建设。

海门港要根据区域经济发展需要,有计划地再建若干个多用途泊位和煤炭泊位。

三门湾健跳港要配合电力工业建设加以开发利用;乐清港的大麦屿等深水岸线,要统筹规划,创造条件,逐步开发。

在进行上述重点港口建设的同时,配套建设一批地方性港口,以形成大中小配套、功能齐全的港口群体。

建设强大的海运船队、远洋运输船队,是海运业发展的需要。

建设改造港口集疏运网络,扩大港口后方腹地。除现已安排建设的沪杭甬高速公路、萧甬铁路复线及金温铁路等项目外,再建设甬—台—温等高速公路和若干地方铁路等一批港口集疏运工程项目。

(二)海洋水产业

海洋水产业是现阶段我省海洋经济的支柱产业,今后在我省海洋开发中仍具有举足轻重的地位。发展的基本思路是:主攻养殖,拓展捕捞,深化加工,搞活流通。

海水养殖。以“一港两湾”(象山港、三门湾、乐清湾)和舟山、洞头、大陈、南麂等外侧岛屿区为重点,大力开发浅海养殖,努力扩大滩涂养殖,积极发展围塘养殖。

海洋捕捞。要调整近海作业，扩大外海生产，开拓远洋捕捞，使我省海洋捕捞业在稳定的基础上取得开拓性进展。

水产品保鲜加工。以水产品保活保鲜为中心，建立鲜活产品专用运输船队，实行捕捞、收购、加工、销售一条龙服务。加速对现有冷藏设备和工艺的技术改造，提高保鲜质量；扩大加工规模，提高加工深度，开展综合利用；在全省沿海逐步形成一批各具特色的水产品加工基地。

（三）临海型工业

我省沿海港湾众多，近年来交通和供水等基础设施条件不断改善，发展临海型工业条件优越。今后要重点发展重化工、电力和出口加工三大类产业，逐步形成重要的工业发展基地。

把宁波滨海地区建设成为长江三角洲重化工基地。宁波滨海地区依傍深水良港，陆域宽广，是发展临海型重化工业的理想区位。要大胆引进国际资金和国际资源，建设一批重化工企业。

在浙中南沿海重点发展电力工业，形成全省性的电力基地。我省电力工业布局重心要逐步从杭州湾沿海地区向浙中南沿海转移，在适宜区域选点建设一批大型港口火电厂和核电站。依托电力基地，加快区域经济开发。

依托沿海经济开发区，集中建设出口加工业基地。我省沿海从北到南依托港口已设立了一批国家级或省级经济开发区，各开发区要充分发挥港口优势和政策优势，大胆引进外资，大力创办“三资”企业，发展出口加工业。与此同时，开发区以外的沿海地区加工产业也应调整结构，积极发展开放型经济。

根据海岛特点，积极扶持发展海岛工业。主要是水产品加工、修造船和拆船、海洋机械、海洋化工、海洋药物，以及建材、木材等依靠海运大进大出的加工业。

（四）海洋旅游业

海洋旅游资源是我省具有优势的资源之一，开发潜力较大。大力发展以“玩海水、观海景、吃海鲜、买海货、住海滨”为特色的海洋旅游业，并进一步带动旅游产品生产和相关第三产业的发展。

普陀山、朱家尖和沈家门“金三角”旅游区的开发应突出个性。

嵊泗列岛是我国唯一的国家级列岛风景名胜区，以“碧海、奇礁、金沙”为主要景观特色，要利用其紧邻上海的区位优势，改善两地交通条件，提高综合接待能力，大力发展水上运动和避暑度假旅游，使之成为驻沪外籍人员和国内外游客的游憩娱乐之地。

（五）贸易业

对外贸易与港口海运相辅相成，要充分发挥港口优势，大力发展内外贸易，特别是对外、对台贸易，进而推动港口海运业的进一步发展，形成互促共进态势。

依托港口积极发展进出口贸易和国际转口贸易。要利用优越的口岸条件，努力扩大外贸货源，不断开拓进出口业务，改造、组建一批具有相当经济实力的进出口集团公司，逐步把宁波建设成为华东地区的重要外贸口岸，使温州成为东南沿海的主要外贸口岸之一。结合石油、煤炭、矿石等大型中转储运基地和宁波保税区的建设，积极鼓励、引导发展国际转口贸易，使之逐步成为我省贸易业的重要支柱。

发挥我省的地缘、人缘优势，大力发展对台贸易。要充分发挥现有对台小额贸易口岸的作用，适当增设新的口岸。进一步放宽政策，允许在经批准的台轮停泊点开设商行和交易市场，进行水产品、渔需物资及少量食品、生活用品的交易，使我省对台贸易实现新突破。

建立水产品市场，搞活水产品流通。积极稳妥地发展水产品期货贸易业务，搞活渔需物资供应，逐步形成产供销一条龙的海洋渔业发展格局。

利用海运业大进大出优势，在沿海地区组建一批区域性的煤炭、钢材、建材、木材等大宗物资交易市场。

三、海岛基础设施建设

海岛经济发展迫切需要加快基础设施建设，以改变目前交通不便、淡水匮乏、能源紧张、通讯不畅等落后状况。

(一)交通建设

改善陆岛、岛岛交通、促进海陆经济一体化，是加快海岛经济发展的重要措施。

要重视岛内的公路建设，改善岛内交通条件。着重抓好县级建制海岛和重点开发海岛的公路干线改造和建设，提高公路等级，建立海岛公路网。

(二)蓄供水设施建设

解决我省海岛地区供水紧张矛盾，应根据海岛特点，采取多种方式开发水源，实行开源与节流并重的方针。重点解决海岛居民生活用水问题，同时缓解海岛工农业用水紧张状况。

(三)电力建设

海岛电力供应要实行大陆输电与海岛自发电相结合。要积极发展风力发电，抓好太阳能、潮汐能等新能源的开发利用。“八五”期间全省百人以上住人岛屿全部实现通电，并逐步加快电网和电源建设，提高供电水平，满足经济发展和人民生活需要。

（四）邮电通信建设

邮电通信建设应适度超前安排。电信业务要积极向传输数字化、交换程控化方向发展。大力发展海岛大容量数字微波和卫星通信，使海岛电话交换逐步实现程控化。

邮政方面要继续抓好海岛邮件传递业务，力争在所有住人岛设点服务，增加服务网点，实现海岛乡乡设机构、村村通邮路的目标。

海岛基础设施建设，不仅要搞好交通、供水、电力和邮电通信建设，还要高度重视科教文卫等社会事业的发展

四、海洋国土的开发和整治

在加快海洋产业发展的同时，必须加强海洋国土的开发、整治与保护，以确保海洋资源的充分、高效和永续利用，促进海洋生态环境的良性循环。

（一）围涂开发

围垦海涂增加耕地应作为一项重要的战略举措，海涂利用应贯彻宜围则围、宜养则养的方针，积极进行开发。

钱塘江河口及杭州湾，要结合河口综合治理，主要进行钱塘江南岸围垦以及杭州湾南岸慈溪海涂的围垦开发。

浙中、浙南沿海，要优先围垦开发开敞式岸段海涂，并以椒江口南、北片和瓯江口至飞云江口之间的永（强）丁（山）海涂，以及鳌江口南片海涂为重点进行围垦开发。在水土资源紧缺的地区，要积极探索结合兴建蓄淡水库，开发港湾海涂的路子。

舟山岛屿地区，要结合港口、能源建设和扩大城镇用地以及发展种养业需要，按照围涂与促淤相结合的原则，进行围垦开发，努力增加生产和建设用地。

（二）出海河口整治

我省沿海主要出海河口均已建有不同规模的港口，并依港形成了杭州、宁波、温州、椒江等经济相对发达的城市。由于各河口受河水动力和上游生态环境改变等影响，泥沙沉积，降低了河口航道水深，影响泄洪、通航能力和区域经济的发展，因此，必须兼顾港口建设、城市发展、农业开发及灾害防治等各方面加以综合整治。

（三）海洋生态环境保证

海洋污染防治。由于陆源污染物向海里排放和海上船舶排污增加，致使我省海域环境质量不断下降，已给海洋生态及渔业生产造成了明显影响。保护我省海洋环境，控制污染刻不容缓。防治海洋环境污染，改善环境质量的基本措施是做好沿海工业的合理布局，控制污染物排放，特别是控制陆源污染物的排

放和抓好海上油污染防治。

近海渔业资源的保护和恢复。主要措施是大力开拓外海远洋渔业，合理调整近海捕捞结构，改张网船为拖虾、灯围、流刺作业船，使近海渔业资源得到休养生息。严格执行国家和省颁布的渔业法规，重点抓好以带鱼为主的经济鱼类资源的保护，加强海上渔政巡逻和陆上渔政管理，严肃处理违反渔业法规者。

海洋自然保护区。搞好南麂列岛国家海洋自然保护区建设，以保护、科研为主目标，在不影响物种资源保护的前提下，进行经济开发。

(四)防灾减灾

影响我省沿海及海域的自然灾害主要是台风及风暴潮，其对沿海地区工农业生产、人民生命财产、海洋渔业生产影响极大，应采取切实措施进行综合防治。

海岸防护工程建设。目前全省沿海及海岛建有海塘 2000 余公里，大小海闸 1200 余座，但大部分等级标准比较低，难以抵御台风及风暴潮的影响。

沿海防护林建设。到 2000 年，全省沿海地区森林覆盖率要求达到 42%，防护林面积达到 238 万亩，海岸绿化林带总长度达 4182 公里，大陆海岸基干林带基本建成，800 万亩农田、果园得到林网保护。

自然灾害预警和防御系统建设。近期要充分发挥现有海洋观测站、沿海气象台(站)的作用，形成联合观测网，完善观测预报服务网络，逐步建立海事应急救助服务系统。从长远考虑，要在国家统一规划指导下，建立起以计算机、雷达、卫星遥感技术为一体的先进的预警系统和快速、多功能的海事救助服务系统。

五、促进海洋开发的政策措施

(一)进一步扩大沿海市、县的对外开放

1. 积极争取进一步扩大沿海经济开放区域，形成沿海对外开放地带。在沿海地区选择若干经济较发达的镇，享受重点工业卫星镇的优惠政策。

2. 在沿海地区择优设立若干省级经济开发区、台商投资区和旅游度假区，符合条件的积极向国家有关部门申报，争取成为国家级开发区。鼓励和支持舟山市等有条件的沿海地区向更高开放层次发展。

3. 加快各沿海港口的对外开放步伐。

(二)扩大海岛地区经济管理权限

1. 扩大海岛在利用外资、引进先进技术方面的审批权限。

2. 积极稳妥地开展对台渔工劳务合作和其他对外劳务合作。

(三)鼓励外商投资开发海洋资源

1. 外商投资建设经营海口码头，确有需要延长经营期的，经批准，允许超过 30 年。

2.鼓励外商合资、合作开发经营电力工业。

3.采取出让、转让、出租、入股等形式,鼓励外商投资开发浅海鱼塘、滩涂,使用年限为30—50年。

4.允许外商以合资、合作和独资形式投资发展旅游度假、娱乐和其他服务业。允许外商以整岛批租方式开发经营部分岛屿。

5.外商在海岛开发经营成片土地,其通过中外合资、合作经营方式开发的房地产可以在境内外销售。在外汇自行平衡的前提下,内外销比例不受限制。

(四)搞活对外、对台贸易

1.经批准的对台小额贸易口岸,要充分发挥其地缘、人缘和政策优势,适当增加经营机构,放宽有关政策限制,大力发展对台小额贸易。允许台湾渔民在批准的台轮停泊点和避风点开设商行和交易市场,进行水产品、渔需物资及少量仪器、生活用品交易;允许沿海渔民以自己捕捞的水产品与台湾渔民在海上直接换取自用生产资源(包括渔船)和渔需物资。

2.鼓励和支持海岛县扩大对外直接经营。镇级建制的海岛可设立县外贸公司的经营部,有条件的也可申报设立一家有对外经营权的公司,主要经营本地产品的出口和岛内自用商品的进口业务。鼓励和支持海岛的水产捕捞、加工企业组建企业集团,并积极创造条件,开展对外直接经营。

3.沿海地区可根据“三资”企业和“三来一补”企业业务发展的需要,向海关申请建立保税仓库。

(五)多渠道筹集资金,增加海洋开发投入

1.坚持“谁投资、谁经营、谁得益”的原则,鼓励跨行业、跨地域参与海洋开发,鼓励省内外单位和个人从事海洋开发。

2.在积极利用外资的同时,要广泛吸收国家部委、总公司和省外投资。

3.采取多渠道筹措办法,建立海洋开发专用资金。具体筹措和管理办法由计划部门和财政部门另行制定。

4.高度重视海岛基础设施建设。省里用于海岛基础设施建设的资金要逐年有所增加,补贴标准可根据条件适当提高。外商捐赠和投资海岛基础设施建设的,允许其围绕项目进行综合开发。

5.农林特产税按浙政发〔1993〕62号文执行。凡能按养殖面积征收的均改为按面积征收;多茬养、多品种混养的只按一个主要品种征收。对新开发的浅海、滩涂从事养殖业等农林特产生产的,报经财政部门批准后,免征农林特产税一至三年;若遇自然灾害,造成减产亏本的,经当地财政部门批准,酌情减、免征农林特产税。国家、集体、联合体及个人兴办的各类育苗厂(场),其苗种销售收入纳税确有困难的,可报经财政部门批准,酌情减征、免征农林特产税。

6.各级金融部门要把海洋产业作为重点投向的产业之一,在信贷资金安排上，给予优先支持。同时，保险部门要根据海洋产业特点，积极开展各种优惠保险业务。

(六)加大“科技兴海”的政策力度

1.广辟资金渠道，逐步形成海洋科技投入新格局。

2.经省计经委和省科委认定，对从事海洋高新技术产业开发的企业，可优先在高新技术开发区登记注册，并享受优惠待遇。

3.建立激励机制，调动科技人员进滩、上岛、下海的积极性。

4.鼓励知识分子扎根海岛。在舟山本岛和玉环本岛以外海岛工作12年(边远小岛8年)以上的国家干部和科技人员，农业户口的配偶及其15周岁以下的子女(在校中学生不超过18周岁)可转为非农业户口。适当放宽海岛地区各类专业技术职务的聘任条件。

5.重视对海洋开发科技人才的培养。加强海洋院校的建设，建立海洋开发技术培训、教育基地，开展海洋开发基础教育和实用技术培训。对海岛急需的医药、教师、水产加工等专业，要继续坚持和扩大定向招生，还可以通过委托代培形式培训人才。对海岛地区的定向招生及中专委托代培生可适当降低录取分数线。

开发海洋需要各级政府切实加强领导。省和沿海市(地)、县(市、区)都要有一位负责同志主管海洋开发工作。综合部门要有一定的力量具体负责实施海洋开发规划纲要，落实有关政策。各有关企业部门要密切配合，各司其职。调动各方面的积极性，努力促进浙江海洋经济更快、更好的发展。

浙江海洋经济强省建设规划纲要(节选)

我省海洋资源丰富,区位条件良好,发展海洋经济具有得天独厚的条件。建设海洋经济强省,对全面建设小康社会、提前基本实现现代化具有重要意义。

为了加快我省海洋经济发展,保证海洋经济强省建设的顺利实施,根据《全国海洋经济发展规划纲要》,结合我省实际,特制订《浙江海洋经济强省建设规划纲要》(以下简称《纲要》),作为建设海洋经济强省的指导性文件,以及编制相关部门、行业规划和沿海地区发展规划的重要依据。《纲要》的规划期限为2005年至2010年,重大问题展望到2020年。

一、我省海洋经济发展的基本情况

(一)发展现状

1.海域辽阔,海洋资源丰富。我省海洋资源十分丰富,拥有海域面积约26万平方公里,相当于陆域面积的2.56倍;大陆海岸线和海岛岸线长达6500平方公里,占全国海岸线总长的20.3%;大于500平方米的海岛有3061个,占全国岛屿总数的40%;港口、渔业、旅游、油气、滩涂五大主要资源得天独厚,组合优势显著,为加快海洋经济发展提供了优越的区位条件、丰富的资源保障和良好的产业基础。

2.海洋经济总量初具规模,产业结构逐步优化。经过全省沿海各地的共同努力,我省海洋经济持续、稳定、快速发展。近几年来,我省大力调整渔业结构,鼓励捕捞渔民转产转业,海洋第二产业继续得到加强,海洋药物、海洋化工、海洋油气等新兴产业正在加速兴起,在海洋产业结构中的比重继续上升。以港口海运和滨海旅游为代表的第三产业,已成为我省海洋经济创造增加值最多的产业。

3.基础设施建设不断改善。沿海地区和主要海岛的交通、电力、水利和通信设施建设步伐加快,杭州湾大通道、舟山大陆连岛工程、温州洞头半岛工程(以下简称“三大对接工程”)等重大项目正在抓紧建设,使陆海之间、大岛之间互通性大大增强,海岛基础设施落后状况已有明显改善。

4.海洋综合管理得到加强。认真贯彻实施《中华人民共和国海域使用管理法》、《中华人民共和国海洋环境保护法》、《浙江省海洋环境保护条例》、《浙江省海域使用管理办法》、《浙江省海洋功能区划》和《浙江省海域使用金征收管理暂行办法》等法律法规及相关制度,依法治海工作不断深入。

(二)存在问题

我省海洋经济存在的主要问题有:海洋经济发展缺乏宏观指导、协调和规划,开发管理体制不够完善,海洋经济整合度不高;海洋渔业资源严重衰退,近岸海域生态环境恶化趋势尚未得到有效遏制,海域使用和空间布局方面的矛盾日益突出;捕捞渔民转产转业任务艰巨,传统优势产业面临严峻挑战,新兴海洋产业发展滞后,港口海运和临港工业的发展优势尚未得到充分发挥;海洋科技总体水平较低,海岛基础设施建设相对不足,可持续发展能力不强;海洋执法体系、执法能力建设仍然滞后,等等。这些问题已成为制约我省海洋经济持续快速发展的主要因素。

(三)发展机遇

迈入21世纪,海洋经济面临新一轮发展机遇期。首先,我国加入世贸组织后,将全面参与和融入国际竞争,充分发挥海洋大通道作用,积极利用国际国内两种资源、两个市场,是我省经济发展的客观要求;第二,我省进入全面建设小康社会、提前基本实现现代化的发展阶段,发挥海洋资源优势,加快海洋经济发展,有利于培育新的增长点,促进全省经济结构的提升和战略性调整,有利于增强资源保障能力,拓展新的发展空间,保持经济社会全面、协调、可持续发展;第三,海洋经济是环杭州湾地区和温台沿海产业带的重要组成部分,也是主动接轨上海、积极参与长三角合作的重要载体和平台。随着我省陆域经济整体规模的扩大和海洋经济向深度、广度进军,陆海之间资源的互补性、产业的互动性、布局的关联性进一步增强。

二、海洋经济强省建设的指导思想和目标

(一)基本原则

1. 发挥优势,陆海联动。把海洋资源在"港、渔、景、油、涂、能"方面的优势,与陆域经济在产业、市场、资金、科技、人才和机制方面的优势结合起来,加快"三大对接工程"建设,大力推动陆海产业联动发展、生产力联动布局、基础设施联动建设、生态环境联动保护治理,在陆海联动发展中取得海洋经济的大发展。

2. 调整结构,优化布局。加快调整海洋渔业结构,大力发展港口海运、临港工业、滨海旅游业和新兴海洋产业,提升海洋经济整体竞争力。以沿海港口城市和主要大岛为中心,把海洋资源优势和陆域经济优势结合起来,重点建设一批海洋产业区和海洋项目,逐步形成各具特色、优势明显的海洋产业带和块状海洋经济。

3. 统筹兼顾,协调发展。坚持海洋经济发展规模、速度与资源环境承载力相适应,坚持海洋资源开发利用与海洋生态环境保护相统一,加快治理海洋污

染,加强海洋生态环境建设,努力实现资源利用集约化、海洋环境生态化,增强海洋经济可持续发展能力。

4.依靠科技,集约发展。深入实施"科技兴海"战略,优化海洋科技、教育资源配置,加强海洋科技研发和成果转化应用,加快人才培养和引进,促进海洋开发由粗放型向集约型转变,不断提高海洋经济发展水平。

5.市场主导,体制创新。进一步深化改革,充分发挥市场配置资源的基础性作用和各方面投资开发海洋经济的积极性,形成多元化的投入机制和市场化的运作机制。

(二)发展目标

1.总体目标。

海洋经济在国民经济中所占比重进一步提高,海洋经济结构和产业布局得到优化,新兴产业快速发展,优势产业竞争力显著增强,海洋生态环境质量明显改善,走出一条海洋经济与陆域经济联动发展的新路子。

2.2010年具体目标。

(1)进一步扩大海洋经济总量。

(2)优化海洋产业结构和布局。调整海洋捕养结构,大力发展临港工业等海洋第二产业,积极拓展海洋服务业。突出重点地区、重点领域和重点项目,努力营造功能分工明确、特色优势显著的海洋经济区域发展新格局。

(3)基础设施进一步完善。"三大对接工程"建成,陆海基础设施互通共享,宁波、温州等中心城市对海岛的经济辐射能力显著提高,陆海经济联动初显成效。

(4)形成一批海洋经济强市、强县(市、区)。

(5)海洋生态环境明显改善。海洋生态环境保护工作得到加强,海洋污染得到有效治理。

三、重点海洋产业发展

(一)港口海运业

港口海运业的发展,要整合资源、优化布局、拓展功能、创新体制。根据国家建设上海国际航运中心的总体部署,开发大港口,建设大通道,发展大物流,加快形成以宁波—舟山深水港为枢纽,温州、嘉兴、台州港为骨干,各类中小港口相配套的沿海港口体系和现代物流系统,为充分利用国际、国内两个市场和两种资源,加快全省和长江三角洲地区经济发展服务。

(二)临港工业

临港工业重点要抓好石化、能源、钢铁和船舶修造业的规划建设,为浙江先进制造业基地建设和环杭州湾地区、温台沿海产业带发展奠定基础。

(三)海洋渔业

按照“坚决压缩近海捕捞,稳健拓展远洋渔业,努力提升水产养殖,主攻水产品加工业,培育发展休闲渔业”的方针,继续推进渔业结构的战略性调整。

(四)滨海旅游业

我省海洋旅游资源十分丰富,具有类别多、分布广、景观美、容量大等特点,海洋旅游业是最具特色和开发潜力的海洋产业之一。海洋旅游业要着力抓好旅游资源的整合、旅游功能的拓展和旅游网络的完善,逐步形成“一核、一带、多板块”的海洋旅游新格局。

“一核”:即建设以舟山本岛为依托,以普陀山、朱家尖、沈家门“金三角”为核心,以“海山佛国、海岛风光、海港渔都”为特色的舟山海洋旅游基地,集中体现我省海洋旅游的特色和优势。

“一带”:即全省整个黄金海岸带。要特别重视杭州湾大通道、甬台温第二公路通道沿线的滨海旅游资源开发和环境保护,使之成为展示浙江滨海旅游特色的亮丽风景线。

“多个特色板块”:即依托沿海城市或中心海岛,开发形成陆海组合、相互联动、出游方便、各具特色的滨海旅游板块。

(五)海洋新兴产业

海洋新兴产业是高新技术产业向海洋的延伸,是建设海洋经济强省的重要内容和标志之一。依托国家海洋局第二海洋研究所、浙江海洋学院以及其他大专院校和科研院所,发挥我省科技力量较强、产业基础较好、投入机制较活的优势,加快海洋新兴产业的发展。积极利用高新技术改造传统海洋产业,组织共性技术、关键技术的联合攻关与推广,重点扶持骨干企业和拳头产品的发展,积极培育壮大新的产业优势。

四、海洋经济区域布局

根据我省海洋资源分布和沿海区域经济特点,将全省划为宁波舟山、温台沿海和杭州湾两岸三个海洋经济区域,逐步形成以宁波和舟山为主体、温台沿海和杭州湾为两翼,以港口城市和主要大岛为依托,以“三大对接工程”为纽带,海洋资源和区域优势紧密结合,海洋产业与陆域经济相互联动的布局体系。

(一)宁波、舟山海洋经济区

本区包括两市的滨海地区和舟山市的海岛及邻近海域,拥有港、渔、景、涂等优势资源。宁波港和舟山港分别为全国第二、第九大港,海洋开发基础较好,海洋产业初具规模,海洋经济比较发达。

主要发展方向为:加快舟山大陆连岛工程建设,全面推动陆海经济联动和宁波都市圈建设;开发海洋优势资源,形成港口海运业、临港工业、海洋渔业、滨海旅游业和海洋新兴产业综合发展的优势;加强宁波、舟山两港整合,推进宁波、舟山港口一体化,建设国际远洋集装箱和大宗散货中转基地,成为上海国际航运中心重要组成部分和现代物流枢纽;加快建设石油化工基地、能源工业基地、钢铁工业基地和船舶工业基地;建设沿海水产品养殖、加工基地,发展海洋药物、海洋食品、海洋化工、海水综合利用和海洋能开发等新兴产业;构建舟山海洋旅游基地和浙东滨海旅游板块。

(二)温台沿海海洋经济区

本区包括温州市、台州市的滨海地区和海岛及邻近海域,深水岸线、风景旅游和滩涂资源丰富。温州港是我国沿海枢纽港之一,台州港是浙东沿海的重要港口。本区体制、机制活力强,民营经济发达,海洋经济发展基础较好。

主要发展方向为:加快温州洞头半岛工程建设,发挥中心城市对海洋经济的带动作用;加快发展临港工业、港口海运业、滨海旅游业和海洋油气开发业,抓好沿海水产、养殖加工基地建设;温州港要建设成为浙东南和闽东北、金温和浙赣铁路沿线内陆地区的重要口岸、货物中转基地,以及东海油气田勘探开发后方基地;台州港要发展成为浙中沿海以能源、化工为主,内外贸兼顾的综合性港口;加快建设三门核电站和一批港口电厂;积极发展海洋药物、海洋化工、海水淡化和海洋能开发等新兴产业;构建温台沿海滨海旅游带和海上特色旅游板块。

(三)杭州湾两岸海洋经济区

本区包括杭州湾北岸的嘉兴市部分地区、南岸的绍兴市部分地区以及杭州市的临杭州湾区域。本区滩涂资源丰富,海洋经济发展基础较好,海洋开发程度较高。

主要发展方向为:充分发挥杭州作为全省经济文化、科技教育中心的作用,加大对全省海洋开发的参与和科技、人才、金融等方面的支持;加快建设杭州湾大通道,实现萧绍平原和浙北平原的对接;重点建设能源、石化、机械、木材加工等临港工业,积极发展海洋生物化工、电子、工程材料等海洋新兴产业,大力提升传统轻工制造业;继续建设秦山核电基地和嘉兴电厂;嘉兴港要服务于环杭州湾产业带建设和苏南、皖南地区出口需要,同时积极配合上海港和宁波港的发展;建设特色鲜明的浙北旅游带;依托中心城市和沿海港口体系,加快发展现代物流业。

五、海洋资源与生态环境保护

营造蓝色洁净的海洋环境,保护良性循环的生态系统,合理开发“蓝色国土”,是创建生态省、打造“绿色浙江”的重要任务。认真实施《中华人民共和国海洋环境保护法》和《中华人民共和国海域使用管理法》,严格海洋功能区划和海域使用管理制度,保护海洋资源与生态环境,促进海洋经济可持续发展。

(一)治理改善近岸海域生态环境

以恢复和改善近岸海域水质与生态环境为目标,以控制入海污染物和海洋生态修复为重点,组织实施“碧海行动计划”。逐步实行重点海域污染物排海总量控制,严格控制陆源污染物排放。加快沿海城市、江河沿岸城市污水、垃圾处理,提高污水处理率、垃圾处理率和脱磷、脱氮效率。限期整治和关闭污染严重的入海排污口,严格限定和管制废物倾倒区。加强有毒有害化学制品、易燃品储运管制,严格控制重金属污染。临海企业要逐步推行全过程清洁生产,加强沿海地区面源污染控制,积极发展生态型种植业和养殖业。

加强海上污染源管理,提高船舶和港口防污设备的配备率,严格石油泊位和储运设施安全防护,防范突发性海洋污损事故。

(二)综合整治河口、港湾

加强杭州湾、象山港、三门湾和乐清湾等重要港湾的环境监测和整治,协调港口、航运、围垦、养殖、旅游和临港工业等开发建设活动,严格控制入海污染物排放总量,保护和修复生态环境。把加强河口、港湾综合整治作为“碧海生态建设”的重要抓手,与“百亿生态环境建设工程”、“万里清水河道工程”等结合起来,协调推进。把长江口及杭州湾生态环境保护和修复,作为主动接轨上海、积极参与长江三角洲地区合作与交流的重要内容,联合上海、江苏,争取国家支持,实施长江口及杭州湾生态环境保护和修复工程。

(三)保护海洋生物资源

着力保护和恢复近海渔业资源,加大渔业资源增殖力度。重点实施“振兴近海渔业资源行动”,大规模开展人工增殖放流和人工鱼礁建设,促进近海渔业资源逐步得以恢复。严格禁渔区、禁渔期等休渔制度,改进捕捞作业方式,进一步减轻近海渔业资源捕捞强度。加强舟山渔场、乐清湾红树林、南麂岛贝藻类生物和其他河口、海湾水生资源繁育区的保护。

规范现有海洋自然保护区管理,建设若干新的海洋特别保护区,保护珍稀濒危物种。开展海洋生态保护及开发利用示范工程建设。

(四)合理开发利用滩涂

我省具有丰富的滩涂资源,适宜围垦的滩涂约有 18 万公顷,并且每年以近 0.27 万公顷的速度自然淤涨。建国以来,我省已围涂造地 17.7 万公顷,相当于全省现有耕地的十分之一。随着工业化和城市化的加速推进,全省建设用地需求量猛增。合理开发利用滩涂资源,是解决建设用地短缺的重要途径,也是推进陆海经济联动的有效措施。开发利用滩涂要遵循“在保护中开发、在开发中保护”的原则,坚持规划指导、综合论证、依法审批、合理开发,严禁低滩围垦,严格保护沿海沼泽草地、芦苇湿地、红树林区等重要湿地和天然水产种苗繁育区。

(五)保护和合理利用岸线资源与无居民海岛

制定海岸开发和保护规划,科学合理、集约有序地利用岸线资源。严格保护深水岸线,按照“深水深用、浅水浅用”原则,优先保证重要港口和临港工业建设需要。城镇规划区及紧临城镇的海岸线要纳入城镇总体规划,按照城镇发展需要合理分配、科学利用。具有特色的海岸自然、人文景观优先用作城镇生活岸线和滨海旅游业的发展。加强侵蚀岸段的治理。保护护岸植被,严禁非法采石挖砂。

六、沿海、海岛基础设施建设

按照“整合沿海、延伸海岛、加强互通、扩大共享”和“大岛建、小岛迁、有条件的陆岛连”的总体思路,继续加快沿海港口城市、临港工业区,以及主要海岛基础设施配套建设。

(一)交通建设

围绕海洋经济发展,进一步完善“接陆连海、贯通海岸、延伸内陆”的大交通网架。“接陆连海”,主要是集中力量加快“三大对接工程”建设,构成连接大陆和海洋的重要纽带;“贯通海岸”,主要是在已有沪杭甬高速公路、铁路和甬台温高速公路基础上,加快甬台温第二公路通道和甬—台—温—福沿海铁路干线建设;“延伸内陆”,主要是加快省内路网连接,增加省际公路、铁路通道,改善内河航道,拓展宁波—舟山枢纽港以及温州、台州、嘉兴沿海港口和沿海城市通往内陆腹地的物流走廊,提高综合集疏运能力。

继续加强海岛交通设施建设,改善主要海岛生产生活条件。重点是舟山、洞头、大陈等主要海岛的公路改造和码头建设。万人以上大岛配套完善车客渡滚装码头和快速客轮,3000人以上岛屿全部建成客货专用码头。

(二)水利建设

加强沿海和海岛地区供水、防洪排涝等水利设施建设,分阶段、多渠道解决浙东、浙北、浙中南沿海,特别是区域中心城市和重要工业区的水资源短缺问题。海岛地区除了通过建库扩容、河道取水、大陆引水、沉井取水、屋顶积水等多种方式开源聚水外,要特别注重建立节水型产业结构,积极创建节水型城市(镇)。同时,加强污水处理能力建设和循环回用,提高水资源综合利用效率。积极推进海水淡化产业化,扩大海水淡化和直接利用规模。

(三)能源建设

除沿海大型电站和主网架建设外,继续完善大陆向主要海岛供电工程建设，保障海岛市、县（市、区）可靠、优质的电力供应，早日实现与大陆同网同价。继续抓紧实施海岛地区农村电网改造建设。鼓励利用风能、太阳能、潮汐能、生物能等可再生能源，大力开发可再生能源用作海水淡化、城乡公共设施电源的技术和设备。

（四）信息基础设施建设

进一步加强大陆与主要海岛、主要海岛与邻近大岛的信息联网，不断提高网络化水平。充分利用目前各种经济、安全、有效的信息技术，特别是移动通信技术，实现其他海岛地区信息传送和联网共享。加快海上预警预报、搜救抢险、环境监测等信息系统配套建设。

七、海洋经济强省建设的主要措施

（一）切实加强海洋经济强省建设工作的领导

根据海洋经济强省建设总体部署，全面开展沿海市、县（市、区）海洋经济发展规划工作，制定港口海运业、临港工业、海洋旅游业、海洋渔业、海洋新兴产业等重点领域专项规划，以及主要大岛、河口港湾、重要海岸等重点区域的布局规划，确保《纲要》的细化和落实。

（二）理顺海洋管理体制，严格依法管理海洋

认真落实国家和省有关法律法规，理顺海洋管理体制，加强海洋综合管理。改革行政审批制度，维护市场经济秩序，创造良好的海洋开发投资环境。全面实施海洋功能区划、海域使用权属和海域有偿使用制度，加快海域使用管理信息系统建设。完善海洋经济统计制度。加强海洋执法队伍建设，改进海洋执法装备，强化海上联合执法管理，确保各项海洋法律法规的贯彻实施。

（三）实施科技兴海，提高海洋产业竞争力

加快海洋科技资源整合，建设海洋科技创新体系。整合我省与中央驻浙海洋科研力量，整合浙江大学、宁波大学、浙江海洋学院等有关涉海专业，加快培养一批创新型人才。建立国家和省重点涉海实验室、中试基地，加强对海洋科技的研究开发，增强海洋科技创新能力。完善海洋技术中介服务体系，鼓励创办海洋科技区域创新服务中心。省科技经费要进一步加大对科技兴海的支持力度。加强引进国内外高层次海洋科技与管理人才，重视和加强在职培训与海洋科普教育。以企业为主体，加强与国内外高等院校、科研院所的产学研合作，抓好引进技术的消化、吸收、创新。加强关键技术和共性技术的攻关，提升海洋传统产业，培育海洋高新技术产业，逐步提高高新技术产业在海洋经济中的比重。

(四)拓宽投融资渠道,进一步加大海洋经济投入

进一步落实《浙江省人民政府关于贯彻国务院投资体制改革决定的意见》(浙政发〔2005〕4号)精神,拓宽海洋基础设施建设和海洋产业发展的投资、融资渠道,确立企业在发展海洋经济中的投资主体地位,鼓励和支持国内外各类投资者依法平等参与海洋经济开发。各级财政要继续加大对海洋经济的投入,并进一步优化结构,突出重点。

(五)加大扶持力度,促进海岛县的建设和发展

继续实施"大岛建、小岛迁、有条件的陆岛连"。支持海岛县进一步扩大对外开放,多渠道吸引各类资金参与海岛开发与建设。省财政在现有政策范围内对海岛县在资金安排上予以适当倾斜。

(六)加强海洋生态环境保护,促进海洋经济可持续发展

全面实施海洋生态环境建设与保护规划,建立和完善海洋自然保护区和海洋特别保护区,加强海洋信息服务工作,健全海洋环境监测体系、海洋灾害预警预报和防御决策体系,以及海洋污损应急处理和救助体系,提高防灾减灾和应对突发性海难、重大海洋污损事件的能力,促进海洋经济可持续发展。

浙江省海洋事业发展“十二五”规划(2011—2015)

为加快浙江海洋事业发展,着力提升我省海洋综合实力,实现海洋经济强省目标,依据《中华人民共和国海域使用管理法》等涉海法律法规,按照《浙江海洋经济发展示范区规划》和《浙江省国民经济和社会发展第十二个五年规划纲要》等规划精神,编制《浙江省海洋事业发展“十二五”规划》。本规划所称海洋事业,是指为保障海洋资源可持续利用、维护海洋生态系统平衡和促进海洋经济稳定发展,而进行的海洋综合管理与公共服务活动,涵盖海洋资源、环境、生态、文化和安全等方面。规划期限为2011年至2015年。

一、现实基础和发展环境

(一)现实基础

“十一五”时期是浙江海洋事业跨入全面、快速、健康发展的重要的战略转型期,全省上下高度重视海洋事业发展,海洋经济成为国民经济新的增长点。

1.海域使用管理不断完善

全省海域管理工作进一步强化,在深入贯彻实施海域管理的相关法律法规和规划的基础上,进一步完善了海域审批和管理制度。海域使用管理信息化水平不断提高,海域使用管理审查审批系统和海域动态监视监测系统在海域管理中发挥了很好的作用。

2.海洋生态环境保护明显加强

海洋生态环境监测与评价工作进一步强化,在全国率先建立起省、市、县三级海洋环境监测体系,实现海域全覆盖。

3.海洋公共服务不断完善

海洋信息化建设取得较大成就,“数字海洋”基础框架构建完成,“浙海网”数据共享计划和数据平台建设深入推进,海洋渔船数据库建设逐步完善,海洋渔船安全救助信息系统、海洋灾害视频会商系统开始运行,海洋经济统计与核算体系基本建立并发挥作用。海洋防灾减灾应急制度初步建立,主要海洋灾害预警体系初步形成。

4.海洋经济实力不断提高

2010年,全省海洋生产总值为3774.7亿元,比2005年增长122.5%。海洋经济占全省生产总值的比重为13.6%,比2005年上升1个百分点。海洋产业体系较为完备,海运、石化、船舶、海水综合利用等行业成就突出,船舶工业,居全国第三位；海水综合利用增加值，居全国领先地位。

5.海洋科技教育持续进步

海洋科研投入不断增长，研发投入占海洋生产总值比重达1.9%。开展近海海洋综合调查评价和三门湾、乐清湾主要污染物总量控制及环境容量研究。此外，国家与地方共建、省地共建的中国海洋科技创新引智园区、温州海洋研究院等各类海洋科研机构和海洋研究与开发平台筹建工作也取得较大进展。

（二）存在问题

尽管“十一五”时期我省海洋事业取得了较大的进展，但仍面临着问题和挑战。

生态环境保护有待加强。

海洋管理有待强化。

海洋科技总体实力有待提高。

海洋信息化水平有待提升。

海洋突发事件处置能力有待提高。

（三）发展趋势

“十二五”时期，全球海洋经济仍将加速发展，面对当前发展环境，我省海洋事业发展将呈现以下趋势：

一是海洋事业呈现跨越发展新局面。

二是海洋事业进入协调发展新时期。

三是海洋事业步入注重生态文明建设新阶段。

二、指导思想与发展目标

（一）指导思想

以邓小平理论和“三个代表”重要思想为指导，全面贯彻科学发展观，认真落实省委“八八战略”、“创业富民、创新强省”总战略和生态文明建设决定，准确把握新时期海洋事业发展的阶段性特征，紧紧围绕浙江海洋经济发展示范区和舟山群岛新区两大国家战略的实施，统筹推进浙江海洋事业发展。

（二）基本原则

“十二五”时期，全省海洋事业发展遵循以下基本原则：

1.坚持统筹协调

2.坚持可持续发展

3.坚持公共导向

4.坚持创新推动

（三）发展目标

根据海洋事业发展指导思想和基本原则，“十二五”期间浙江海洋事业发展努力实现以下目标：

——海洋综合管理能力明显加强。

——海洋生态环境保护水平不断提高。

——海洋公共服务能力显著提升。

——海洋经济综合实力明显增强。

——海洋科技教育和文化事业繁荣发展。

三、海洋资源保护与利用

（一）海域使用管理

强化海洋区划与规划编制。

严格执行海域使用管理制度。

实施海域使用动态监视监测。

启动海域使用权二级市场的建设。

（二）海岛保护与开发

加快全省海岛保护相关规划和办法的编制与实施，加大重要海岛生态保护与开发力度，完善海岛基础设施建设，加强无居民海岛的保护，切实保护和利用好海岛资源。

健全海岛保护与利用制度。

加大重要海岛开发力度。

完善海岛基础设施建设。

加强海岛保护。

（三）港口岸线资源利用

优化交通、渔业、旅游等港口布局，完善各类港口集疏运体系，严格岸线资源利用审批制度，确保岸线资源得到有序利用。

优化港口布局。根据沿海港口发展的优势和特点，按照其在地区域经济、对外贸易发展中的作用，在综合运输体系中的地位，进一步优化全省港口布局，形成功能现代化、交通网络化、港口联盟化、管理一体化的现代化港群。

加强岸线资源保护。按照科学开发、切实保护、因地制宜、协调发展要求，建立以岸线基本功能管制为核心的管理机制。

（四）水生生物资源养护

通过开展水生生物资源基础调查，摸清资源底数，采取“管、控、护”等综合措施，促进水生生物资源恢复，改善和修复海洋生态环境。

加强水生生物资源管理。开展水生生物资源基础调查，摸清近海水生生物资源状况，为科学实施综合配套管护措施提供依据。

控制海洋捕捞强度。严格执行“十二五”时期国家对浙江海洋捕捞渔船数量和功率指标“双控”制度，着力规范海洋捕捞渔船渔具渔法。

推进海洋牧场建设。制订并实施浙江省海洋牧场建设方案，支持沿海各地开展海洋牧场区及其示范区建设。

(五)海洋可再生能源与海水利用

积极推进海洋可再生能源开发与海水综合利用。加强沿海地区潮汐能、风能的开发利用，合理布局发电站，缓解滨海地区的用电矛盾。加强海水综合开发利用，保障海岛等特殊区域的淡水供应。

推进沿海潮汐能、潮流能开发。

实施沿海地区风能开发利用。

推进海水综合利用。

四、海洋生态环境保护

按照加强海洋蓝色生态屏障建设的要求，实施入海污染物总量控制制度，严格海洋环境监督，加大海洋污染控制。

(一)海洋环境监督与评价

完善海洋环境监督机制。

加强海洋环境评价。

健全海洋环境保护制度。

(二)海洋污染控制与治理

加强入海污染物排放总量控制。

加强近岸海域环境整治。

(三)加强海洋生态保护与修复

推进海洋生态系统修复。

实施“蓝色碳汇”行动。

加强海洋环境监测与生态修复基础建设。

五、海洋科技教育与文化

(一)加强科技兴海平台建设

支持涉海科研机构发展。

引导高校院所把研究领域向海洋延伸。

支持企业建立海洋技术开发平台。

构建海洋科技服务体系。

建立海洋标准化平台。

建设一批海洋科研示范园区、基地。

(二)加快海洋科学技术研究

大力实施“科技兴海”战略,依托各类科技兴海平台,强化科技对海洋经济发展的支撑作用和公共服务功能。

开展海洋基础科学研究。鼓励在浙科研机构加强海洋基本理论研究和基础学科建设,推进海洋科学与其他科学之间交叉研究。

开展海洋关键技术研发和应用。支持在浙科研机构积极研发和应用海水淡化与综合利用技术、海洋能利用技术、海洋新材料技术、海洋生物资源可持续利用技术和高效增养殖技术。

开展重点海湾水动力和环境容量研究。大力推广乐清湾、三门湾水动力和环境承载力研究成果与经验,力争完成全省重要河口港湾水动力和环境容量基础研究工作。

(三)发展海洋教育事业

以在浙科研机构和海洋相关院校为依托,以海洋教育强省为目标,加快发展相关涉海院校,大力实施海洋科普计划,繁荣浙江海洋教育事业。

加快发展涉海院校。鼓励浙江海洋院校特色化发展,支持浙江海洋学院创建大学,支持浙江大学、浙江工业大学、浙江财经学院、宁波大学等在浙高校海洋教育队伍的发展壮大。

推进海洋科普事业。启动浙江海洋科普出版物工程,与相关出版集团合作,联合出版海洋研究丛书,编制海洋科普书籍、刊物、报纸。

(四)繁荣海洋文化事业

以海洋文化的传承与发展为基础,以海洋文化旅游产业为突破口,加大海洋文化同各相关产业的互动融合,加快繁荣海洋文化事业。

支持海洋文化的传承与发展。深入开展海洋文化资源的挖掘,形成系统的海洋文化资源保护库,将海洋文化资源分级分类加以保护。

发展海洋文化旅游产业。大力实施品牌战略,打造浙江海洋文化旅游大品牌,把浙江海洋建设成为旅游者体验中国海洋文化的大本营。

六、海洋执法监管

深化海洋行政执法体制改革,完善海洋执法体系,推进海洋综合执法,提高海洋执法能力和监管水平,保护海洋生态环境,维护海洋开发利用的正常秩序,保障海洋经济可持续发展。

(一)加强执法体系和队伍建设

加强执法体制建设。推进执法体制与机制建设,完善执法制度,建立由国家组织督导、省级统一协调,部门密切合作的海洋综合执法体制,加强海洋监管日常巡航检查与多部门合作专项整治行动的结合,以涉海法律法规为依据,强化监督管理,规范执法活动,探索多部门、立体化联合执法的指挥体制,为浙江海洋经济的发展提供保障。

加强执法协作机制建设。建立完善海上执法协调机制、海上执法信息通报和案件移交制度,开展海洋、环保、边防、海事、渔业等部门间的联合执法,探索建立统一行动、联合检查、共同取证,归口办案的海洋执法协作机制,推动执法力量、装备设施、信息情报等资源共字,提高海洋执法效率。

加强执法队伍建设。进一步推进海洋行政综合执法体制改革,强化机构设置和人员配置,按照军事化标准严格海监队伍管理,提升海监队伍正规化管理水平。建立教育培训制度,定期开展法律、管理、技术等方面的教育培训,不断提高海监执法队伍素质和执法监察能力,努力建设一支装备精良、管理现代、反应迅速、执法高效、保障有力的海监执法队伍。

(二)加强执法力度和设施建设

加强执法监察力度。进一步强化海域使用、海岛保护、海洋环境保护、海洋渔业等的巡视监察和处置力度。建立日常执法查处制度,开展"海盾"、"碧海"等专项联合执法行动,严厉打击各类违法行为。加强对海洋保护区、无居民海岛的执法监察,加强对入海排污、海上倾废、石油勘探开发的执法监察,切实维护海洋资源开发秩序,保障海洋开发利用者的合法权益。

加强执法装备建设。按照国家海洋执法有关规定,强化海洋执法装备建设,加强海监执法的基础设施建设,实施海监巡航保障基地建设,建造一批大吨位现代化的海监执法船艇,配置远程呼叫、无线遥控等先进的执法装备,为海洋行政执法提供必要的物质和技术支持。

加强执法监控系统建设。完善卫星地面工作站和船载站、计算机骨干网络、监测实验中心、无线电通信指挥站等基础设施,建设海洋执法监控指挥系统,实现对浙江省毗邻海域的动态监控,以及对海域内海洋行政执法行动的实时指挥监控,完善海洋执法检查数据库,为执法检查办案提供数据支持。

七、海洋公共服务

发展海洋公共服务事业,完善海洋公共服务体系,加强海洋信息化、防灾减灾、环境监测预报、调查与测绘等基础性工作,提高海上交通安全保障、海洋经济支撑服务能力,扩大海洋公共服务范围,提高海洋公共服务质量和水平。

(一)提高海洋信息化服务能力

加快推进海洋信息化建设,积极应用各类涉海调查成果。

建设省级海洋与渔业数据中心,加强基础数据的统一管理,有序推进海洋信息共享，保障信息安全。

（二）提高海洋防灾减灾服务能力

提高海洋灾害应急指挥能力。

提高海洋防灾减灾能力。

（三）提高海洋环境监测预报服务能力

提升海洋环境观测监测能力。

提升海洋环境预报能力。

提升海洋环境和灾害信息服务能力。

（四）推进海洋调查与测绘

加强海洋专项调查与测绘，深化近海海洋综合调查与评价，协助和配合国家继续开展专属经济区和大陆架综合调查，开展外大陆架海域、海洋安全通道和重要渔业资源区等综合调查。修订更新海洋基础数据，完善海洋基础地理空间数据库，海洋基础调查比例尺逐步实现大比例尺化。

（五）提高海上交通安全保障能力

加强海上交通管理和海洋通道安全保障，严格船舶检验、登记、签证制度，规范船舶航行、停泊和作业活动，加强危险货物管控、交通事故处置、海底障碍物清除的监督管理。进一步完善通信和导航系统，建成连续覆盖全省沿海海域的高频通信系统。完善渔船安全救助信息系统，更新改造沿海渔业无线电通信设施，实现网络化集群管理，加强船舶自动识别系统、船舶交通管理系统建设。建设监管综合救助基地，完善专业救助设施，如强海洋、气象灾害预警信息应用，提高海上交通安全监管与救助能力。

（六）提高海洋经济支撑服务能力

增强海洋事业对海洋经济发展的保障作用。加强对涉海产业发展的指导，提高对海洋经济发展的服务能力，引导海洋产业结构调整，优化区域产业布局，推动海洋产业向“一核两翼三圈九区多岛”的总体布局发展。

实施海洋经济运行监测评估。加快实施和完善海洋经济运行监测评估方法和机制，全面开展沿海设区市海洋生产总值核算制度，提高对海洋经济运行发展趋势的研判能力，为沿海产业发展、沿海地区经济结构调整提供科学依据。

八、重大工程

为保障浙江海洋事业“十二五”规划目标和各项任务的顺利完成，“十二五”时期，浙江海洋事业发展重点实施“海洋事业 512 工程”，即：涉及海洋事业发展的 5 大工程、12 个项目。

(一)海洋与海岛管理工程

1.海洋与海岛管理项目

开展省、市、县三级海洋功能区划修编和无居民海岛保护与利用规划编制实施;实施海岛地名普查及岛碑设置,开展海岛资源调查,全面掌握海岛基本情况,建设海岛管理信息系统和遥感监视监测系统,实现海岛动态管理;实施海域使用管理信息化建设,实现海域使用权证书网上申办,加强海域使用动态监视监测系统建设,在重要海域设置视频探头进行实时监控,对重大建设项目使用海域的实行全过程监视监测。

2.海洋执法装备现代化建设项目

按照建设一支“装备精良、管理现代、反应迅速、执法高效、保障有力”的海洋行政执法队伍要求。新建1500吨级维权执法专用海监船1艘,600吨级维权执法专用海监船4艘,海岛保护和管理执法艇9艘,海监执法专用车6辆,海监维权巡航保障基地一个。

(二)海洋环境保护工程

3.海洋环境监测能力提升项目

完善海洋环境监测和环境应急监测体系,健全省市县三级海洋环境监测体系,建立重点入海污染源、重点港湾和生态脆弱区监测体系。

常规海洋环境监测及水质在线自动监测系统建设方面,在现有省市县海洋环境监测站的基础上,建设完善监测网络,加强生态浮标系统配备、岸站接收系统、数据传输系统等建设。加强重点县级监测站的能力建设,增加监测站的人员和设备配置。启动建设重要功能海域环境质量自动在线监测,逐步增加海域环境监测站位点与监测要素,建立健全赤潮灾害与重大海洋污损的应急响应机制及跟踪监测,及时编制发布相关的监测评价结果,切实提高海洋与渔业环境监测预报成效的社会显示度。

海洋环境应急监测能力建设方面,要实施省市县三级海洋环境监测站(中心)的海洋环境应急监测能力建设,在港口、码头、锚地和石油化工储运较为集中的嘉兴、宁波和舟山海域,组建一个浙北海域海洋环境应急监测中心(浙北中心);在台州炼化一体化项目与大陈岛、温州大、小门岛等大石化储运基地,温州乐清湾两岸的大麦屿港区和温州乐清湾港区等港口、码头、锚地和石油化工储运较为集中浙南海域,组建一个浙南海洋环境应急监测中心(浙南中心)。

4.海洋污染防治项目

建设主要污染物排放入海口配置在线自动监测设置,实施污染物排放总量控制制度;实施对入港船舶压载水的排放监测管理,防止外来生物入侵;建立船舶及其有关作业活动污染海洋环境的监测监视机制,根据相关法律法规,在主要港口、海洋保护区、滨海旅游区、养殖区建立船舶污染物(包括船舶垃圾、生活污水、含油污水、含有毒有害物质污水、废气等污染物以及压载水）回收处理设置，配备回收船；实施海水生态养殖模式，重点建设围塘养殖污水初级处理、设施养殖用水和育苗用水预处理设备；加强滨海旅游区的环保基础设施建设，开展近岸海域海洋环境监测监视；建设沿海乡镇垃圾收集处理设置，减少近岸海域海漂垃圾。

（三）海洋防灾减灾工程

5.海洋防灾减灾项目

以加强海洋灾害防御非工程性措施为重点，着力推进海洋灾害观测、预警、信息服务、应急处置和风险评估等项目建设，提升科学防灾减灾决策水平，到2015年，初步建立涵盖海洋防灾减灾中心、海洋灾害综合观测网、海洋灾害预警网、海洋灾害信息服务网、海洋灾害应急决策指挥平台和海洋灾害风险评估与区划的全省海洋灾害防御体系；初步建立沿海污染事件应急处置中心和应急设备库，新建一批溢油应急设备库，配置液体化学品泄漏处置设备，提高综合清除能力。

海洋防灾减灾中心建设。主要开展海洋防灾减灾中心业务大楼、省级海啸预警中心和海洋环境监测及灾害预警报技术研究示范基地建设、省级海洋防灾减灾业务系统建设、省级海洋灾害预警业务系统建设和省级海洋灾害信息服务能力项目建设。

海洋灾害综合观测网建设。包括7个海洋观测站、10个重点标准渔港配套建设海洋水文观测站、5个测波雷达站、35艘志愿船观测系统和28个重点区域视频监控点。

海洋灾害预警网建设。建立沿海精细化风暴潮、海啸、海浪、赤潮、溢油扩散和搜救保障等海洋灾害预警综合业务平台、配备万亿次/秒以上量级高性能计算系统、建设以秦山核电站和镇海炼化厂为重点保护目标的重大工程海洋灾害应急技术保障平台。

海洋灾害信息服务网建设。建立省、市海洋灾害服务信息制作平台和全省海洋灾害预警信息快速分发系统，建设全省海洋数据传输专用网络。

海洋灾害应急决策指挥平台建设。建立浙江海洋灾害应急指挥中心、建设省、市、县三级海洋灾害预警与应急响应辅助决策支持系统，开展渔船安全救助信息系统提升建设。

海洋灾害风险评估与区划建设。开展全省海洋灾害风险调查和隐患排查及海平面变化调查与评估、重新开展重点岸段的警戒潮位核定、开展沿海重点区域的风暴潮、海啸灾害风险评估和区划。

(四)海洋生态修复工程

6.典型海洋生态系统保护与恢复项目

对重点海湾、河口、滨海湿地、海岛,重要海洋渔业产卵场、越冬场和洄游通道,重点海洋水产种质资源保护区、水产养殖海域、湿地和红树林等具有典型海洋生态系统的区域,实施生态修复工程。

7.海域海岛海岸带整治修复项目

开展海域海岛海岸带整治修复保护规划编制和实施,开展海域海岛海岸带资源状况的调查,确定海域海岛海岸带整治修复保护目标;开展重要海域海岛生态修复,重点实施涉及国家海洋权益的海域、海岛及具有特殊生态与景观价值的海岛保护,改善有居民海岛生产生活基础设施条件;实施重要海域、无居民海岛及其周边海域生态环境保护及综合整治修复。

8."蓝色碳汇"项目

在沿海开展贝藻类养殖、在滨海湿地开展生态环境治理修复种植红树林,发挥贝藻类及植物生长过程的固碳作用。

9.海洋水生生物资源养护项目

开展近海海域水生生物资源基础调查,摸清资源底数,重点建设省级以上增殖放流区、水产种质资源保护区、海洋牧场区各5个。

(五)海洋公共服务体系工程

10.海洋信息化建设项目

利用"数字海洋"信息框架基础,重点完善充实海域管理、海洋环境保护、海洋防灾减灾、海洋经济运行监测评估、海洋执法监察、海洋科技管理等功能在内的浙江省海洋综合管理与服务信息系统。

11.海洋经济运行监测评估项目

开展海洋经济运行监测评估,全面实施沿海7个市级(杭州、宁波、舟山、嘉兴、绍兴、台州、温州)海洋生产总值核算制度,对海洋主要产业的部分企业经济指标数据实行网上月报动态监测,提高海洋经济运行监测与评估能力。

12.海洋社会科学文化研究项目

开展海洋管理、海洋产业经济、海洋法学等科学研究和学术交流;支持海洋海岛历史文物遗迹发掘考察研究和海洋博物馆建设、支持对外及地区间海洋社会科学文化及海洋经济交流合作;举办各类以海洋为主题的海洋宣传日、海洋科普、海洋文化节、海洋论坛等活动;利用广播电视、报刊、会展等多种形式,开展爱海洋宣传,增强国民的海洋意识。

九、保障措施

(一)加大宣传力度提高对海洋事业战略地位的认识

(二)完善管理体制提高海洋事业服务的能力

(三)加大投入力度增强海洋事业资金保障能力

(四)实施人才战略提高海洋事业的科技支撑能力

(五)坚持依法行政建立海洋事业发展长效机制

浙江海洋经济发展示范区规划(节选)

浙江是长江三角洲地区的重要组成部分,是我国促进东海海区科学开发的重要基地,是国务院确定的全国海洋经济发展试点地区之一,在促进我国沿海地区扩大开放和海洋经济加快发展中具有独特地位。为充分发挥浙江海洋资源和区位优势,加快培育海洋战略性新兴产业,积极推进海岛开发开放,努力建设海洋生态文明,探索实施海洋综合管理,提高海洋开发、控制、综合管理能力及对区域辐射带动能力,促进长江三角洲地区产业结构优化和发展方式转变,为全国海洋经济科学发展提供示范,特制定《浙江海洋经济发展示范区规划》(以下简称《规划》)。

《规划》区域范围主要包括浙江全部海域和杭州、宁波、温州、嘉兴、绍兴、舟山、台州等设区市的市区及沿海县(市)的陆域(含舟山群岛、台州列岛、洞头列岛等岛群)。区内人口约2700万,海域、陆域面积分别为26万平方公里和3.5万平方公里,其中海岛的陆域总面积约0.2万平方公里。规划期限为2011—2020年,重点为"十二五"时期。《规划》同《长江三角洲地区区域规划》和《国务院关于支持福建省加快建设海峡西岸经济区的若干意见》相衔接,是指导浙江海洋经济发展的纲领性文件,是推进浙江海洋经济发展试点工作的重要依据。

一、发展条件与重大意义

(一)发展条件

海洋资源较为丰富。浙江拥有丰富的港、渔、景、油、涂、岛、能等资源,组合优势明显,具有加快海洋经济发展的巨大潜力。

区位条件十分优越。浙江海洋经济发展示范区北承长江三角洲地区,南接海峡西岸经济区,东濒太平洋,西连长江流域和内陆地区,区域内外交通联系便利,紧邻国际航运战略通道,具有深化国内外区域合作、加快开发开放的有利条件。

特色产业优势突出。2009年区内实现地区生产总值(GDP)1.56万亿元,人均GDP5.5万元;海洋生产总值3002亿元,三次产业比为7.9∶41.4∶50.7,海洋产业体系比较完备。海运业发达,货物吞吐量7.15亿吨、集装箱吞吐量1118万标箱,宁波—舟山港跻身全球第二大综合港、第八大集装箱港。船舶工业产值738亿元,居全国第三位。海水淡化运行规模9.35万吨/日,居全国首位。滨海旅游、海洋生物医药、海洋能源等产业发展加快。

体制机制灵活高效。浙江在全国较早推进要素市场化配置、资源环境有偿使用等改革，经过多年发展完善，基本形成了高效、规范的市场机制，为海洋经济发展提供了良好环境。

科教支撑能力较强。拥有大量科研机构和院校，海洋科研机构经常费收入居全国第四位，海洋本专科专业点数居全国第二位。

同时也应看到，与独特的海洋开发优势相比，浙江海洋经济总量及其占GDP比重相对较低，海洋高技术产业和服务业发展较为滞后；海洋生态系统和珍稀濒危物种保护力度有待加大，近岸海域生态环境承载力尚待加强，沿海防灾减灾任务较为艰巨；海洋经济转型升级和海陆联动等体制机制创新亟待加强，实现海洋经济强省目标任重道远。

（二）重大意义

有利于科学开发利用海洋资源，促进海洋经济转型升级和可持续发展。

有利于完善沿海区域发展战略格局，实现海陆统筹。

有利于保障国家战略物资供应安全，维护国家海洋权益。

二、总体要求与发展目标

（一）指导思想

以邓小平理论和"三个代表"重要思想为指导，全面贯彻落实科学发展观，按照党的十七届五中全会关于发展海洋经济的总体要求，坚持人海和谐、海陆联动、江海连结、山海协作，统筹处理好海洋经济与陆域经济、经济建设与民生保障、资源开发与生态保护等方面的关系，加强体制机制创新，构建现代海洋产业体系，努力把浙江沿海和海岛地区建设成为我国综合实力较强、核心竞争力突出、空间配置合理、科教体系完善、生态环境良好、体制机制灵活的海洋经济科学发展示范区。

（二）战略定位

我国大宗商品国际物流中心。

我国海洋海岛开发开放改革示范区。

我国现代海洋产业发展示范区。

我国海陆协调发展示范区。

我国海洋生态文明和清洁能源示范区。

（三）基本原则

海陆统筹，联动发展。

整合提升，集群发展。

科教先导，集约发展。

生态优先,持续发展。

深化改革,创新发展。

(四)主要目标

到2015年主要目标:

海洋经济综合实力明显增强。海洋经济综合实力、辐射带动力和可持续发展能力居全国前列,在全国的地位进一步提升。到2015年,示范区内GDP突破2.6万亿元,占全省的3/4,人均GDP达8.6万元;示范区内海洋生产总值接近7000亿元,三次产业结构为6∶41∶53,占全国海洋经济比重提高到15%,基本实现海洋经济强省目标。

港航服务水平大幅提高。巩固宁波—舟山港全球大宗商品枢纽港和集装箱干线港地位,基础设施实现网络化、现代化。到2015年,沿海港口完成货物吞吐量9.2亿吨,集装箱、原油及成品油等在沿海港口中所占比例较大提升,形成较为完善的"三位一体"港航物流服务体系,基本建成港航强省。

海洋经济转型升级成效显著。海陆联动开发格局基本形成,在港口物流、滨海旅游、海洋装备制造、船舶工业、清洁能源、现代渔业等领域形成一批全国领先、国际一流的产业和企业集群,在海洋生物医药、海水利用、海洋科教服务、深海资源勘探开发等领域取得重大突破,海洋产业结构明显优化,海洋经济效益显著提高。到2015年,海洋战略性新兴产业增加值占海洋生产总值提高到30%以上。

海洋科教文化全国领先。海洋文化建设深入推进,全民海洋意识不断强化,涉海院校和学科建设加快,海洋科技创新体系基本建成,海洋科技创新能力明显提高,建成一批海洋科研、海洋教育、海洋文化基地。到2015年,示范区内研究与试验发展经费占地区生产总值的比重达到2.5%,科技贡献率达70%以上。

海洋生态环境明显改善。海洋生态文明和清洁能源基地建设扎实推进,海洋生态环境、灾害监测监视与预警预报体系健全,陆源污染物入海排放得到有效控制,典型海洋和海岛生态系统获得有效保护与修复,基本建成陆海联动、跨区共保的生态环保管理体系,形成良性循环的海洋生态系统,防灾减灾能力有效提高。到2015年,清洁海域面积力争达到15%以上。

到2020年,全省海洋生产总值力争突破12000亿元,三次产业比为5∶40∶55,科技贡献率达80%左右,战略性新兴产业增加值达35%左右,全面建成海洋经济强省。大宗商品储运与贸易、海洋油气开采与加工、海洋装备制造、海洋生物医药、海洋清洁能源等在全国地位巩固提升,建成现代海洋产业体系。

三、优化海洋经济发展布局

坚持以海引陆、以陆促海、海陆联动、协调发展,注重发挥不同区域的比较优势,优化形成重要海域基本功能区,推进构建"一核两翼三圈九区多岛"的海洋经济总体发展格局。

(一)强化一核

"一核",即宁波—舟山港海域、海岛及其依托城市。围绕增强核心区的辐射带动和产业引领作用,继续推进宁波—舟山港口一体化,积极推进宁波、舟山区域统筹、联动发展,将其打造成为我国海洋经济参与国际竞争的核心区域和保障国家经济安全的战略高地。

(二)提升两翼

"两翼",即以环杭州湾产业带及其近岸海域为北翼,以温台沿海产业带及其近岸海域为南翼。尽快提升两翼发展水平,对于促进区域协调发展和提高海洋经济总体实力具有重要作用。

(三)做强三圈

"三圈",即杭州、宁波、温州三大沿海都市圈。推进新型城镇化,做强三大都市圈,增强现代都市服务功能。

(四)集聚九区

"九区",即整合提升现有沿海和海岛开发区、园区基础上,坚持产业培育与城市新区并重建设,重点建设杭州、宁波、嘉兴、绍兴、舟山、台州、温州等九大沿海产业集聚区。

(五)利用多岛

"多岛",即分类指导,重点推进定海、岱山、泗礁、玉环、洞头,以及梅山、六横、金塘、衢山、朱家尖、洋山、南田、头门、大陈、大小门、南麂等重要海岛的开发利用与保护。根据各海岛的自然条件,科学规划、合理利用海岛及周边海域资源。

大力增强浙江海洋经济发展示范区对全省和周边省市的辐射带动作用,互为依托,共同发展。

四、打造现代海洋产业体系

发挥特色优势,推进海洋战略性新兴产业、海洋服务业、临港先进制造业和现代海洋渔业发展,建设现代海洋产业基地,健全现代海洋产业体系,增强海洋经济国际竞争力。

(一)扶持发展海洋战略性新兴产业

海洋装备制造业。

清洁能源产业。

海洋生物医药产业。

海水利用业。

海洋勘探开发业。

(二)培育发展海洋服务业

海洋金融服务业。

滨海旅游业。

航运服务业。

涉海商贸服务业。

海洋信息与科技服务业。

(三)择优发展临港先进制造业

船舶工业。

(四)提升发展现代海洋渔业

海洋捕捞和海水养殖业。

水产品精深加工和贸易。

五、构建“三位一体”港航物流服务体系

(一)构筑大宗商品交易平台

积极建设大宗商品交易中心。建设舟山大宗战略物资商品交易服务平台和宁波生产资料交易服务平台,设立石油化工、矿石、煤炭、粮油、建材、工业原材料、船舶等交易区。

统筹规划战略物资储运基地。按照国家整体部署和长江三角洲地区、长江流域等经济社会发展需要,在镇海和六横、衢山、黄泽山、鼠浪湖、马迹山、老塘山、大小门、大麦屿、头门等岛屿,统筹规划一批国家战略物资储运基地,完善配套设施,提高中转储运能力。结合海洋油气资源开发,在岱山、衢山、北仑、洞头等地规划后方服务基地,提供储运、加工等服务,提高国家能源安全保障能力。

(二)优化完善集疏运网络

优化港口集疏运基础设施。整合港口资源,重新增港口通过能力 2 亿吨,满足超大型干散货轮和集装箱航运需要。积极建设完善进港航道、疏港公路、宁铁路集疏运网络。支持家重点综合运输枢纽建设、推进航道改造建设,构建河海联运体系。

深入推进港口合作机制。完善全省港口合作机制。加强港口间的联盟，深化集装箱物流合作广度和深度，推进港口群协调发展。拓展内陆港服务功能，加强与亚太、欧美港口和海运、物流企业合作，提高国际竞争力，积极发展加工、贸易、分销、配送等物流体系。

积极发展多式联运。推进多式联运系统建设，重点解决沿海港口与铁路、公路、航空、内河水运等枢纽衔接问题，增强江海、海陆和海空联运能力，促进水运交通基础设施建设和多式联运发展。

完善港口物流供应链。发挥水水中转优势，开辟内支线和国际航线，提高宁波一舟山港、温州港外贸集装箱转运能力。按照区港联动、甩挂运输、多式联运等现代物流作业要求，拓展港口功能。结合国家储运基地建设，健全扶持机制，建设运营北仑、梅山、六横、温州、独山等港口物流园区，做强一批港口物流公司、物流服务公司。发挥民资优势，加强航运企业扶持，扩大运输能力，建设综合运输能力较强的海洋运输船队。

(三)强化金融和信息支撑

加强航运金融服务创新。引导国内外金融机构在浙分支机构积极发展船舶融资、航运融资、物流金融、海上保险、航运保险与再保险、航运资金汇兑与结算等航运金融服务。

扩大投融资业务和渠道。引导政府创投引导基金重点用于航运等相关产业项目。

完善航运物流信息系统。提升电子口岸信息系统和宁波第四方物流信息系统的服务功能，建设完善东北亚物流信息服务网。推进以企业为主体的专用物流信息系统建设，快交通运输物流公共信息共享平台建设，扩大物流公共信息互联互通范围。

六、完善沿海基础设施网络

统筹综合交通、能源、水资源、信息、防灾减灾等重大基础设施网络布局，加强综合协调，为海洋经济发展提供保障。

(一)完善综合交通网

加快建设轨道交通枢纽。

统筹发展水运设施。

完善高速公路和机场体系。

(二)完善能源保障网

增强能源供给保障。积极建设超临界型、超超临界型燃煤电站。开展核电项目建设。有效增加天然气气源资源，基本形成多种气源互供互补的格局。

完善能源输送网络。协同推进输电通道保护与建设,积极建立完善厂网协调、电压等级匹配、运行调度灵活的现代化智能电网。

(三)完善水资源利用网

增强水资源供应能力。增强水资源保障能力,有序推进水源、引调水工程建设,开展台州朱溪水库、温州小溪引水等前期工作,加快推进一批沿海和海岛地区蓄水工程,建设象山、六横、洞头等10万吨级海水淡化工程,增强水资源保障能力。

提高水资源利用效率。加强水资源统一调配,实行最严格的水资源管理制度,完善水资源有偿使用制度。健全总量控制与定额管理相结合的用水管理制度,做好多水源供水系统和应急水源工程建设。实施台州北水南调、舟山大陆引水三期等区域配水工程建设。

(四)完善高速信息网

完善现代信息系统。积极开展下一代互联网、新一代移动通信网、数字电视网等先进网络的试验与建设,加强公共信息网络共建共享,推进"三网"融合。实施数字海洋工程,建立海洋空间基础地理信息系统,完善海洋信息服务系统。加快发展电子政务和电子商务,率先建成"数字浙江"。

增强现代信息服务能力。适度采用微波和卫星通信手段,作为沿海和海岛地区光缆传输的重要补充、保护和应急手段,提高海上作业和海上救助通讯保障水平。依托杭州、嘉兴无线传感网研发优势,扶持发展物联网技术,重点发展传感器与无线传感器网络、网络传输与数据处理、系统集成与标准化开发,加快物联网成熟技术在港口、物流、航运等领域的联运应用推广,争取在梅山保税港区等重要区域率先采用。

(五)完善海洋防灾减灾网

健全海洋防灾减灾预警预报体系。

构筑安全生产和海上船舶应急救助体系。

推进水利工程、海堤和渔港等改造升级。

七、健全海洋科教文化创新体系

加强海洋类院校、涉海人才队伍、海洋科技创新平台和海洋文化建设,增强科教文化对海洋经济的支撑引领作用。

(一)提升海洋类院校实力

制定实施海洋院校与学科建设规划,推进省部合作,优化整合资源,形成学科优势鲜明、科研实力较强的综合性海洋大学。

(二)加快涉海人才队伍建设

建设一批创业创新平台,完善涉海人才交流服务平台,引导人才资源向涉海企业流动,形成海洋人才高效汇聚、快速成长、人尽其才的良好环境。

(三)构筑海洋科技创新平台

抓好国家技术创新工程试点工作,发挥海洋科研院所的平台集聚效应,加快实施一批涉海重大科技专项。

(四)加强海洋文化建设

筹办海洋科技成果应用交流会和海洋生态文明论坛。

八、加强海洋生态文明建设

科学利用海洋资源,加强陆海污染综合防治和海洋环境保护,推进海洋生态文明建设,切实提高海洋经济可持续发展能力。

(一)合理利用海洋资源

集约开发利用海洋资源。树立集约开发利用的理念,有偿、有度、有序地利用海洋资源,加强海域、海岛、岸线和海洋地质等基础调查与测绘工作。科学修编海洋功能区划,实行海岛、岸线等资源分类指导和管理,合理开发利用海洋资源,有序开展围填海工程。

加强资源利用监管。加强涉海项目的区域规划论证和环境影响评价工作,规范海洋产业、海域围填、海洋工程的规划审批、建设监管和监测评估。加强无居民海岛管理,严格控制无居民海岛开发利用。健全公众参与机制,形成海洋科学开发长效机制。

(二)加强陆海污染综合防治

实施海陆污染同步监管防治。整合提升石化、钢铁等产业,强化污染企业治理。加强海岛地区污水、垃圾无害化处理。实施污染物总量控制计划,加快沿海城镇排水管网和污水处理厂建设,加大工业、生活、种植业、养殖业等陆源污染物综合治理和达标排放力度。完善配套防污设施,建设"清洁港区"。

推动跨区域海洋污染防治。把长江口及毗邻海域列为海洋环保重点海域,加大近海生态环境建设支持力度。

(三)推进海洋生态建设和修复

优化禁渔休渔制度,加大水生生物增殖放流力度,加强重点海域生态休养生息,加快生物多样性修复。实施海洋生态保护区建设计划,保护重点港湾、湿地的水动力和生态环境,形成分布广泛、类型多样的海洋保护区网络。

九、建设舟山海洋综合开发试验区

加快舟山群岛开发开放，全力打造国际物流岛，建设我国海洋综合开发试验区，探索设立“舟山群岛新区”，对于创新我国海洋经济发展和海岛综合开发模式具有特殊意义。

（一）建设大宗商品国际物流基地

（二）建设现代海洋产业基地

围绕国际物流岛建设，推动国家和省级重大现代海洋产业项目落户。

（三）建设海洋科教基地

实施海洋人才工程，吸引国外优秀海洋院校到舟山合作举办海洋类院校，支持国内优秀海洋院校（所）在舟山建立涉海专业的教学、实习和科研基地，打造我国重要的海洋专业人才教育培养基地。

（四）建设群岛型花园城市

注重海域、海岛功能分工与差异化导向，优化产业布局，突出不同海岛城镇的特色个性，建成我国山海秀美、生态和谐的群岛型花园城市。

（五）促进群岛开发开放

扩大对外开放。

拓展开发空间。依据海洋功能区划，在严格论证基础上，适当扩大围填海规模。

在基础设施建设、生态环境保护、社会事业发展等方面适当降低舟山市地方配套资金比例。

十、创新海洋综合开发体制

进一步推进重要海岛开发开放，加强用海用地支持，加大海洋综合管理力度，创新投融资机制，建设我国海洋综合开发体制改革的示范区。

（一）创新海岛开发保护体制

加大重要海岛开发力度。按照总体规划、逐岛定位、分类开发、科学保护的要求，注重发挥重要海岛的独特价值，加大综合开发力度。对列入国家和省重点的海岛保护与开发项目，享受国家重大工程建设项目的用地政策。推进重要海岛空间资源集约开发，加快海洋经济升级发展。

完善重要海岛基础设施配套。将重要海岛海陆集疏运体系建设纳入国家交通和港口规划，加大对桥隧、航道、锚地、防波堤等公用设施建设支持力度。有序推进海岛供水供电网络与大陆联网工程、风电场建设及并网工程，积极发展海水淡化、海水直接利用,提高水电资源保障能力。

加强无居民海岛保护。贯彻实施《海岛保护法》,开展无居民海岛普查,加大资金投入,加强海岛资源的分类管理与有效保护。强化无居民海岛管理,合理利用海岛资源。建立海岛巡查、修复和利用评估制度,禁止开发未经批准利用的无居民海岛。

(二)创新海洋开放体制

扩大海洋合作交流。加强海洋科技创新、教育培训、金融保险、新兴产业等领域的国内外合作,支持有条件的企业并购境内外相关企业、研发机构和营销网络。

加健全海洋开放平台。提高口岸通行效能,整合开放口岸,建设海峡两岸商品交易物流中心,在具备条件地区设立对台农业合作区域。探索实行更加开放、便利的出入境政策。

鼓励民营经济积极参与海洋开发。发挥浙江民营经济优势,清理不利于民营经济参与海洋开发的各种障碍,支持民营企业参与海洋资源开发、战略性新兴产业与科教文卫事业发展、涉海基础设施建设,推进温州民营经济科技产业基地、温台民营经济创新示范区建设,扶持一批骨干企业群和现代海洋产业集群,培育成为我国海洋开发建设的生力军。

(三)创新海洋开发投入体制

加大财税扶持力度,增强金融服务扶持。

(四)创新用海用地管理体制

加大科学用地支持力度。加大科学用海支持力度。

(五)创新海洋综合管理体制

完善法规体系。完善执法体制。增加强审批管理。

浙江省海洋功能区划（2011—2020 年）

第一章 总 则

第一条 区划目的

为适应浙江省经济社会发展的需要，进一步协调和规范各种涉海活动，加强对海洋资源和生态环境的保护，推进浙江海洋经济发展示范区和浙江舟山群岛新区建设，加快浙江海洋经济强省战略的实施，在国务院 2006 年批准实施的《浙江省海洋功能区划》基础上，依据《全国海洋功能区划（2011—2020 年）》和国家有关法律法规，根据海域区位、自然资源、环境条件和开发利用的要求，按照海洋基本功能区的标准，将全省海域划分成不同类型的海洋基本功能区，作为全省海洋开发、保护与管理的基础和依据。

第二条 区划依据

1. 中华人民共和国海域使用管理法
2. 中华人民共和国海洋环境保护法
3. 中华人民共和国海岛保护法
4. 中华人民共和国土地管理法
5. 中华人民共和国渔业法
6. 中华人民共和国海上交通安全法
7. 中华人民共和国港口法
8. 中华人民共和国军事设施保护法
9. 中华人民共和国防洪法
10. 中华人民共和国自然保护区条例
11. 中华人民共和国国民经济和社会发展第十二个五年规划纲要
12. 《国务院关于全国海洋功能区划（2011—2020 年）的批复》（国函〔2012〕13 号）
13. 《中国生物多样性保护战略与行动计划（2011—2030 年）》
14. 《长江三角洲地区区域规划》（国函〔2010〕38 号）
15. 《浙江省海洋功能区划》（2006 年 10 月 24 日国务院批准）
16. 《浙江省国民经济和社会发展第十二个五年规划纲要》
17. 《浙江海洋经济发展示范区规划》（国函〔2011〕19 号）
18. 《国务院关于同意设立浙江舟山群岛新区的批复》（国函〔2011〕77 号）

第三条 区划目标

（一）海域管理调控作用得到增强

海域管理的法律、经济、行政和技术等手段不断完善，海洋功能区划的整体控制作用明显增强，海域使用权市场机制逐步健全，开展凭海域使用权证书按程序办理项目建设手续试点，海域的国家所有权和海域使用权人的合法权益得到有效保障。海域开发和保护格局进一步优化，浙江海洋经济发展示范区和浙江舟山群岛新区的发展空间得到有力保障。

（二）海洋生态环境得到改善

近岸海域环境质量得到有效控制，近海及海岸湿地得到有效保护，海洋保护区生态系统的生态特征和生态功能得到明显提升，海洋生态服务功能得到有效发挥，逐步形成良性循环的海洋生态系统，构筑起蓝色生态屏障。至2020年，全省重点海域主要污染物排海量得到初步控制，实现近岸海域水质功能区达标率40%以上，一类水质海域的面积比达到15%以上；新建省级以上海洋保护区5处，海洋保护区面积占到11%以上。

（三）渔业用海需求得到有效保障

渔民生产生活和现代化渔业发展用海需求得到有效保障。重要渔业水域、水生野生动植物和水产种质资源保护区得到有效保护。至2020年，主要经济鱼类产卵场、索饵场、越冬场和洄游通道得到有效保护，渔场生态环境得到修复，近海生物多样性增加，渔业捕捞能力和捕捞产量与渔业资源可承受能力大体相适应，海水养殖用海的功能区面积不少于100000公顷。

（四）围填海规模得到合理控制

严格实施围填海年度计划制度，按照国民经济宏观调控总体要求和海洋生态环境承载能力合理控制建设用围填海规模，全省围填海结构类型、布局和建设时序进一步优化，进一步增强海域使用规划对围填海的控制作用。至2020年，建设用围填海规模控制在50600公顷内，符合国民经济宏观调控总体要求和海洋生态环境承载能力。

（五）海域后备空间资源得到保留

进一步强化对保留区的选划和管理，严格实施阶段性开发限制，严格控制占用海岸线的开发利用活动，为未来发展预留一定数量的近岸海域和自然岸线。至2020年，全省海域保留区面积达448200公顷，大陆自然岸线保有率不低于35%。

（六）海域海岸带得到整治修复

重点对自然景观受损严重、生态功能退化、防灾能力减弱以及利用效率低下的海域海岸带进行整治修复。至2020年，完成整治和修复海岸线长度不少于300千米。

第四条　区划原则

(一)尊重自然

按照海域的区位特点、自然资源和自然环境等自然属性,综合评价海域开发利用的适宜性和海洋资源环境承载能力,科学确定海域基本功能。

(二)科学发展

根据经济社会发展的需要,统筹协调和优化配置各行业用海,合理控制各类建设用海规模,保证生产、生活和生态用海,引导海洋产业优化布局,促进集约节约用海。

(三)保障重点

强化传统渔业水域渔业资源和生态环境的保护,促进海域使用结构优化,保障渔业、重要涉海产业和重点建设项目的用海需求。

(四)保护生态

立足构建良好的海洋生态环境,按照"在发展中保护、在保护中发展"的原则,合理安排生产、生活和生态类功能区,改善海洋生态环境,维护河口、海湾、海岛、滨海湿地等海洋生态系统安全。

(五)陆海统筹

根据陆地空间和海洋空间的关联性,以及海洋系统的特殊性,统筹协调陆地、海洋的开发利用和环境保护。严格保护海岸线,切实保障河口海域防洪安全。

(六)军事优先

优先满足军事用海和军事设施保护的需要,限制进入军事区及在军事区内从事海洋开发利用活动。保障海上交通安全和海底管线安全。加强领海基点及周边海域保护,维护海洋权益。

第五条 区划范围

区划范围北界从浙沪交界的金丝娘桥起向海延伸到领海外部界限,南界从浙闽交界的虎头鼻经七星岛(星仔岛)南端至27°N往东延伸到领海外部界限,总面积约为4.44万平方千米。本区划边界不作为海域划界依据,省际界线以国家公布的界线为准。

第六条 分类体系

海洋基本功能区指具有特定海洋基本功能的海域单元。海洋基本功能是指依据海域自然属性和社会需求程度,以使海域的经济、社会和生态效益最大化为目标所确定的海洋功能。

海洋基本功能区分海岸基本功能区和近海基本功能区两类。海岸基本功能区是指依托海岸线,向海有一定宽度的海洋基本功能区。近海基本功能区是指海岸基本功能区向海一侧的外界与省(区、市)海域外部管理界线之间的海洋基本功能区。

省级海洋功能区划按照海洋功能区划分类体系中的一级类进行海岸基本

功能分区和近海基本功能分区。海洋功能区划分类体系如下：

表 1-1 海洋功能区划分类体系表

一级类基本功能区		二级类基本功能区	
代码	名 称	代码	名 称
1	农渔业区	1.1	农业围垦区
		1.2	养殖区
		1.3	增殖区
		1.4	捕捞区
		1.5	水产种质资源保护区
		1.6	渔业基础设施区
2	港口航运区	2.1	港口区
		2.2	航道区
		2.3	锚地区
3	工业与城镇用海区	3.1	工业用海区
		3.2	城镇用海区
4	矿产与能源区	4.1	油气区
		4.2	固体矿产区
		4.3	盐田区
		4.4	可再生能源区
5	旅游休闲娱乐区	5.1	风景旅游区
		5.2	文体休闲娱乐区
6	海洋保护区	6.1	海洋自然保护区
		6.2	海洋特别保护区
7	特殊利用区	7.1	军事区
		7.2	其他特殊利用区
8	保留区	8.1	保留区

第七条 区划成果

1. 浙江省海洋功能区划(2011—2020 年)文本
2. 浙江省海洋功能区划(2011—2020 年)登记表
3. 浙江省海洋功能区划(2011—2020 年)图件

第二章 海洋开发保护现状与面临形势

第八条 地理概况和区位条件

（一）地理概况

浙江省地处中国长江三角洲南翼，东南沿海中部，陆域地理坐标介于北纬27°12′N～31°31′N和东经118°06′E～123°09′E之间，东临东海，南接福建，西与江西、安徽相连，北与上海、江苏接壤。浙江海域地处东海中部，全省范围内的领海与内水面积为4.44万平方千米，连同可管辖的毗连区、专属经济区和大陆架，面积达26万平方千米。浙江全省海岸线总长约6700千米，面积大于500平方千米的海岛有2878个。

（二）区位条件

浙江省海域位于长江黄金水道入海口，北联上海市海域，南接福建省海域，毗邻台湾海峡和日本海域，对内是江海联运枢纽，对外是远东国际航线要冲，在我国内外开放扇面中居于举足轻重的地位。浙江沿海地区位于我国"T"字形经济带和长三角世界级城市群的核心区，是长三角地区与海西地区的联结纽带，依托广阔腹地和深水岸线等资源，既可作为我国海上交通运输主枢纽，也可作为石油、天然气、铁矿石等战略物资的储运、中转和贸易主基地，还可作为海防前哨，是加强"海上通道"安全保护的"主阵地"。

第九条 自然环境与资源条件

（一）自然环境

地质特征。海域地质构造上属于东海构造单元，是大陆边缘拗陷和环西太平洋新生代沟、弧、盆构造体系的组成部分。东海陆架盆地是一个大型的叠置在不同基底之上的中、新生代沉积盆地；陆架边缘为东海陆架边缘隆起带，亦称钓鱼岛隆褶带，具有南窄北宽的特征；海域东部为冲绳海槽张裂带（即冲绳海槽盆地），是环西太平洋新生代沟、弧、盆构造体系的组成部分，是一个扩张型半深海舟状盆地。浙江海岸带地跨杨子准地台及华南褶皱系两个一级大地构造单元，以基岩港湾海岸为基本特色。

地貌特征。北部海岸处于长江三角洲平原南缘，南部则为浙东、南火山岩低山丘陵，海岸地貌复杂多样，山地、丘陵、平原等地貌类型齐全，海岸类型包括淤泥质海岸、基岩型海岸和砂质海岸，各岸滩类型交错分布。海底地貌以滨岸地貌类型为主，所在的东海陆架是世界最宽的陆架之一，内陆架为全新世以来形成的现代滨岸地貌及沙波地貌，外陆架则为晚更新世的滨岸地貌及古河谷、湖沼地貌的遗迹。

海底沉积。海域沉积物按成因可分为陆源碎屑物质、生物源物质、火山物质和自生矿物四类，陆源碎屑物质是主体。根据沉积物的粒度结构特征、成因，与目前所处的水深、水动力状况，可将海域划分为三个沉积环境区：陆架浅海现代沉积环境区、陆架古滨岸残留沉积环境区、陆坡—海槽次深海现代沉积环境区。长江和入海河流带来的陆源物质是浙江海域物质的主要来源之一，海域泥沙含量分布特点是：愈近大陆含沙量愈高，大潮含沙量大于小潮，底层含沙量高于表层，岛屿周围的含沙量高于其邻近海域。

气候条件。浙江位于亚热带季风气候区，具有四季分明、年温适中、雨量充沛、空气湿润、热量充裕的气候特点，但四季都有可能受到不同程度的灾害性天气的袭击。沿海太阳年辐射量在4000～4800百万焦耳/平方米之间，年平均气温在15～18℃之间，年降水量在1000～2000毫米之间，沿岸出现海雾的时间一般集中在冬季和春季。

海洋水文。海域内海流可分为外海流系和沿岸流系两大类，外海流系由黑潮及其分支构成，具有高温、高盐性质；沿岸流是由江河入海径流和盛行季风所产生的风海流组成，具有低盐性质。台风是形成沿岸大浪的主要因素。海域盐度空间分布呈表层低、深层高，近岸低、外海高，河口区低、黑潮区高的特点。海域冬季表层水温冷、暖水舌清晰，夏季表层水温分布则极为均匀。

陆地水文。浙江省河流众多，沿海主要有六条入海河流，分别为钱塘江、甬江、椒江、瓯江、飞云江、鳌江，由于流程短，河流夹带物质较粗，泥沙绝大部分沉积在河口以内，只有少量泥沙在汛期才进入口外海滨沉积。

海域环境。2010年，全省近岸海域水质污染明显加重，与上年相比，一类、二类和三类海域面积均有不同程度的缩减，中度污染海域面积基本与上年持平，严重污染海域面积扩大了6630平方千米。严重污染和中度污染海域面积约占全省近岸海域面积的60%，上升了16个百分点。近岸海域海洋功能区水质达标率为17%，比上年下降8个百分点。海水增养殖区环境质量总体较好，水体富营养化和赤潮是影响养殖海区环境的主要因素。

海洋灾害。浙江是海洋灾害最为频发、影响最为严重的省份之一，海洋灾害损失严重，季风区中气流的不稳定性常造成一些自然灾害，如台风、强冷空气、干旱、冰雹等。浙江赤潮灾害发生的时间为每年的4～7月，赤潮发生的主要区域集中在嵊泗—嵊山海域、舟山中街山至浪岗山、台州外侧海域等。海水入侵和盐渍化灾害程度相对较轻。2010年，全年共发生风暴潮、浪潮、赤潮引起的灾害事件39起。此外，船舶造成的海洋污染事件、由码头装卸作业溢舱（围油栏内溢油）引起的污染事件也时有发生。

（二）资源条件

海洋生物资源。浙江海域渔场面积有22.27万平方千米，是我国最大的渔场；近海最佳可捕量占到全国的27.3%，是渔业资源蕴藏量最为丰富、渔业生产力最高的渔场。海洋生物种类繁多，初级生产力空间分布从高到低依次为浙南海区、浙北海区、浙中海区;浮游植物密度和生物量均很高,以硅藻类为主;浮游动物具有近岸种类较少,离岸区域种类丰富的特点;底栖生物以低盐沿岸种和半咸水性河口种为主,包括甲壳类、软体动物、多毛类、鱼类、棘皮动物、腔肠动物和大型藻类;游泳生物是海洋捕捞的主要对象,共计有439种;药用海洋资源丰富,可供保健和药用的海洋生物有420种。

港口航道资源。浙江沿海港口资源的地域分布较为均匀,共有宁波—舟山港、温州港、台州港和嘉兴港四个主要沿海港口,目前沿海港口已经形成了以宁波—舟山港为中心,浙南温台港口和浙北嘉兴港为两翼的发展格局,其中宁波—舟山港和温州港已被交通运输部列入全国沿海24个主要港口行列。

海岛资源。据统计,浙江省面积500平方米以上的海岛有2878个,数量居全国第一。东北部的舟山群岛海岛分布最为密集,岛屿总面积约为1940平方千米,其中舟山本岛面积约有500平方千米,为全国第四大岛。

滩涂资源。浙江全省潮间带面积约2290平方千米,其中海涂面积约2160平方千米。按岸滩动态可分为淤涨型、稳定型、侵蚀型三类,其中淤涨型滩涂面积占87.54%,主要分布于杭州湾南岸、三门湾口附近、椒江口外两侧、乐清湾和瓯江口至琵琶门之间。潮间带滩涂大致可分为三种环境类型,包括河口平原外缘的开敞岸段、半封闭海湾组成的隐蔽岸段和海岛及岬角海湾内的海涂,面积小,分布零星。

旅游资源。浙江沿海的旅游资源兼有自然和人文、海域和陆域、古代和现代、观赏和品尝等多种类型,汇集着山、海、崖、海岛(礁)等多种自然景观和成千上万种海洋生物,涵盖了旅游资源国家标准中8个主类。主要海岛共有可供旅游开发的景区(点)450余处。浙江沿海的旅游资源不仅数量大,类型多,而且区域分布又明显地集中在杭州、绍兴、宁波、温州等大中城市或附近一带,组成了杭、绍、甬人文自然综合旅游资源带、浙南沿海旅游资源区和舟山海岛旅游资源区,在省内乃至全国的旅游业占有十分重要的地位。

海洋矿产资源。浙江海底矿产以非金属矿产为主,大陆架蕴藏着丰富的石油和天然气资源,开发前景良好。东海陆架盆地具有生油岩厚度大、分布面积广、有机质丰度高、储集层发育好、圈闭条件优越等条件,是寻找大型油气田的有利地区。据现有资料,东海油气目前已展开勘探工作,春晓油气田正式开采出油,东海油气进入实质性开发阶段。

可再生能源。浙江因海岛数量众多和自然地理环境条件比较优越,蕴藏着比较丰富的海洋能资源,具有较丰富的潮汐能、潮流能、波浪能、温差能、盐差能以及风能等海洋可再生能源。海洋可再生能源具有大面积、低密度、不稳定等特征,开发海洋能资源,对缓解能源紧缺状况,促进经济发展都具有重要意义。

第十条 开发利用现状

(一)海域使用现状

至2010年底,全省使用海域7810宗,用海面积为2538.01平方千米。

表2-1 浙江省各行业海域使用情况表

代码	名称	用海项目(宗)	用海面积(km^2)	占全省用海面积比例(%)
1	渔业用海	3860	794.69	31.31
2	交通运输用海	1872	1036.32	40.83
3	工矿用海	656	51.90	2.05
4	旅游娱乐用海	43	7.78	0.31
5	海底工程用海	335	63.74	2.51
6	排污倾倒用海	30	60.99	2.40
7	围海造地用海	665	487.56	19.21
8	特殊用海	334	34.56	1.36
9	其他用海	15	0.47	0.02
合计		7810	2538.01	100

(二)海洋经济发展现状

2010年,浙江省海洋及相关产业总产出12350亿元,海洋及相关产业增加值3775亿元,海洋及相关产业增加值比上年增长25.8%,海洋经济在浙江国民经济中已经占据重要地位。海洋经济第一、第二、第三产业增加值分别为287亿元、1599亿元和1889亿元,三次产业结构为7.6∶42.4∶50.0。海洋产业类型日趋多样,海洋传统产业和海洋新兴产业共同发展,已形成了涵盖13类海洋主要产业的产业体系。海洋渔业发展形势良好,涉海工业增长较快,海洋工程建筑业稳定增长,港口物流快速发展,滨海旅游业发展迅猛,海洋传统产业与日益增值扩大的海洋新兴产业共同支撑着浙江海洋经济的持续发展。

第十一条　面临的形势

(一)用海需求进一步增大

浙江海洋经济发展示范区规划加快实施,沿海地区工业化、城镇化加快推进,用海需求将呈现持续旺盛的态势。海洋渔业方面,现代渔业和涉渔二、三产业用地用海需求将有较大增长。海洋交通运输业方面,随着"港航强省"战略的深入实施,沿海港口新建、扩建工程加快实施,用海需求将有较明显的增长。临港工业、战略性海洋产业及滨海城市建设方面,沿海各大开发区向海洋要资源、要空间的愿望日渐强烈,用地用海需求也将大幅度增加。海洋旅游方面,随着大批优质滨海旅游资源加速开发,以及人工旅游设施的增长,滨海旅游业对用地用海的需求也将有所增加。海洋环境保护方面，随着生态文明建设的推进，保护区新建、续建和升格都将带来一定用海需求。

（二）海域使用管理能力需要进一步提升

目前违法用海情况依然存在，未依法办理相关用海手续即开始用海，影响海域科学开发和利用；涉海规划未能科学实施，部分海岸和海域资源未能得到有效利用；海域使用审批制度有待完善，电子政务系统建设、海域使用监视监测系统等信息化管理系统还未能对实际工作形成强有力的支撑。

（三）海洋资源有序开发压力进一步增大

海岛保护任务艰巨，有居民海岛开发建设仍需规范，无居民海岛保护与开发配套制度有待完善。渔业资源和生态环境损害严重，

近岸海域渔业用海进一步被挤占，稳定海水养殖面积、促进海洋渔业发展、维护渔民权益的任务艰巨。海洋新能源开发、海水利用有待科学管理，急需完善相关规划。

（四）海洋生态环境尚未根本好转

近岸海域污染尚未得到有效控制，近岸湿地遭到破坏，杭州湾、甬江口、乐清湾、台州湾等港湾呈严重富营养化。有毒赤潮和复合型赤潮发生频率不断上升、范围不断扩大、持续时间不断增长趋势。工业和城市污水等陆源污染物排放尚得不到有效控制。海洋生物生境不断萎缩，一些重要鸟类、海洋经济鱼类、虾、蟹和贝藻类生物产卵场、育肥场或越冬场逐渐消失，许多珍稀濒危野生生物濒临绝迹。随着沿海地区人民群众的环境意识的不断增强，以及海洋开发与生态环境保护矛盾日益突出，统筹协调开发与保护的压力与日俱增。

第三章　海洋开发与保护战略布局

第十二条　总体布局

（一）总体思路

以邓小平理论和“三个代表”重要思想为指导，按照国家关于实施“海洋开发”、建设“海洋强国”的战略部署，全面贯彻落实科学发展观，深入实施“八八战略”和“创业富民、创新强省”总战略，以科学发展为主题，以加快转变海洋经济发展方式为主线，坚持人海和谐、海陆联动、江海连结、山海协作，统筹处理好海洋经济与陆域经济、经济建设与民生保障、资源开发与生态保护等方面的关系，

加强体制机制创新，构建现代海洋产业体系，加快海洋资源科学开发，加强海洋生态保护，着力优化海洋产业空间布局，构筑经济高效、技术先进、资源节约、环境友好的新型海洋开发与保护体系，力争形成海洋经济综合实力强、海洋产业结构布局合理、海洋生态环境良好的海洋开发保护格局。

（二）战略布局

坚持以海引陆、以陆促海、海陆联动、协调发展，注重发挥不同区域的比较优势，优化重点海域的基本功能区，构建“一核两翼三圈九区多岛”的海洋开发与保护总体布局，科学高效有序推进海洋开发和资源保护。

加快核心区建设。以宁波—舟山港海域、海岛及其依托城市为核心区，围绕增强辐射带动和产业引领作用，继续推进宁波—舟山港口一体化，积极推进宁波、舟山区域统筹联动发展，规划建设全国重要的大宗商品储运加工贸易、国际集装箱物流、滨海旅游、新型临港工业、现代海洋渔业、海洋新能源、海洋科教服务等基地和东海油气开发后方基地，加强深水岸线等战略资源统筹管理，完善基础设施和生态环保网络，形成我国海洋经济参与国际竞争的重点区域和保障国家经济安全的战略高地。

提升两翼发展水平。以环杭州湾产业带及其近岸海域为北翼，以温州、台州沿海产业带及其近岸海域为南翼，尽快提升两翼的发展水平。立足区内外统筹发展，北翼加强与上海国际金融中心和国际航运中心对接，突出新型临港先进制造业发展和长江口及毗邻海域生态环境保护，成为带动长江三角洲地区海洋经济发展的重要平台；南翼加强与海峡西岸经济区对接，突出沿海产业集聚区与滨海新城建设，引导海洋三次产业协调发展，成为东南沿海海洋经济发展新的增长极。在推进两翼发展过程中，根据各海域的自然条件和海洋经济发展需要，合理确定区内各重要海域的基本功能。

做强三大都市圈。加强杭州、宁波、温州三大沿海都市圈海洋基础研究、科技研发、成果转化和人才培养，加快发展海洋高技术产业和现代服务业，推进海洋开发由浅海向深海延伸、由单一向综合转变、由低端向高端发展，增强现代都市服务功能，提升对周边区域的辐射带动能力，建设成为我国沿海地区海洋经济活力较强、产业层次较高的重要区域。

重点建设九大产业集聚区。在整合提升现有沿海和海岛产业园区基础上，坚持产业培育与城市新区建设并重，重点建设杭州、宁波、嘉兴、绍兴、舟山、台州、温州等九大产业集聚区。与产业集聚区的资源环境承载能力相适应，培育壮大海洋新兴产业，保障合理建设用海需求，提高产业集聚规模和水平，使其成为浙江海洋经济发展方式转变和城市新区培育的主要载体。

合理开发利用重要海岛。加强分类指导，重点推进舟山本岛、岱山、泗礁、玉环、洞头、梅山、六横、金塘、衢山、朱家尖、洋山、南田、头门、大陈、大小门、南麂等重要海岛的开发利用与保护。根据各海岛的自然条件，科学规划、合理利用海岛及周边海域资源，着力建设各具特色的综合开发岛、港口物流岛、临港工业岛、海洋旅游岛、海洋科教岛、现代渔业岛、清洁能源岛、海洋生态岛等，发展成为我国海岛开发开放的先导地区。

（三）重点海域

根据浙江海洋开发与保护的总体战略布局和海域地理状况、自然资源、自然环境特点以及开发利用的实际情况，将全部管理海域划分为杭州湾海域、宁波—舟山近岸海域、岱山—嵊泗海域、象山港海域、三门湾海域、台州湾海域、乐清湾海域、瓯江口及洞头列岛海域、南北麂列岛海域等九个重点海域。

第十三条 杭州湾海域

杭州湾海域包括嘉兴海域和余姚、慈溪海域。主要为滨海旅游、湿地保护、临港工业等基本功能，兼具农渔业等功能。管理上需要处理好治水、围海等的关系，探索建立统一综合的杭州湾海域管理体制；处理好滨海旅游、湿地保护、海洋渔业与临港工业的关系；强化海陆联动，加强海域环境质量监测和综合整治，逐步改善本海域生态环境状况；加强农渔业区内重要渔业品种保护区建设，保护鳗鱼苗、蟹苗等重要渔业资源。

第十四条 宁波—舟山近岸海域

宁波—舟山近岸海域包括宁波市镇海区、北仑区、象山县东部的近岸海域和舟山市定海区、普陀区的近岸海域。主要为港口物流、临港工业、滨海旅游等基本功能，兼具农渔业等功能。管理上需要按照宁波—舟山港口一体化和浙江舟山群岛新区建设要求，推进海岛开发开放，加强岸线资源的统筹规划、合理开发和科学保护，适度控制工业占用深水岸线和后方腹地，为未来发展留下充裕空间；加强对油气等矿产资源勘探、开采的综合服务；积极利用舟山跨海大桥，统筹规划本区域整体开发及临港产业的空间布局，合理布局城镇和临港产业；加强污染型产业的环境综合整治与城市空间布局的调整；加强五峙山、韭山列岛、东海带鱼水产种质资源等保护区建设，保护河口、湿地、海湾、海岛和舟山渔场生态环境。

第十五条 岱山—嵊泗海域

岱山—嵊泗海域，包括嵊泗海域和岱山海域。主要为海洋渔业、滨海旅游和港口物流等基本功能，兼具临港工业等功能。管理上要加强海洋生态环境保护，保护与恢复重要经济鱼虾蟹类产卵繁殖场所和增殖放流渔业资源；加快海洋旅游业的发展，加快建设好一批知名的海洋旅游产品、线路和品牌，保护好海岛独特的自然景观和生态系统；根据浙江舟山群岛新区建设要求，统筹规划开发本区域深水岸线资源，加强各类海岛深水岸线资源的保护，适当控制工业占用深水岸线。

第十六条 象山港海域

象山港海域主要为生态保护等基本功能，兼具海洋渔业、海洋旅游和临港产业等功能。在管理上要严格按照《宁波市象山港海洋环境和渔业资源保护条例》等相关规定，加强各类污染物（及含热废水）排放标准、规模、排放口的控制管理，逐步减少入海河流排污总量；除基础设施和产业园区建设少量填海和象山港口部经科学论证允许少量围海外，禁止围垦海涂和填海；适度控制港口建设，禁止新设煤炭（除已建电厂外）、化肥等对海洋环境有影响的散杂货码头；严格控制对基本功能有明显不利影响的涉海产业和临港产业，对局部地区布点的大型电厂，应采取有效措施，减少其对海洋生态环境的影响；加强渔业资源增殖放流等海洋生态环境修复工作，切实加强对港区海洋生态环境的保护。

第十七条 三门湾海域

三门湾海域主要为滨海旅游、湿地保护和生态型临港工业等基本功能。控制围填海造地，严格管理区域内排污口设置，控制污染物排放总量，保护区域生态环境；严格控制对基本功能有明显不利影响的产业；逐步推进生态化养殖，加强养殖污染整治；电厂及临港产业布局要相对集中，尽量减少对区域生态环境的不利影响；探索建立跨行政区协调管理机制，保持较好生态环境。

第十八条 台州湾海域

台州湾海域包括临海、椒江、路桥、温岭、玉环东部海域。主要为临港工业、港口运输等基本功能，兼具工业与城镇用海、农渔业和旅游休闲娱乐等功能。在管理上要加强对椒江口南侧医化工业污染的综合整治与预防，加强对沿海石化产业的管理；加强大陈岛海域、东矶列岛海域的放流增殖，恢复海域渔业资源及生态系统。

第十九条 乐清湾海域

乐清湾海域主要为湿地保护、滨海旅游、临港工业等基本功能，兼具农渔业和港口航运等功能。在管理上要探索建立跨行政区协调管理机制，加强乐清湾滩涂湿地保护，改善乐清湾海水水质，逐步恢复本区域生态系统；加强水产养殖和贝类苗种基地建设，推进海洋渔业的发展；严格控制污染型临港产业进入本区域，适度控制临港产业规模，加强对工业占用深水岸线的管理。

第二十条 瓯江口及洞头列岛海域

瓯江口及洞头列岛海域包括龙湾、洞头海域及乐清南部海域。主要为港口运输、临港工业、滨海旅游等基本功能，兼具工业与城镇用海和海洋渔业等功能。在管理上要加强区域性岸线资源的统筹规划和有序建设，协调好河口综合整治、瓯飞等围海造地和港口建设的关系，控制工业占用深水岸线；加强滩涂资源管理；重点做好海岛资源保护与开发，积极发展具有海岛特色的滨海生态旅游和海洋渔业；加强环境污染治理，优化工业与城镇建设的空间布局，实现合理集中；加强生态湿地、海洋旅游、珍稀动植物和海岛自然地貌等资源的保护。

第二十一条 南麂、北麂列岛海域

南麂、北麂列岛海域主要为生态保护、滨海旅游等基本功能，兼具工业与城镇用海、港口航运和农渔业等功能。在管理上要加强区域生态保护，妥善保护滩涂湿地资源，做好放流增殖、人工鱼礁投放等工作，恢复区域内海洋生态系统；适度开发海洋旅游，加强保护海岛独特地貌；适度控制海水养殖密度，防止海域富营养化；进一步加强工业与城镇建设用海的有序开发，协调好河口综合整治、围垦和港口建设的关系；加强海洋环境的在线监测，严格禁止对基本功能有明显不利影响的产业。

第四章　海洋功能分区及管理要求

第二十二条　海洋基本功能区

按照《全国海洋功能区划（2011—2020 年）》的总体要求和海洋功能区划分类体系，依据全省海域自然环境特点、自然资源优势和社会经济发展需求，共划分出 223 个海洋基本功能区（见表 4-1）。其中：海岸基本功能区共 129 个（见表 4-2），近海基本功能区共 94 个（见表 4-3）。

表 4-1　浙江省海洋基本功能区

功能区类型		基本功能区统计	
代码	类型	数量（个）	面积（万公顷）
1	农渔业区	46	301.27
2	港口航运区	43	30.10
3	工业与城镇用海区	41	9.59
4	矿产与能源区	2	0.09
5	旅游休闲娱乐区	27	5.74
6	海洋保护区	18	51.14
7	特殊利用区	22	1.28
8	保留区	24	44.82
合计		223	444.03

表 4-2　浙江省海岸基本功能区

海岸功能区类型		海岸功能区统计			
代码	类　型	数量（个）	面积（hm^2）	占用大陆岸线（km）	占用海岛岸线（km）
A1	农渔业区	28	194119	783	539
A2	港口航运区	24	259302	484	1285

续表

海岸功能区类型		海岸功能区统计			
代码	类　型	数量（个）	面积（hm^2）	占用大陆岸线（km）	占用海岛岸线（km）
A3	工业与城镇用海区	34	88633	469	284
A4	矿产与能源区	2	880	32	3
A5	旅游休闲娱乐区	19	44267	151	405
A6	海洋保护区	6	14813	27	40
A7	特殊利用区	4	439	0	0
A8	保留区	12	89410	87	188
合计		129	691863	2033	2744

表 4-3　浙江省近海基本功能区

近海功能区类型		近海功能区统计			备注
代 码	类　型	数量（个）	面积（hm^2）	占用海岛岸线（km）	
B1	农渔业区	18	2818573	631	
B2	港口航运区	19	41688	172	
B3	工业与城镇用海区	7	7288	116	
B4	矿产与能源区	—	—	—	本次区划未在近海划分出矿产与能源区
B5	旅游休闲娱乐区	8	13127	178	
B6	海洋保护区	12	496589	448	
B7	特殊利用区	18	12393	0	
B8	保留区	12	358797	15	
合计		94	3748455	1560	

第二十三条　农渔业区

农渔业区指适于拓展农业发展空间和开发利用海洋生物资源，可供农业围垦，渔港和育苗场等渔业基础设施建设、海水增养殖和捕捞生产，以及重要渔业品种养护的海域。包括农业围垦区、养殖区、增殖区、捕捞区、水产种质资源保护区、渔业基础设施区。

本次海岸基本功能区共划分农渔业区 28 个，面积 194119 公顷，占用大陆岸线长 783 千米，占用海岛岸线长 539 千米。包括象山港、大目洋、石浦、高塘—南田、三门湾北、沥港、定海西码头、高亭、长涂、普陀山—朱家尖、沈家门、虾峙、台门、三门湾南、浦坝港、临海东部、石塘、隘顽湾、玉环东、坎门、乐清湾、瓯江口、洞头东部、瓯飞、飞鳌滩、江南涂、大渔湾、沿浦湾农渔业区。

本次近海基本功能区共划分农渔业区 18 个，面积 2818573 公顷，占用海岛岸线长 631 千米。包括海盐、平湖、杭州湾南岸、象山、嵊泗、岱山、定海、普陀、三门、临海、椒江、路桥、温岭、玉环、洞头、瑞安、平阳、苍南农渔业区。

农渔业区要保障渔民生活生存依赖的传统用海；除渔港、农业围垦等基础设施建设用海外，严格限制改变海域自然属性，农业围垦要控制规模和用途，严格按照围填海计划和自然淤涨情况科学安排用海；严格保护象山港蓝点马鲛、乐清湾泥蚶等水产种质资源保护区；加强渔业资源增殖放流，科学规划与建设增殖放流区、水产种质资源保护区和海洋牧场，扩大放流规模，规范资源管理；合理利用海洋渔业资源，严格实行捕捞许可证制度，控制近海捕捞强度，严格实行禁渔休渔制度；重点加强杭州湾、舟山本岛周边海域、象山港、浦坝港、椒江口、乐清湾、瓯江口、飞云江口、鳌江口等海区的海岸环境整治，合理规划养殖规模、密度和结构，保障渔业资源可持续发展；积极防治海水污染，禁止在规定的养殖区、增殖区和捕捞区内进行有碍渔业生产或污染水域环境的活动。加强滩涂资源统筹开发，有序推进滩涂围垦开发，科学确定围垦区域的功能定位、开发利用方向，合理安排农业、生态、旅游等用地。农渔业区执行不劣于二类海水水质标准，其中捕捞区和水产种质资源保护区执行不劣于一类海水水质标准、海洋沉积物质量标准和海洋生物质量标准。

第二十四条　港口航运区

港口航运区指适于开发利用港口航运资源，可供港口、航道和锚地建设的海域。包括港口区、航道区、锚地区。

本次海岸基本功能区共划分港口航运区 24 个，面积 259302 公顷，占用大陆岸线长 484 千米，占用海岛岸线长 1285 千米。包括嘉兴、镇海、北仑、鄞奉、强蛟、外干门、乌沙山、石浦、定海、岱山、普陀、健跳、头门岛、海门、金清、龙门、大麦屿、乐清、瓯江口、洞头、飞云江、鳌江口、舥艚、霞关等港口航运区。

本次近海基本功能区共划分港口航运区 19 个，面积 41688 公顷，占用海岛岸线长 172 千米。包括洋山、大洋山南、马迹山南、马迹山、小黄龙西、大小黄龙南、大黄龙南、绿华山南、大鱼山西南、黄泽山—小衢山、衢山、长涂山南、蜂巢岩东、东霍山、香炉花瓶、虾峙门、虾峙门口外、大陈、乐清湾进港等港口航运区。

港口航运区要进一步优化港口资源整合，加快建设以宁波—舟山港为核心的全省港口体系，加强港口重大基础设施建设，完善综合交通体系和集疏运体系，扩大港口吞吐能力，着力提升港口服务功能。禁止在港区、锚地、航道、通航密集区以及公布的航路内进行与航运无关、有碍航行安全的活动；严禁在规划港口航运区内建设其他永久性设施。加强嘉兴港、宁波—舟山港、台州港、温州港等港口综合治理，减少对周边功能区环境影响。维护和改善港口航运区原有的水动力和泥沙冲淤环境。港口区执行不劣于四类海水水质标准、不劣于三类海洋沉积物质量标准和不劣于三类海洋生物质量标准，航道区和锚地区执行不劣于三类海水水质标准、不劣于二类海洋沉积物质量标准和不劣于二类海洋生物质量标准。

第二十五条 工业与城镇用海区

工业与城镇用海区指适于发展临海工业与滨海城镇的海域。包括工业用海区和城镇用海区。

本次海岸基本功能区共划分工业与城镇用海区 34 个，面积 88633 公顷，占用大陆岸线长 469 千米，占用海岛岸线长 284 千米。包括杭州湾、七姓涂、鄞州、西店、西沪港底部、大港口、爵溪、象山东部、下洋涂、金塘、册子岛北部、长白西北、舟山本岛东北、岱山西北、大长涂、松帽尖、西南涂、虾峙、凉帽潭、金竹山、三门滨海、三门沿海、临海东部、台州市区东部、黄礁涂、温岭东部、漩门、乐清、温州浅滩、黄岙、环岛西片、瓯飞、飞鳌滩、江南涂等工业与城镇用海区。

本次近海基本功能区共划分工业与城镇用海区 7 个，面积 7288 公顷，占用海岛岸线长 116 千米。包括小洋山、大洋山、青沙、马关、黄龙、大鱼山、衢山等工业与城镇用海区。

工业与城镇用海区必须配套建设污水和生活垃圾处理设施，实现达标排放和科学处置。集约节约用海，科学确定围填海规模，并根据国家和省级控制指标执行。严格执行围填海年度计划，严格围填海建设项目审查，优化围填海平面设计，提倡和鼓励由海岸向海延伸式围填海逐步转变为人工岛式和多突堤式围填海，由大面积整体式围填海逐步转变为多区块组团式围填海。围填海应遵循减少占用自然岸线、延长人工岸线长度、提升景观效果的原则。建设用海要进行充分的论证，可能导致地形、滩涂及海洋环境破坏的要提出整治对策和措施。积极引导用海企业开展清洁生产，深入推进节能减排。工业与城镇用海区执行不劣于三类海水水质标准、不劣于二类海洋沉积物质量标准和不劣于二类海洋生物质量标准。

第二十六条 矿产与能源区

矿产与能源区指适于开发利用矿产资源与海上能源，可供油气和固体矿产等勘探、开采作业，以及盐田、可再生能源开发利用等的海域。包括油气区、固体矿产区、盐田区、可再生能源区。

本次海岸基本功能区共划分矿产与能源区 2 个，面积 880hm^2，占用大陆岸线长32千米，占用海岛岸线长3千米。包括健跳、江厦矿产与能源区。本轮区划不对海上风电场划定专门的海洋基本功能区，在基本不损害海洋基本功能的前提下，通过科学论证，选择合适海域进行海上风电场建设。

矿产与能源区在开发过程中应加强对海底地形和潮流水动力等海洋生态环境特征的监测，应科学论证潮汐能发电等新能源的开发利用，加大示范试验力度，引导激励更多的机构与企业投入海洋能利用和技术研发。矿产与能源区执行不劣于四类海水水质标准、不劣于三类海洋沉积物质量标准和不劣于三类海洋生物质量标准。

第二十七条　旅游休闲娱乐区

旅游休闲娱乐区指适于开发利用滨海和海上旅游资源，可供旅游景区开发和海上文体娱乐活动场所建设的海域。包括风景旅游区和文体休闲娱乐区。

本次海岸基本功能区共划分旅游休闲娱乐区19个，面积44267公顷，占用大陆岸线长151千米，占用海岛岸线长405千米。包括九龙山、梅山、凤凰山、象山港、象山松兰山、石浦、鹤浦、花岙、双合山、秀山、大长涂、普陀山、普陀东部、六横、临海桃渚、温岭松门、炎亭、渔寮、霞关等旅游休闲娱乐区。

本次近海基本功能区共划分旅游休闲娱乐区8个，面积13127公顷，占用海岛岸线长178千米。包括檀头山、徐公岛、泗礁、衢山、五子岛、大陈、三蒜岛、大鹿岛等旅游休闲娱乐区。

旅游休闲娱乐区要坚持旅游资源严格保护、合理开发和可持续利用的原则，加快旅游资源整合和深度开发，完善旅游配套设施，开展城镇周边海域海岸带整治修复。加强自然景观和旅游景点的保护，严格控制占用海岸线和沿海防护林。因地制宜建设旅游区污水、垃圾处理处置设施，禁止直接排海，必须实现达标排放和科学放置。旅游休闲娱乐区执行不劣于二类海水水质标准、不劣于二类海洋沉积物质量标准和不劣于二类海洋生物质量标准。

第二十八条　海洋保护区

海洋保护区指专供海洋资源、环境和生态保护的海域。包括海洋自然保护区和海洋特别保护区。

本次海岸基本功能区共划分海洋保护区6个，面积14813公顷，占用大陆岸线长27千米，占用海岛岸线长40千米。包括杭州湾湿地、象山港海岸湿地、西门岛、温州树排沙、洞头列岛东部、南策岛等海洋保护区。

本次近海基本功能区共划分海洋保护区12个，面积496589公顷，占用海岛岸线长448千米。包括韭山列岛、渔山列岛、马鞍列岛、五峙山列岛、中街山列岛、大陈、披山、南北爿山、铜盘岛、南麂列岛、七星岛、东海水产种质资源等海洋保护区。

在不影响基本功能的前提下，海洋保护区除核心区外，可兼容旅游休闲娱乐和农渔业功能，兼容的用海类型有科研教学用海、生态旅游用海和人工鱼礁用海等。加强对海洋保护区的科学规范化管理，以保护特定海域资源和生态环境，对已受到损害和破坏的海域资源与环境进行恢复治理。严格保护各类珍稀、濒危生物资源及其生境，维持、恢复和改善海洋生物物种多样性；保护红树林、河口湿地、海岛等生态系统，防止生态系统的消失、破碎和退化；保护重要的地形地貌和重要经济生物物种及其生境等。海洋保护区执行不劣于一类海水水质标准、不劣于一类海洋沉积物质量标准和不劣于一类海洋生物质量标准。

第二十九条　特殊利用区

特殊利用区指其他特殊用途排他使用的海域。包括用于海底管线铺设、路桥建设、污水达标排放、倾倒等的其他特殊利用区。

本次海岸基本功能区共划分特殊利用区 4 个，面积 439 公顷，不占用岸线。包括双礁与黄牛礁、岱山南、西蟹峙、水老鼠礁等特殊利用区。

本次近海基本功能区共划分特殊利用区 18 个，面积 12393 公顷，不占用岸线。包括镇海、七里屿、檀头山、金鸡山、百亩田礁、洋山港、大长涂北、金塘、虾峙门、象山港、健跳港外、椒江口、洛屿、玉环、四屿、温州南、鳌江口、苍南等特殊利用区。

特殊利用区的倾倒区要加强倾倒活动的管理，把倾倒活动对环境的影响及对航道、锚地、养殖等功能区的干扰降低到最低程度。

加强倾倒区环境的监测、监视和检查工作，根据倾倒区环境质量的变化及时做出继续倾倒或关闭的决定。

第三十条　保留区

保留区指为保留海域后备空间资源，专门划定的在区划期限内限制开发的海域。保留区主要包括由于经济社会因素暂时尚未开发利用或不宜明确基本功能的海域，限于科技手段等因素目前难以利用或不能利用的海域，以及从长远发展角度应当予以保留的海域。

本次海岸基本功能区共划分保留区 12 个，面积 89410 公顷，占用大陆岸线长 87 千米，占用海岛岸线长 188 千米。包括杭州湾南岸、马目、岱东、秀山、长涂、舟山本岛东、三门东部沿海、洞头西、鹿西岛、洞头北、石坪—赤溪、大尖山等保留区。

本次近海基本功能区共划分保留区 12 个，面积 358797 公顷，占用海岛岸线长 15 千米，为韭山列岛、渔山列岛、马鞍列岛、大鱼山、中街山列岛、大陈、披山、洞头东、铜盘岛、南麂列岛、七星岛、东海等保留区。

保留区应加强管理，严禁随意开发。确需改变海域自然属性进行开发利用的，应首先修改省级海洋功能区划，调整保留区的功能，并按程序报批。保留区海水水质、海洋沉积物质量、海洋生物质量等标准维持现状水平。

第五章 实施措施

第三十一条 区划实施管理

(一)发挥区划的整体性、基础性和约束性作用

强化海洋功能区划自上而下的控制性作用,市县级海洋功能区划的功能分区和管理要求必须与省级海洋功能区划保持一致。区划应保持相对稳定,未经批准,不得改变海洋功能区划确定的海域功能。从严控制海洋功能区划修改,本区划批准实施两年后,因公共利益、国防安全或者进行大型能源、交通等基础设施建设,经国务院批准的区域规划、产业规划或政策性文件等确定的重大建设项目,海域资源环境发生重大变化,确需修改本区划的,由省人民政府提出修改方案,报国务院审批。严禁通过修改市县级海洋功能区划,对省海洋功能区划确定的功能区范围做出调整。

(二)完善区划编制体系

开展新一轮市县级海洋功能区划编制,进一步把省级区划确定的海洋功能落实到具体海域,结合各自海域实际情况划分二级类海洋功能区,提出具体实施措施。区划编制由各级政府组织,海洋行政主管部门牵头,各有关部门参与,由资质单位承担,编制应自上而下进行,下级区划服从上级区划。沿海市、县应成立区划编制领导机构和工作机构,按照省级海洋功能区划成果以及相关技术要求,启动本级海洋功能区划编制工作。市、县级海洋功能区划,经本市、县人民政府审核同意后,报省人民政府批准,并报省海洋行政主管部门备案。法律法规另有规定的,从其规定。

(三)加强区划实施的部门协调

海洋功能区划是编制各级各类涉海规划的基本依据,是制定海洋开发利用与环境保护政策的基本平台。省海洋行政主管部门要加强对海洋功能区划编制工作的指导和监督,地方财政部门积极支持海洋功能区划工作。省有关部门和沿海县级以上地方人民政府制定涉海发展战略和产业政策、编制涉海规划时,应当征求海洋行政主管部门意见。渔业、盐业、交通、旅游、可再生能源、海底电缆管道等行业规划涉及海域使用的,应当符合海洋功能区划。沿海土地利用总体规划、城乡规划、港口规划涉及海域使用的,应当与海洋功能区划相衔接。

第三十二条 海域使用管理

(一)严格落实海洋功能区划制度

认真贯彻实施《中华人民共和国海域使用管理法》和《浙江省海域使用管理办法》,严格落实海洋功能区划制度,不断完善以海洋功能区划为基础的功能管制制度。对符合海洋功能区划要求的开发,必须经海域使用审批许可后,方可

施工。审批项目用海必须以海洋功能区划为依据，对不符合海洋功能区划的用海项目，一律不予批准。严格禁止任何行业、部门、个人未经批准，违法使用海域。用海项目可能涉及军事用海的，应预先征求有关军事机关的意见。

（二）完善建设项目用海预审制度和海域权属管理制度

涉海建设项目在向审批、核准部门申报项目可行性研究报告或项目申请报告前，应向海洋行政主管部门提出海域使用申请。海洋行政主管部门主要依据海洋功能区划、海域使用论证报告、专家评审意见及项目用海的审核程序预审，并出具用海预审意见。用海预审意见是审批建设项目可行性研究报告或核准项目申请报告的必要文件，未通过用海预审的涉海建设项目，各级投资主管部门不予批准、核准。按照《物权法》和《海域使用管理法》的规定，规范海域使用权登记管理。推进海域使用权招标、拍卖和挂牌出让工作，充分发挥市场在海域资源配置中的基础性作用。开展凭海域使用权证书按程序办理项目建设手续试点。

（三）科学编制海域使用规划

依据海洋功能区划，编制全省海域使用规划，科学管理海域开发利用活动，引导行业用海有序开发，合理控制发展规模，实现海域资源的可持续利用。根据经济社会发展情况，5 年编制一次，作为全省海域开发、利用和保护的纲领性文件，以及海域使用宏观调控和围填海计划管理的主要依据。

（四）创新和加强围填海管理

科学编制省级围填海计划，根据资源现状和年度需求，合理确定年度围填海面积上报国家。根据国家下达的围填海指标实行指令性管理，不得擅自突破。建立围填海计划台账制度，对围填海计划指标使用情况进行及时登记和统计。加强围填海计划执行情况的评估和考核。严格执行海域使用论证制度，优化平面设计，合理控制围填海面积。定期开展区域用海规划执行情况调查，防止盲目围填，对围而不填、填而不用的地区，控制新上围填海项目。

（五）保护海洋渔业资源

切实保护海洋生物资源繁育空间和生态环境，各类工程建设可能对水产种质资源保护区和水生生物自然保护区造成影响的，应进行工程建设对保护区影响专题评价，并采取相应的保护和补偿措施；项目建设要切实协调好与用海利益相关者关系，尤其要做好涉及渔业用海的渔民转产转业和补偿工作，维护渔民利益和渔区和谐稳定；保护产卵场、越冬场、索饵场和洄游通道等重要渔业水域，禁止在该类水域围填海。

（六）开展海域海岸带综合整治

根据海洋功能区划确定的目标，制定和实施海域海岸带整治修复计划，在重要海湾、河口、旅游区及大中城市毗邻海域全面开展整治修复工作。

第三十三条 海洋环境保护

(一)加强海洋环境管理、监测和风险防范

坚持陆海统筹的发展理念,限制高耗能、高污染、资源消耗型产业在沿海布局。完善涉海部门年度联合执法制度,以防治入海污染物为重点,加强对陆源排污口、海洋工程、违规倾废、船舶及海上养殖区生活垃圾排海污染等联合执法检查,强化海洋环境监督管理。严把审批环节、落实追究问责、加强监督管理,并着力提高用海单位治污减污能力。完善海洋环境监测预报体系,提高监测能力,开展专项监测和重大涉海工程监测评价。加强海洋环境风险防范,健全海洋环境发布制度,及时发布海洋环境质量公报通报。完善海洋灾害预警、预报系统,制定海域防灾减灾和事故应急预案。

(二)编制海洋环保规划

依据海洋功能区划,编制海洋环境保护与生态建设规划、近岸海域环境功能区划和重点海域区域性环境保护规划等配套制度,保护和改善海洋生态环境。严格实施海洋环境影响评价制度,涉及海域开发利用、海洋自然资源开发利用的规划和建设项目,应依法开展海洋环境影响评价,并实行全过程监管。建立海洋生态环境补偿机制。

第三十四条 基础能力建设

(一)海域管理人才队伍建设

完善海域管理从业人员上岗认证和机构资质认证制度,切实提高海域管理人才的专业素养。提高海域使用论证及资质管理的水平,重点对改变海域自然属性、对海洋资源和生态环境影响大的用海活动进行严格把关。海域使用论证过程要公开透明,充分征求社会公众意见。

(二)科技支撑能力建设

充分利用地理信息系统(GIS)、遥感(RS)、全球定位系统(GPS)等现代科技手段对海洋开发利用和生态环境保护进行系统地监测,及时、准确掌握海域使用状况和环境质量现状,尤其是岸线、滩涂开发利用及其环境污染状况。建立起各级海洋功能区划管理信息系统,切实提高区划管理水平。

(三)动态监视监测体系建设

继续提升省、市、县三级海域动态监视监测体系建设。利用卫星遥感、航空遥感、远程监控、现场监测等手段,对全省海域实施全覆盖、立体化、高精度监视监测,实时掌握海岸线、海湾、海岛及近海、远海的资源环境变化和开发利用情况。完善建设用海实时监控系统,重点对围填海项目进行监视监测和分析评价。

第三十五条 监督检查与执法

(一)省级海洋行政主管部门的监督检查

省级海洋行政主管部门负责监督检查全省海洋功能区划的实施情况，以海洋功能区划作为海域使用管理的基本依据，认真查处和纠正各种违反海洋功能区划的用海行为。

（二）沿海市、县海洋行政主管部门的监督检查

沿海市、县海洋行政主管部门负责监督检查本级海洋功能区划的实施情况，依据海洋功能区划，规范各种用海活动，制定重点海域整治计划，提高海域使用效率。沿海市、县海洋行政主管部门每年要对区划实施情况进行总结，并报上级海洋行政主管部门。

（三）对违反海洋功能区划用海行为的处理

要结合行政、法律和经济措施，调整、限制不合理的海洋开发活动，不断完善海洋产业结构和布局，逐步实现海洋功能区的目标管理。对于不按海洋功能区划批准使用海域的，批准文件无效，收回非法使用的海域；对海洋生态环境造成破坏的行为，要采取补救措施，限期进行整治和修复；对于不按区划规定非法使用海域的行为，要坚决予以查处。

（四）加大海洋联合执法力度

加大海洋联合执法力度，海洋、港航、海事、水利、环保、林业等部门密切配合，组成联合执法队伍，依据各级海洋功能区划，重点查处违规围填海、超面积用海、改变海域使用用途、破坏海洋环境和资源等非法用海行为，保证海洋功能区划的有效执行。加快推进海洋综合执法基地建设，通过日常监管和执法检查，整顿和规范海域使用管理秩序。建立健全海洋开发违法举报制度，广泛实行信息公开，加强社会监督和舆论监督。

第三十六条 法制建设与宣传

（一）加强法制建设

抓紧制定和修订相关法律法规，积极推进《浙江省无居民海岛管理办法》、《浙江省海域使用管理条例》等的制订和修订。认真贯彻执行海洋环保、海域管理、海岛保护与开发等的相关法律法规，为海洋功能区划的实施提供更加完备、有效的法制保障，确保海洋功能区划得到有效执行。

（二）加强宣传教育

积极宣传《中华人民共和国海域使用管理法》、《中华人民共和国海洋环境保护法》等与海洋功能区划相关的法律知识，为实施海洋功能区划营造和谐的社会氛围。各级海洋行政主管部门在海洋功能区划的实施上要加强对自身的教育和培训。各级海洋行政主管部门要多层次、多渠道、有针对性地做好海洋功能区划的宣传工作，向用海者和社会各界普及海洋功能区划知识，提高全民的区划意识，提高各类用海者合理开发利用海洋的自觉性。

第六章 附 则

第三十七条 区划效力

本海洋功能区划文本经国务院批准实施后,即具有法律效力,必须严格执行。

第三十八条 区划附件

登记表、图件为区划文本的附件,具有与文本同等的法律效力。

索　引

Q

S

T

X

Z

图书在版编目(CIP)数据

浙江省海洋经济发展报告：经济地理学视角 / 马仁锋，李加林，杨晓平著. —杭州：浙江大学出版社，2016.12
(海洋资源环境与浙江海洋经济丛书)
ISBN 978-7-308-15835-0

Ⅰ.①浙… Ⅱ.①马… ②李… ③杨… Ⅲ.①海洋经济—经济发展—研究报告—浙江省 Ⅳ.①P74

中国版本图书馆 CIP 数据核字(2016)第 101007 号

浙江省海洋经济发展报告——经济地理学视角
马仁锋 李加林 杨晓平 著

责任编辑 傅百荣
责任校对 高士吟
封面设计 刘依群
出版发行 浙江大学出版社
(杭州市天目山路 148 号 邮政编码 310007)
(网址：http://www.zjupress.com)
排 版 杭州隆盛图文制作有限公司
印 刷 浙江新华数码印务有限公司
开 本 710mm×1000mm 1/16
印 张 19
字 数 361 千
版 印 次 2016 年 12 月第 1 版 2016 年 12 月第 1 次印刷
书 号 ISBN 978-7-308-15835-0
定 价 65.00 元